典型零件机械加工生产实例

第3版

陈宏钧　主编

机械工业出版社

《典型零件机械加工生产实例》第3版在遵循第2版的机械加工工艺过程卡编制全过程为主线的基础上，精选了轴类、套类、曲轴类、连杆类、轴瓦类、齿轮类、花键类、箱体类和丝杠类等46例典型零件，重新按中、小型企业基础工艺装备条件和小批量生产规模的特点，对所编工艺过程卡进行了全面核实、补充和完善。

第3版根据机械加工工艺规程设计的需要，适当增删了有关技术资料，使该书在原有实用性的基础上，内容更翔实，工艺参数更准确，工艺过程操作更可行，能使读者更好地了解和掌握一般机械加工零件的工艺过程卡编制。

全书由第2版的8章改写为本版的4章，主要内容包括：工艺设计基础，工艺技术的选择，机械加工工艺规程的设计，典型零件机械加工工艺分析及工艺过程卡等。

本书可供中、小型企业从事机械加工的工程师、工艺设计员、生产车间工艺施工员、技师、高级技术工人及工科院校相关专业师生使用。

图书在版编目（CIP）数据

典型零件机械加工生产实例/陈宏钧主编. —3版. —北京：机械工业出版社，2015.11（2025.2重印）

ISBN 978-7-111-51853-2

Ⅰ.①典…　Ⅱ.①陈…　Ⅲ.①机械元件-机械加工　Ⅳ.①TH13

中国版本图书馆CIP数据核字（2015）第247745号

机械工业出版社（北京市百万庄大街22号　邮政编码100037）
策划编辑：孔　劲　责任编辑：孔　劲　版式设计：霍永明
责任校对：肖　琳　封面设计：张　静　责任印制：李　昂
北京捷迅佳彩印刷有限公司印刷
2025年2月第3版第7次印刷
184mm×260mm·13.25印张·326千字
标准书号：ISBN 978-7-111-51853-2
定价：39.00元

凡购本书，如有缺页、倒页、脱页，由本社发行部调换

电话服务	网络服务
服务咨询热线：010-88361066	机 工 官 网：www.cmpbook.com
读者购书热线：010-68326294	机 工 官 博：weibo.com/cmp1952
010-88379203	金 书 网：www.golden-book.com
封面无防伪标均为盗版	教育服务网：www.cmpedu.com

第3版前言

《典型零件机械加工生产实例》一书自2005年第1版出版以来，又于2010年出版发行第2版，前后重印8次，深受广大读者的厚爱和支持。为了更好地适应机械工业不断发展和工艺技术水平不断提高的需要，我们决定对本书再次进行全面修订。

本次修订工作是在原书总体结构和内容设置的基础上进行梳理整合，并对基本内容作了部分调整和删减，以使结构更加合理，更适合广大读者学习和使用。主要修订内容如下：

1）采用国家及行业现行标准。为便于企业贯彻标准和读者学习有依据，本次修订保留和完善了原版中的机械制造工艺基本术语（GB/4863），产品工艺工作程序和内容（JB/T 9169.2），机械加工定位、夹紧符号（JB/T 5061）工艺文件编号方法（JB/T 9166），工艺文件完整性（JB/T 9165.1），工艺规程格式（JB/T 9165.2），工艺规程设计要点（JB/T 9169.5）和工艺定额编制（JB/T 9169.6）等内容。

2）对“典型零件机械加工工艺分析及工艺过程卡”一章中精选的46例不同类型的典型零件，重新按照中小型企业的基础工艺装备。小批量生产规模类型的特点，对每个零件分别按照零件图样分析、零件机械加工工艺过程卡编制及零件的工艺分析等3项进行说明，确保工艺数据准确，工艺过程操作可行，可供读者学习参考，在实际生产中举一反三。

3）本次修订工作在考虑中小型企业实际工艺技术的基础上，以取材标准、规范、实用和适用为原则，并结合作者长期在一线生产实践经验，进一步全面、合理完善了全书的结构，力争做到层次清楚、语言简练、图表为主，便于读者使用。

修订后全书共分4章，主要内容包括：工艺设计基础、工艺技术的选择、机械加工工艺规程的设计、典型零件机械加工分析及工艺过程卡。

本书第3版由陈宏钧主编，参加编写的人员还有方向明、王学汉、李凤友、洪二芹、单立红、张洪、陈环宇、洪寿兰等。由于编者水平有限，在编写中难免有不妥和错误之处，真诚希望广大读者批评指正。

编　者

目　录

第1章 工艺设计基础

1.1 机械制造工艺基本术语（根据GB/T 4863—2008）

1.1.1 一般术语

（1）基本概念（表1-1）

表1-1 基本概念

术语	定义
工艺	使各种原材料、半成品成为产品的方法和过程
机械制造工艺	各种机械的制造方法和过程的总称
典型工艺	根据零件的结构和工艺特性进行分类、分组，对同组零件制订的统一加工方法和过程
产品结构工艺性	所设计的产品在能满足使用要求的前提下，制造、维修的可行性和经济性
零件结构工艺性	所设计的零件在能满足使用要求的前提下，制造的可行性和经济性
工艺性分析	在产品技术设计阶段，工艺人员对产品结构工艺性进行分析和评价的过程
工艺性审查	在产品工作图设计阶段，工艺人员对产品和零件结构工艺性进行全面审查并提出意见或建议的过程
可加工性	在一定生产条件下，材料加工的难易程度
生产过程	将原材料转变为成品的全过程
工艺过程	改变生产对象的形状、尺寸、相对位置和性质等，使其成为成品或半成品的过程
工艺文件	指导工人操作和用于生产、工艺管理等的各种技术文件
工艺方案	根据产品设计要求、生产类型和企业的生产能力，提出工艺技术准备工作具体任务和措施的指导性文件
工艺路线	产品和零部件在生产过程中，由毛坯准备到成品包装入库，经过企业各有关部门或工序的先后顺序
工艺规程	规定产品或零部件制造工艺过程的操作方法等的工艺文件
工艺设计	编制各种工艺文件和设计工艺装备等的过程
工艺要素	与工艺过程有关的主要因素
工艺规范	对工艺过程中有关技术要求所做的一系列统一规定
工艺参数	为了达到预期的技术指标，工艺过程中所需选用或控制的有关量
工艺准备	产品投产前所进行的一系列工艺工作的总称。其主要内容包括：对产品图样进行工艺性分析和审查；拟订工艺方案；编制各种工艺文件；设计、制造和调整工艺装备；设计合理的生产组织形式等
工艺试验	为考查工艺方法、工艺参数的可行性或材料的可加工性等而进行的试验
工艺验证	通过试生产，检验工艺设计的合理性
工艺管理	科学地计划、组织和控制各项工艺工作的全过程
工艺设备	完成工艺过程的主要生产装置，如各种机床、加热炉、电镀槽等
工艺装备（工装）	产品制造过程中所用的各种工具的总称，包括刀具、夹具、模具、量具、检具、辅具、钳工工具和工位器具等
工艺系统	在机械加工中由机床、刀具、夹具和工件所组成的统一体
工艺纪律	在生产过程中，有关人员应遵守的工艺秩序
成组技术	将企业的多种产品、部件和零件，按一定的相似性准则，分类编组，并以这些组为基础，组织生产各个环节，从而实现多品种中小批量生产的产品设计、制造和管理的合理化
自动化生产	以机械的动作代替人工操作，自动地完成各种作业的生产过程

（续）

术语	定　　义
数控加工	根据被加工零件图样和工艺要求，编制成以数码表示的程序输入到机床的数控装置或控制计算机中，以控制工件和工具的相对运动，使之加工出合格零件的方法
适应控制	按照事先给定的评价指标自动改变加工系统的参数，使之达到最佳工作状态的控制
工艺过程优化	根据一个（或几个）判据，对工艺过程及有关参数进行最佳方案的选择
工艺数据库	储存于计算机的外存储器中以供用户共享的工艺数据集合
生产纲领	企业在计划期内应当生产的产品产量和进度计划
生产类型	企业（或车间、工段、班组、工作地）生产专业化程度的分类。一般分为大量生产、成批生产和单件生产三种类型
生产批量	一次投入或产出的同一产品（或零件）的数量
生产周期	生产某一产品或零件时，从原材料投入到出产品一个循环所经过的日历时间
生产节拍	流水生产中，相继完成两件制品之间的时间间隔

（2）生产对象术语（表1-2）

表1-2　生产对象术语

术语	定　　义
原材料	投入生产过程以创造新产品的物质
主要材料	构成产品实体的材料
辅助材料	在生产中起辅助作用而不构成产品实体的材料
毛坯	根据零件（或产品）所要求的形状、工艺尺寸等而制成的供进一步加工用的生产对象
锻件	金属材料经过锻造变形而得到的工件或毛坯
铸件	将熔融金属浇入铸型，凝固后所得到的具有一定形状、尺寸和性能的金属工件或毛坯
焊接件	用焊接的方法而得到的结合件
冲压件	用冲压的方法制成的工件或毛坯
工件	加工过程中的生产对象
工艺关键件	技术要求高，工艺难度大的零、部件
外协件	委托其他企业完成部分或全部制造工序的零、部件
试件	为试验材料的力学、物理、化学性能、金相组织或可加工性等而专门制作的样件
工艺用件	为工艺需要而特制的辅助件
在制品	在一个企业的生产过程中，正在进行加工、装配工待进一步加工、装配或待检查验收的制品
半成品	在一个企业的生产过程中，已完成一个或几个生产阶段，经检验合格入库尚待继续加工或装配的制品
制成品	已完成所有处理和生产的最终物料
合格品	通过检验质量特性符合标准要求的制品
不合格品	通过检验质量特性不符合标准要求的制品
废品	不能修复又不能降级使用的不合格品

（3）工艺方法术语（表1-3）

表1-3　工艺方法术语

术语	定　　义
铸造	将熔融金属浇注、压射或吸入铸型型腔中，待其凝固后而得到一定形状和性能铸件的方法
锻造	在加工设备及工（模）具的作用下，使金属坯料或铸锭产生局部或全部的塑性变形，以获得一定几何形状、尺寸和质量的锻件的加工方法
热处理	将固态金属或合金在一定介质中加热、保温和冷却，以改变其整体或表面组织，从而获得所需要性能的加工方法
表面处理	改变工件表面层的力学、物理或化学性能的加工方法
表面涂覆	用规定的异己材料，在工件表面上形成涂层的方法
粉末冶金	将金属粉末（或与非金属粉末的混合物）压制成形和烧结等形成各种制品的方法
注射成形	将粉末或粒状塑料，加热熔化至流动状态，然后以一定的压力和较高的速度注射到模具内，以形成各种制品的方法
机械加工	利用机械力对各种工件进行的加工方法

（续）

术语	定 义
压力加工	使毛坯材料产生塑性变形或分离而无切削的加工方法
切削加工	利用切削工具从工件上切除多余材料的加工方法
车削	工件旋转作主运动，车刀作进给运动的切削加工方法
铣削	铣刀旋转作主运动，工件或铣刀作进给运动的切削加工方法
刨削	用刨刀对工件作水平相对直线往复运动的切削加工方法
钻削	用钻头或扩孔钻在工件上加工孔的方法
铰削	用铰刀从工件孔壁上切除微量金属层，以提高其尺寸精度和表面粗糙度的方法
锪削	用锪钻或锪刀刮平孔的端面或切出沉孔的方法
镗削	镗刀旋转作主运动，工件或镗刀作进给运动的切削加工方法
插削	用插刀对工件作垂直相对直线往复运动的切削加工方法
拉削	用拉刀加工工件内、外表面的方法
推削	用推刀加工工件内表面的方法
铲削	切出有关带齿工具的切削齿背，以获得后面和后角的加工方法
刮削	用刮刀刮除工件表面薄层的加工方法
磨削	用磨具以较高的线速度对工件表面进行加工的方法
研磨	用研磨工具和研磨剂，从工件上研去一层极薄表面层的精加工方法
珩磨	利用珩磨工具对工件表面施加一定压力，珩磨工具同时作相对旋转和直线往复运动，切除工件上极小余量的精加工方法
超精加工	用细粒度的磨具对工件施加很小的压力，并作往复振动和慢速纵向进给运动，以实现微量磨削的一种光整加工方法
抛光	利用机械、化学或电化学的作用，使工件获得光亮、平整表面的加工方法
挤压	坯料在封闭膜腔内受三向不均匀压应力作用下，从模具的孔口或缝隙挤出，使之横截面积减小成为所需制品的加工方法
滚压	用滚压工具对金属坯料或工件施加压力，使其产生塑性变形，从而将坯料成形或滚光工件表面的加工方法
喷丸	用小直径的弹丸，在压缩空气或离心力的作用下，高速喷射工件，进行表面强化和清理的加工方法
喷砂	用高速运行的砂粒喷射工件，进行表面清理、除锈或使其表面粗化的加工方法
冷作	在基本不改变材料断面特征的情况下，将金属板材、型材等加工成各种制品的方法
冲压	使板料经分离或成形而得到制件的工艺
铆接	借助铆钉形成的不可拆连接
粘接	借助粘结剂形成的连接
钳加工	一般在钳台上以手工工具为主，对工件进行加工的各种方法
电加工	直接利用电能对工件进行加工的方法
电火花加工	在一定的介质中，通过工具电极之间的脉冲放电的电蚀作用，对工件进行加工的方法
电解加工	利用金属工件在电解液中所产生的阳极溶解作用，而进行加工的方法
电子束加工	在真空条件下，利用电子枪中产生的电子经加速、聚焦，形成高能量大密度的细电子束以轰击工件被加工部位，使该部位的材料熔化和蒸发，从而进行加工，或利用电子束照射引起的化学变化而进行加工的方法
离子束加工	利用离子源产生的离子，在真空中经加速聚焦而形成高速高能的束状离子流，从而对工件进行加工方法
等离子加工	利用高温高速的等离子流使工件的局部金属熔化和蒸发，从而对工件进行加工的方法
电铸	利用金属电解沉积，复制金属制品的加工方法
激光加工	利用功率密度极高的激光束照射工件的被加工部位，使其材料瞬间熔化或蒸发，并在冲击波作用下，将熔融物质喷射出去，从而对工件进行穿孔、蚀刻、切割；或采用较小能量密度，使加工区域材料熔融粘合，对工件进行焊接
超声波加工	利用产生超声振动的工具，带动工件和工具间的磨料悬浮液，冲击和抛磨工件的被加工部位，使其局部材料破坏而成粉末，以进行穿孔、切割和研磨等
高速高能成形	利用化学能源、电能源或机械能源瞬时释放的高能量，使材料成形为所需零件的加工方法
装配	按规定的技术要求，将零件或部件进行配合和连接，使之成为半成品或成品的工艺过程

（4）工艺要素术语（表1-4）

表1-4 工艺要素术语

术语	定义
工序	一个或一组工人，在一个工作地对同一个或同时对几个工件所连续完成的那一部分工艺过程
安装	工件(或装配单元)经一次装夹后所完成的那一部分工序
工步	在加工表面(或装配时的连接表面)和加工(或装配)工具不变的情况下，所连续完成的那一部分工序
辅助工步	由人和(或)设备连续完成的一部分工序，该部分工序不改变工件的形状、尺寸和表面粗糙度，但它是完成工步所必需的，如更换刀具等
工作行程	刀具以加工进给速度相对工件所完成一次进给运动的工步部分
空行程	刀具以非加工进给速度相对工件所完成一次进给运动的工步部分
工位	为了完成一定的工序部分，一次装夹工件后，工件(或装配单元)与夹具或设备的可动部分一起相对刀具或设备的固定部分所占据的每一个位置
基准	用来确定生产对象上几何要素间的几何关系所依据的那些点、线、面
设计基准	设计图样上所采用的基准
工艺基准	在工艺过程中所采用的基准
工序基准	在工序图上用来确定本工序所加工表面加工后的尺寸、形状和位置的基准
定位基准	在加工中用于定位的基准
测量基准	测量时所采用的基准
装配基准	装配时用来确定零件或部件在产品中的相对位置所采用的基准
辅助基准	为满足工艺需要，在工件上专门设计的定位面
工艺孔	为满足工艺(加工、测量、装配)的需要而在工件上增设的孔
工艺凸台	为满足工艺的需要而在工件上增设的凸台
工艺尺寸	根据加工的需要，在工艺附图或工艺规程中所给出的尺寸
工序尺寸	某工序加工应达到的尺寸
尺寸链	互相联系且按一定顺序排列的封闭尺寸组合
工艺尺寸链	在加工过程中的各有关工艺尺寸所组成的尺寸链
加工总余量	毛坯尺寸与零件图的设计尺寸之差
工序余量	相邻两工序的工艺尺寸之差
切入量	为完成切入过程所必须附加的加工长度
切出量	为完成切出过程所必须附加的加工长度
工艺留量	为工艺需要而增加的工件(或毛坯)的尺寸
切削用量	在切削加工过程中的切削速度、进给量和切削深度的总称
切削速度	在进行切削加工时，刀具切削刃上的某一点相对于待加工表面在主运动方向上的瞬时速度
主轴转速	机床主轴在单位时间内的转数
往复次数	在作直线往复切削运动的机床上，刀具或工件在单位时间内连续完成切削运动的次数
切削深度	一般指工件已加工表面和待加工表面的垂直距离
进给量	工件或刀具每转或往复一次或刀具每转过一齿时，工件与刀具在进给运动方向上的相对位移
进给速度	单位时间内工件与刀具在进给运动方向上的相对位移
切削力	切削加工时，工件材料抵抗刀具切削所产生的阻力
切削功率	切削加工时，为克服切削力所消耗的功率
切削热	在切削加工中，由于被切削材料层的变形、分离及刀具和被切削材料间的摩擦而产生的热量
切削温度	切削过程中切削区域的温度
切削液	为了提高切削加工效果而使用的液体
产量定额	在一定生产条件下，规定每个工人在单位时间内应完成的合格品数量
时间定额	在一定生产条件下，规定生产一件产品或完成一道工序所需消耗的时间
作业时间	直接用于制造产品或零、部件所消耗的时间，可分为基本时间和辅助时间两部分
基本时间	直接改变生产对象的尺寸、形状、相对位置，表面状态或材料性质等工艺过程所消耗的时间
辅助时间	为实现工艺过程所必须进行的各种辅助动作所消耗的时间
布置工作地时间	为使加工正常进行，工人照管工作地(如更换刀具、润滑机床、清理切屑、收拾工具等)所消耗的时间
休息与生理需要时间	工人在工作班内为恢复体力和满足生理上的需要所消耗的时间
准备与终结时间	工人为了生产一批产品或零、部件、进行准备和结束工作所消耗的时间
材料消耗工艺定额	在一定生产条件下，生产单位产品或零件所需消耗的材料总质量

（续）

术语	定 义
材料工艺性消耗	产品或零件在制造过程中，由于工艺需要而损耗的材料，如铸件的浇口、冒口，锻件的烧损量，棒料等的锯口、切口等
材料利用率	产品或零件的净重占其材料消耗工艺定额的百分比
设备负荷率	设备的实际工作时间占其台时基数的百分比
加工误差	零件加工后的实际几何参数（尺寸、形状和位置）对理想几何参数的偏离程度
加工精度	零件加工后的实际几何参数（尺寸、形状和位置）与理想几何参数的符合程度
加工经济精度	在日常加工条件下（采用符合质量标准的设备、工艺装备和标准技术等级的工人，不延长加工时间）所能保证的加工精度
表面粗糙度	加工表面上具有的较小间距和峰谷所组成的微观几何形状特征，一般由所采用的加工方法和（或）其他因素形成
工序能力	工序处于稳定状态时，加工误差正常波动的幅度。通常用6倍的质量特性值分布的标准偏差表示
工序能力系数	工序能力满足加工精度要求的程度

（5）工艺文件术语（表1-5）

表1-5 工艺文件术语

术语	定 义
工艺路线表	描述产品或零、部件工艺路线的一种工艺文件
车间分工明细表	按产品各车间应加工（或装配）的零、部件一览表
工艺过程卡片	以工序为单位简要说明产品或零、部件的加工（或装配）过程的一种工艺文件
工艺卡片	按产品或零、部件的某一工艺阶段编制的一种工艺文件。它以工序为单元，详细说明产品（或零部件）在某一工艺阶段中的工序号、工序名称、工序内容、工艺参数、操作要求以及采用的设备的工艺装备等
工序卡片	在工艺过程卡片或工艺卡片的基础上，按每道工序所编制的一种工艺文件。一般具有工序简图，并详细说明该工序的每个工步的加工（或装配）内容、工艺参数，操作要求以及所用设备和工艺装备等
典型工艺过程卡片	具有相似结构工艺特征的一组零、部件所能通用的工艺过程卡片
典型工艺卡片	具有工艺结构和工艺特征的一组零、部件所通用的工艺卡片
典型工序卡片	具有相似结构和工艺特征的一组零、部件所能通用的工序卡片
调整卡片	对自动、半自动机床或某些齿轮加工机床等进行调整用的一种工艺文件
工艺守则	某一专业工种所通用的一种基本操作规程
工艺附图	附在工艺规程上用以说明产品或零、部件加工或装配的简图或图表
毛坯图	供制造毛坯用的，表明毛坯材料、形状、尺寸和技术要求的图样
装配系统图	表明产品零、部件间相互装配关系及装配流程的示意图
专用工艺装备设计任务书	由工艺人员根据工艺要求，对专用工艺装备设计提出的一种提示性文件，作为工装设计人员进行工装设计的依据
专用设备设计任务书	由主管工艺人员根据工艺要求，对专用设备的设计提出的一种提示性文件，作为设计专用设备的依据
组合夹具组装任务书	由工艺人员根据工艺需要，对组合夹具的组装提出的一种提示性文件，作为组装夹具的依据
工艺关键件明细表	填写产品中所有工艺关键件的图号、名称和关键内容等的一种工艺文件
外协件明细表	填写产品中所有外协件的图号、名称和加工内容等的一种工艺文件
专用工艺装备明细表	填写产品在生产过程中所需要的全部专用工艺装备的编号、名称、使用零（部）件图号等的一种工艺文件
外购工具明细表	填写产品在生产过程所需购买的全部刀具、量具等的名称、规格和精度，使用零（部）件图号等的一种工艺文件
标准工具明细表	填写产品在生产过程中所需的全部本企业标准工具的名称、规格与精度，使用零（部）件图号等的一种工艺文件
组合夹具明细表	填写产品在生产过程所需的全部组合夹具的编号、名称、使用零（部）件图号等的一种工艺文件

（续）

术语	定　义
工位器具明细表	填写产品在生产过程中所需的全部工位器具的编号、名称、使用零（部）件图号等的一种工艺文件
材料消耗工艺定额明细表	填写产品每个零件在制造过程中所需消耗的各种材料的名称、牌号、规格、质量等的一种工艺文件
材料消耗工艺定额汇总表	将“材料消耗工艺定额明细表”中的各种材料按单台产品汇总填列的一种工艺文件
工艺装备验证书	记载对工艺装备验证结果的一种工艺文件
工艺试验报告	说明对新的工艺方案或工艺方法的试验过程，并对试验结果进行分析和提出处理意见和一种工艺文件
工艺总结	新产品经过试生产后，工艺人员对工艺准备阶段的工作和工艺工装的试用情况进行记述，并提出处理意见的一种工艺文件
工艺文件目录	产品所有工艺文件的清单
工艺文件更改通知单	更改工艺文件的联系单和凭证
临时脱离工艺通知单	由于客观条件限制，暂时不能按原定工艺规程加工或装配，在规定的时间或批量内允许改变工艺路线或工艺方法的联系单和凭证

（6）工艺装备与工件装夹术语（表1-6）

表1-6　工艺装备与工件装夹术语

术语	定　义
专用工艺装备	专为某一产品所用的工艺装备
通用工艺装备	能为几种产品所共用的工艺装备
标准工艺装备	已纳入标准的工艺装备
夹具	用以装夹工件（和引导刀具）的装置
模具	用以限定生产对象的形状和尺寸的装置
刀具	能从工件上切除多余材料或切断材料的带刃工具
计量器具	用以直接或间接测出被测对象量值的工具、仪器、仪表等
辅具（机床辅具）	用以连接刀具与机床的工具
钳工工具	各种钳工作业所用的工具的总称
工位器具	在工作地或仓库中用以存放生产对象或工具用的各种装置
装夹	将工件在机床上或夹具中定位、夹紧的过程
定位	确定工件在机床上或夹具中占有正确位置的过程
夹紧（卡夹）	工件定位后将其固定，使其在加工过程中保持定位位置不变的操作
找正	用工具（或仪表）根据工件上有关基准，找出工件在划线、加工或装配时的正确位置的过程
对刀	调整刀具切削刃相对工件或夹具的正确位置的过程

（7）其他术语（表1-7）

表1-7　其他术语

术语	定　义
粗加工	以切除大部分加工余量为主要目的的加工
半精加工	粗加工与精加工之间的加工
精加工	使工件达到预定的精度和表面质量的加工
光整加工	精加工后，从工件上不切除或切除极薄金属层，用以降低工件表面粗糙度值或强化其表面的加工过程
超精密加工	按照超稳定、超微量切除等原则，实现加工尺寸误差和形状误差在0.1μm以下的加工技术
试切法	通过试切—测量—调整—再试切，反复进行到被加工尺寸达到要求为止的加工方法
调整法	先调整好刀具和工件在机床上的相对位置，并在一批零件的加工过程中保持这个位置不变，以保证工件被加工尺寸的方法
定尺寸刀具法	用刀具的相应尺寸来保证工件被加工部位尺寸的方法

（续）

术语	定　义
展成法(滚切法)	利用工件和刀具作展成切削运动进行加工的方法
仿形法	刀具按照仿形装置进给对工件进行加工的方法
成形法	利用成形刀具对工件进行加工的方法
配作	以已加工件为基准,加工与其相配的另一工件,或将两个(或两个以上)工件组合在一起进行加工的方法

1.1.2 典型表面加工术语（表1-8）

表1-8 典型表面加工术语

术语	定　义
	孔 加 工
钻孔	用钻头在实体材料上加工孔的方法
扩孔	用扩孔工具扩大工件孔径的加工方法
铰孔	见表1-3中铰削
锪孔	用锪削方法加工平底或锥形沉孔
镗孔	用镗削方法扩大工件的孔
车孔	用车削方法扩大工件的孔或加工空心工件的内表面
铣孔	用铣削方法加工工件的孔
拉孔	用拉削方法加工工件的孔
推孔	用推削方法加工工件的孔
插孔	用插削方法加工工件的孔
磨孔	用磨削方法加工工件的孔
珩孔	用珩磨方法加工工件的孔
研孔	用研磨方法加工工件的孔
刮孔	用刮削方法加工工件的孔
挤孔	用挤压方法加工工件的孔
滚压孔	用滚压方法加工工件的孔
冲孔	用冲模在工件或板料上冲切孔的方法
激光打孔	用激光加工原理加工工件的孔
电火花打孔	用电火花加工原理加工工件的孔
超声波打孔	用超声波加工原理加工工件的孔
电子束打孔	用电子束加工原理加工工件的孔
	外 圆 加 工
车外圆	用车削方法加工工件的外圆表面
磨外圆	用磨削方法加工工件的外圆表面
珩磨外圆	用珩磨方法加工工件的外圆表面
研磨外圆	用研磨方法加工工件的外圆表面
抛光外圆	用抛光方法加工工件的外圆表面
滚压外圆	用滚压方法加工工件的外圆表面
	平 面 加 工
车平面	用车削方法加工工件的平面
铣平面	用铣削方法加工工件的平面
刨平面	用刨削方法加工工件的平面
磨平面	用磨削方法加工工件的平面
珩平面	用珩磨方法加工工件的平面
刮平面	用刮削方法加工工件的平面
拉平面	用拉削方法加工工件的平面
锪平面	用锪削方法将工件的孔口周围切削成垂直于孔的平面

（续）

术语	定　　义
平　面　加　工	
研平面	用研磨的方法加工工件平面
抛光平面	用抛光方法加工工件的平面
槽　加　工	
车槽	用车削方法加工工件的槽
铣槽	用铣削方法加工工件的槽或键槽
刨槽	用刨削方法加工工件的槽
插槽	用插削方法加工工件的槽或键槽
拉槽	用拉削方法加工工件的槽或键槽
推槽	用推削方法加工工件的槽
镗槽	用镗削方法加工工件的槽
磨槽	用磨削方法加工工件的槽
研槽	用研磨方法加工工件的槽
滚槽	用滚压工具,对工件上的槽进行光整或强化加工的方法
刮槽	用刮削方法加工工件的槽
螺　纹　加　工	
车螺纹	用螺纹车刀切出工件的螺纹
梳螺纹	用螺纹梳刀切出工件的螺纹
铣螺纹	用螺纹铣刀切出工件的螺纹
旋风铣螺纹	用旋风铣头切出工件的螺纹
滚压螺纹	用一副螺纹滚轮,滚轧出工件的螺纹
搓螺纹	用一对螺纹模板(搓丝板)轧制出工件的螺纹
拉螺纹	用拉削丝锥加工工件的内螺纹
攻螺纹	用丝锥加工工件的内螺纹
套螺纹	用板牙或螺纹切头加工工件的螺纹
磨螺纹	用单线或多线砂轮磨削工件的螺纹
珩螺纹	用珩磨工具珩磨工件的螺纹
研螺纹	用螺纹研磨工具研磨工件的螺纹
齿　面　加　工	
铣齿	用铣刀或铣刀盘按成形法或展成法加工齿轮或齿条等的齿面
刨齿	用刨齿刀加工直齿圆柱齿轮、锥齿轮或齿条等的齿面
插齿	用插齿刀按展成法或成形法加工内、外齿轮或齿条等的齿面
滚齿	用齿轮滚刀按展成法加工齿轮、蜗轮等的齿面
剃齿	用剃齿刀对齿轮或蜗轮等的齿面进行精加工
珩齿	用珩磨轮对齿轮或蜗轮等的齿面进行精加工
磨齿	用砂轮按展成法或成形法磨削齿轮或齿条等的齿面
拉齿	用拉刀或拉刀盘加工内、外齿轮等的齿面
研齿	用具有齿形的研轮与被研齿轮或一对被研齿轮对滚研磨,以进行齿面的加工
轧齿	用具有齿形的轧轮或齿条作为工具,轧制出齿轮的齿形
挤齿	用挤轮与齿轮按无侧隙啮合的方式对滚,以精加工齿轮的齿面
冲齿轮	用齿轮冲模冲制齿轮
铸齿轮	用铸造方法获得齿轮
成　形　面　加　工	
车成形面	用成形车刀按成形法或仿形法等车削工件的成形面
铣成形面	用成形铣刀按成形法或仿形法等铣削工件的成形面
刨成形面	用成形刨刀按成形法或仿形法等刨削工件的成形面
磨成形面	用成形砂轮按成形法或仿形法等磨削工件的成形面
抛光成形面	用抛光方法加工工件的成形面
电加工成形面	用电火花成形、电解成形等方法加工工件的成形面

（续）

术语	定　义
	其　他
滚花	用滚花工具在工件表面上滚压出花纹的加工
倒角	把工件的棱角切削成一定斜面的加工
倒圆角	把工件的棱角切削成圆弧面的加工
钻中心孔	用中心孔钻在工件的端面加工定位孔
磨中心孔	用锥形砂轮磨削工件的中心孔
研中心孔	用研磨方法精加工工件的中心孔
挤压中心孔	用硬质合金多棱顶尖，挤光工件的中心孔
切断	把坯料或工件切成两段（或数段）的加工方法

1.1.3 冷作、钳工及装配常用术语

（1）冷作术语（表1-9）

表1-9 冷作术语

术语	定　义
排料（排样）	在板料或条料上合理安排每个坯件下料位置的过程
放样	根据构件图样，用1:1的比例（或一定的比例）在放样台（或平板）上画出其所需图形的过程
展开	将构件的各个表面依次摊开在一个平面的过程
号料	根据图样，或利用样板、样杆等直接在材料上划出构件形状和加工界线的过程
切割	把板材或型材等切成所需形状和尺寸的坯料或工件的过程
剪切	通过两剪刃的相对运动，切断材料的加工方法
弯形	将坯料弯成所需形状的加工方法
压弯	用模具或压弯设备将坯料弯成所需形状的加工方法
拉弯	坯料在受拉状态下沿模具弯曲成形的方法
滚弯	通过旋转辊轴使坯料弯曲成形的方法
热弯	将坯料在热状态下弯曲成形的方法
弯管	将管材弯曲成形的方法
热成形	金属在再结晶温度以上进行的成形过程
胀形	使板料或空心坯料在双向拉应力作用下，产生塑性变形取得所需制件的成形方法
扩口	将管件或空心制件的端部径向尺寸扩大的加工方法
缩口	将管件或空心制件的端部加压，使其径向尺寸缩小的加工方法
缩颈	将管件或空心制件局部加压，使其径向尺寸缩小的加工方法
咬缝（锁接）	将薄板的边缘相互折转，扣合，压紧的连接方法
胀接	利用管子和管板变形来达到紧固和密封的连接方法
放边	使工件单边延伸变薄而弯曲成形的方法
收边	使工件单边起皱收缩而弯曲成形的方法
拨缘	利用放边和收边使板料边缘弯曲的方法
拱曲	将板料周围起皱收边，而中间打薄锤放，使之成为半球形或其他所需形状的加工方法
扭曲	将坯料的一部分与另一部分相对扭转一定角度的加工方法
拼接	将坯料以小拼整的方法
卷边	将工件边缘卷成圆弧的加工方法
折边	将工件边缘压扁成叠边或压弯成一定几何形状的加工方法
翻边	将板件边缘或管件（或空心制件）的口部进行折边或翻扩的加工方法
刨边	对板件的边缘进行的刨削加工
修边	对板件的边缘进行修整加工的方法
反变形（预变形）	在焊接前，用外力把制件按预计变形相反的方向强制变形，以补偿加工后制件变形的方法

（续）

术语	定　义
矫正(校形)	消除材料或制件的弯曲、翘曲、凸凹不平等缺陷的加工方法
校直	消除材料或制件弯曲的加工方法
校平	消除板材或平板制件的翘曲、局部凸凹不平等的加工方法

（2）钳工术语（表1-10）

表1-10　钳工术语

术语	定　义
划线	在毛坯或工件上,用划线工具划出待加工部位的轮廓线或作为基准的点、线
打样冲眼	在毛坯或工件划线后,在中心线或辅助线上用样冲打出冲点的方法
锯削	用锯对材料或工件进行切断或切槽等的加工方法
錾削	用手锤打击錾子对金属工件进行切削加工的方法
锉削	用锉刀对工件进行切削加工的方法
堵孔	按工艺要求堵住工件上某些工艺孔
配键	以键槽为基准,修锉与其配合的键
配重	在产品或零、部件的某一位置上增加重物,使其由不平衡达到平衡的方法
去重	去掉产品或零、部件上某一部分质量,使其由不平衡达到平衡的方法
刮研	用刮刀从工件表面刮去较高点,再用标准检具(或与其相配的件)涂色检验的反复加工过程
配研	两个相配合的零件,在其结合表面加研磨剂使其相互研磨,以达到良好接触的过程
标记	在毛坯或工件上做出规定的记号
去毛刺	清除工件已加工部件周围所形成的刺状物或飞边
倒钝锐边	除去工件上尖锐棱角的过程
砂光	用砂布或砂纸磨光工件表面的过程
除锈	将工件表面上的锈蚀除去的过程
清洗	用清洗剂清除产品或工件上的油污、灰尘等脏物的过程

（3）装配与试验术语（表1-11）

表1-11　装配与试验术语

术语	定　义
配套	将待装配产品的所有零、部件配备齐全
部装	把零件装配成部件的过程
总装	把零件和部件装配成最终产品的过程
调整装配法	在装配时用改变产品中可调整零件的相对位置或选用合适的调整件以达到装配精度的方法
修配装配法	在装配时修去指定零件上预留修配量以达到装配精度的方法
互换装配法	在装配时各配合零件不经修理、选择或调整即可达到装配精度的方法
分组装配法	在成批或大量生产中,将产品各配合副的零件按实测尺寸分组,装配时按组进行互换装配以达到装配精度的方法
压装	将具有过盈量配合的两个零件压到配合位置的装配过程
热装	具有过盈量配合的两个零件,装配时先将包容件加热胀大,再将被包容件装入到配合位置的过程
冷装	具有过盈量配合的两个零件,装配时先将被包容件用冷却剂冷却,使其尺寸收缩,再装入包容件使其达到配合位置的过程
吊装	对大型零、部件,借助于起吊装置进行的装配
装配尺寸链	各有关装配尺寸所组成的尺寸链
预载	对某些产品或零、部件在使用前所需预加的载荷
静平衡试验	调整产品或零、部件使其达到静态平衡的过程
动平衡试验	对旋转的零、部件,在动平衡试验机上进行试验和调整,使其达到动平衡的过程
试车	机器装配后,按设计要求进行的运转试验
空运转试验	机器或其部件装配后,不加负荷所进行的运转试验
负荷试验	机器或其部件装配后,加上额定负荷所进行的试验
超负荷试验	按照技术要求,对机器进行超出额定负荷范围的运转试验
型式试验	根据新产品试制鉴定大纲或设计要求,对新产品样机的各项质量指标所进行的全面试验或检验
性能试验	为测定产品或其部件的性能参数而进行的各种试验
寿命试验	按照规定的使用条件(或模拟其使用条件)和要求,对产品或其零、部件的寿命指标所进行的试验
破坏性试验	按规定的条件和要求,对产品或其零、部件进行直到破坏为止的试验
温度试验	在规定的温度条件下,对产品或其零、部件进行的试验

（续）

术语	定　义
压力试验	在规定的压力条件下,对产品或其零、部件进行的试验
噪声试验	按规定的条件和要求,对产品所产生的噪声大小进行测定的试验
电器试验	将机器的电气部分安装后,按电气系统性能要求所进行的试验
渗漏试验	在规定压力下,观测产品或其零、部件对试验液体的渗漏情况
气密性试验	在规定的压力下,测定产品或其零、部件气密性程度的试验
油封	在产品装配和清洗后,用防锈剂等将其指定部件(或全部)加以保护的措施
漆封	对产品中不准随意拆卸或调整的部位,在产品装调合格后,用漆加封的措施
铅封	产品装调合格后,用铅将其指定部位封住的措施
启封	将封装的零、部件或产品打开的过程

1.2　产品工艺工作程序和内容（JB/T 9169.2—1998）

产品工艺工作应由新产品技术开发阶段的设计调研开始直到产品包装入库结束，贯穿于产品生产的全过程。

1.2.1　产品工艺工作程序（图1-1）

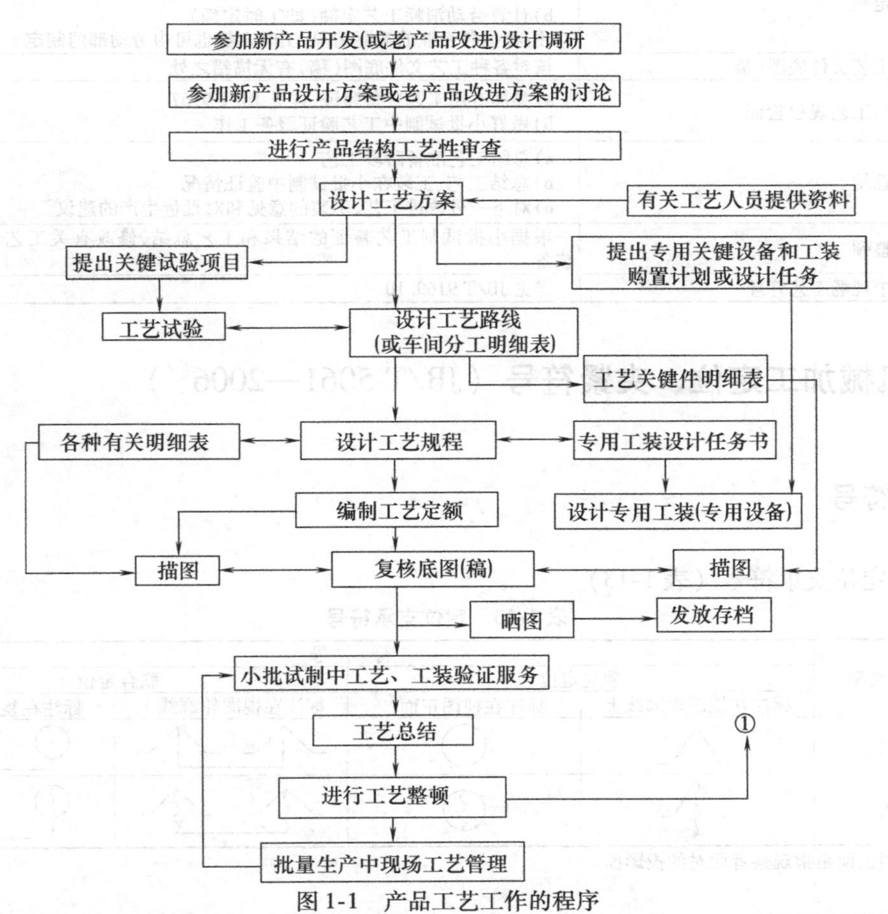

图1-1　产品工艺工作的程序

①可根据需要反馈到设计工艺方案、设计工艺路线、设计工艺规程或（和）设计专用工装。

1.2.2　各程序段的主要工作内容（表1-12）

表1-12　各程序段的主要工作内容

工作程序	主要工作内容
参加新产品开发（或老产品改进）设计调研，包括引进产品（或技术）的出国考察	a）了解用户（或市场）对该产品的使用要求 b）了解该产品的使用条件 c）了解国内外同类产品或类似产品的工艺水平 d）收集有关工艺标准和资料
参加新产品设计方案或老产品改进方案的讨论	从制造观点分析结构方案的合理性、可行性
进行产品结构工艺性审查	对所设计的零件在能满足使用要求的前提下，制造的可行性和经济性，见JB/T 9169.3
设计工艺方案	根据产品设计要求、生产类型和企业的生产能力，提出工艺技术准备工作具体任务和措施的指导性文件，见JB/T 9169.4
设计工艺路线	编制工艺路线表（或车间分工明细表）、工艺关键件明细表、外协件明细表，必要时需提出铸件明细表、锻件明细表等
设计工艺规程	根据工艺方案要求，设计各专业工种的工艺规程的其他有关工艺文件，详见JB/T 9169.5
设计专用工艺装备	按专用工装设计任务书的要求，设计出全部专用工艺装备（见JB/T 9167）
编制工艺定额	a）计算各种材料消耗工艺定额，编制材料消耗工艺定额明细表和汇总表（见JB/T 9169.6） b）计算劳动消耗工艺定额（即工时定额） 注：根据各企业的实际情况，工时定额也可由劳动部门制定
复核各种工艺文件底图（稿）	核对各种工艺文件底图（稿）有无描错之处
工艺装备与工艺规程验证	a）参加专用工艺装备验证，详见JB/T 9167 b）做好小批试制中工艺验证服务工作
进行工艺总结	a）总结工艺准备阶段工艺 b）总结工艺、工装在小批试制中验证情况 c）对下一进改进工艺、工装的意见和对批量生产的建议
进行工艺整顿	根据小批试制工艺验证的结果和工艺总结，修改有关工艺规程和工艺装备
批量生产中现场工艺管理	详见JB/T 9169.10

1.3　机械加工定位、夹紧符号（JB/T 5061—2006㊀）

1.3.1　符号

（1）定位支承符号（表1-13）

表1-13　定位支承符号

定位支承类型	符号			
	独立定位		联合定位	
	标注在视图轮廓线上	标注在视图正面①	标注在视图轮廓线上	标注在视图正面①
固定式				
活动式				

① 视图正面是指观察者面对的投影面。

㊀ 本标准适用于机械制造行业在设计产品零、部件机械加工工艺规程和编制工艺装备设计任务书时使用。

（2）辅助支承符号（表1-14）

表1-14 辅助支承符号

独立支承		联合支承	
标注在视图轮廓线上	标注在视图正面	标注在视图轮廓线上	标注在视图正面

（3）夹紧符号（表1-15）

表1-15　夹紧符号

夹紧动力源类型	符号			
	独立夹紧		联合夹紧	
	标注在视图轮廓线上	标注在视图正面	标注在视图轮廓线上	标注在视图正面
手动夹紧				
液压夹紧	Y	Y	Y	Y
气动夹紧	Q	Q	Q	Q
电磁夹紧	D	D	D	D

（4）常用装置符号（表1-16）

表1-16　常用装置符号

序号	符号	名称	简图	序号	符号	名称	简图
1		固定顶尖		8		圆柱心轴	
2		内顶尖		9		锥度心轴	
3		回转顶尖		10		螺纹心轴	（花键心轴也用此符号）
4		外拨顶尖					
5		内拨顶尖		11		弹性心轴	（包括塑料心轴）
6		浮动顶尖					
7		伞形顶尖				弹簧夹头	

（续）

序号	符号	名称	简图	序号	符号	名称	简图
12		自定心卡盘		19		拨杆	
13		单动卡盘		20		垫铁	
				21	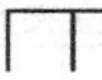	压板	
14		中心架		22	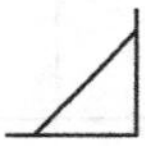	角铁	
				23		可调支承	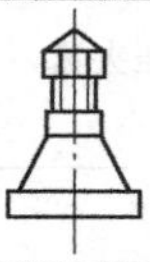
15		跟刀架		24	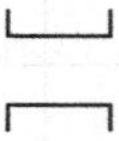	平口钳	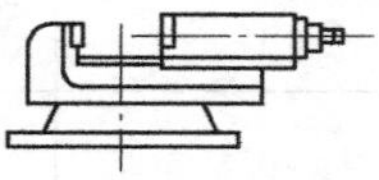
16		圆柱衬套		25	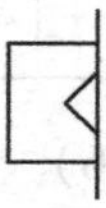	中心堵	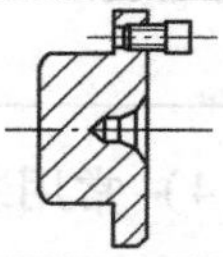
17		螺纹衬套		26		V形块	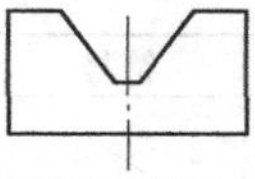
18		止口盘		27		软爪	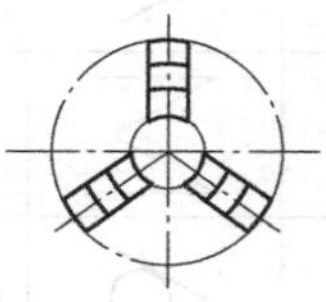

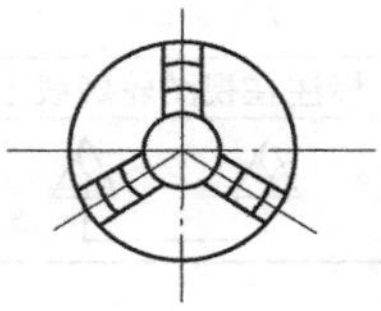

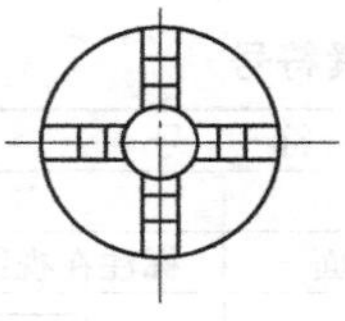

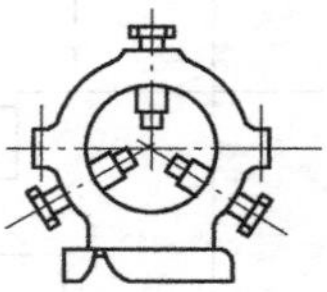

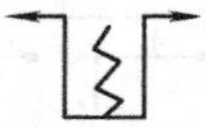

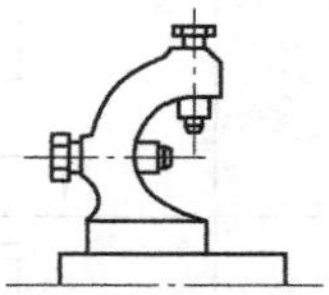

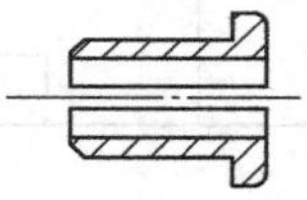

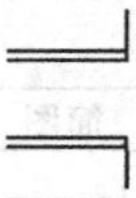

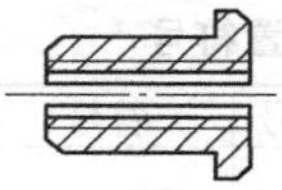

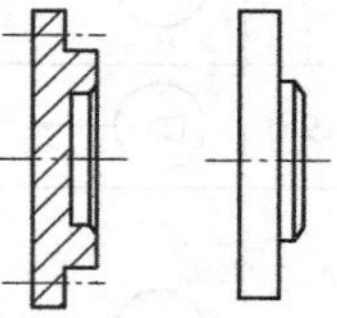

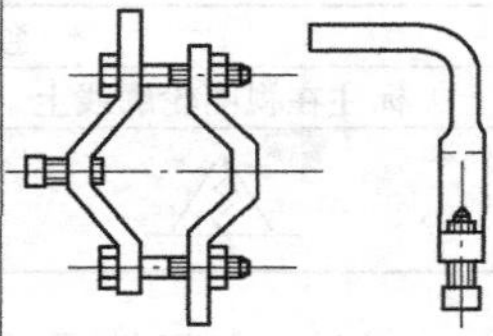

1.3.2　各类符号的画法

（1）定位支承符号与辅助支承符号的画法

1）定位支承符号与辅助支承符号的尺寸按图1-2的规定。

2）联合定位与辅助支承符号的基本图形尺寸应符合图1-2的规定，基本符号间的连线长度可根据工序图中的位置确定。连线允许画成折线，见表1-17中的序号29。

3）活动式定位支承符号和辅助支承符号内的波纹形状不作具体规定。

4）定位支承符号与辅助支承符号的线条按GB/T 4457.4中规定的型线宽度 $d/2$，符号

高度 h 应是工艺图中数字高度的 1～1.5 倍。

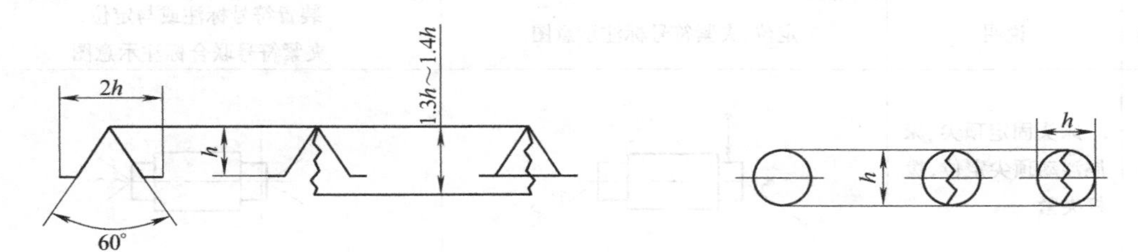

图 1-2　定位支承符号与辅助支承符号的尺寸规定

5）定位支承符号与辅助支承符号允许标注在视图轮廓的延长线上，或投影面的引出线上，见表 1-17 中的序号 19、29。

6）未剖切的中心孔引出线应由轴线与端面的交点开始，见表 1-17 中序号 1、2。

7）在工件的一个定位面上布置两个以上的定位点，且对每个点的位置无特定要求时，允许用定位符号右边加数字的方法进行表示，不必将每个定位点的符号都画出，符号右边数字的高度应与符号的高度 h 一致。标注示例见表 1-6。

（2）夹紧符号画法

1）夹紧符号的尺寸应根据工艺图的大小与位置确定。

2）夹紧符号线条按 GB/T 4457.4 中规定的型线宽度 $d/2$。

3）联动夹紧符号的连线长度应根据工艺图中的位置确定，允许连线画成折线，见表 1-17中序号 28。

（3）装置符号的画法。

装置符号的大小应根据工艺图中的位置确定，其线条宽度按 GB/T 4457.4 中规定的型线宽度 $d/2$。

1.3.3　定位、夹紧符号及装置符号的使用

1）定位符号、夹紧符号和装置符号可单独使用，也可联合使用。

2）当仅用符号表示不明确时，要用文字补充说明。

1.3.4　定位、夹紧符号和装置符号的标注示例（表 1-17）

表 1-17　定位、夹紧符号与装置符号综合标注示例

序号	说明	定位、夹紧符号标注示意图	装置符号标注或与定位、夹紧符号联合标注示意图
1	床头固定顶尖、床尾固定顶尖定位，拨杆夹紧	3　2	

（续）

序号	说明	定位、夹紧符号标注示意图	装置符号标注或与定位、夹紧符号联合标注示意图
2	床头固定顶尖、床尾浮动顶尖定位，拨杆夹紧	3　2	
3	床头内拨顶尖、床尾回转顶尖定位夹紧	3　2　回转	
4	床头外拨顶尖、床尾回转顶尖定位夹紧	2　3　回转	
5	床头弹簧夹头定位夹紧，夹头内带有轴向定位，床尾内顶尖定位	2　2	
6	弹簧夹头定位夹紧	4	
7	液压弹簧夹头定位夹紧，夹头内带有轴向定位	Y　4	Y
8	弹性心轴定位夹紧	4	
9	气动弹性心轴定位夹紧，带端面定位	3　Q　2	Q　3

（续）

序号	说明	定位、夹紧符号标注示意图	装置符号标注或与定位、夹紧符号联合标注示意图
10	锥度心轴定位夹紧	5	
11	圆柱心轴定位夹紧，带端面定位	3 2	3
12	自定心卡盘定位夹紧	4	
13	液压自定心卡盘定位夹紧，带端面定位	Y 3 2	Y 3
14	单动卡盘定位夹紧，带轴向定位	1	
15	单动卡盘定位夹紧，带端面定位	3 2	3
16	床头固定顶尖，床尾浮动顶尖定位，中部有跟刀架辅助支承，拨杆夹紧（细长轴类零件）	3 2	
17	床头自定心卡盘带轴向定位夹紧，床尾中心架支承定位	2 2	

（续）

序号	说明	定位、夹紧符号标注示意图	装置符号标注或与定位、夹紧符号联合标注示意图
18	止口盘定位螺栓压板夹紧	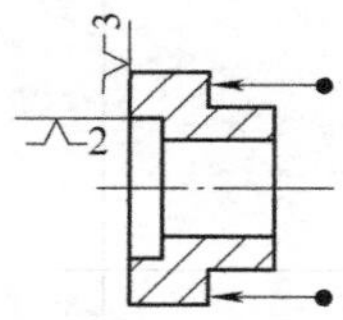	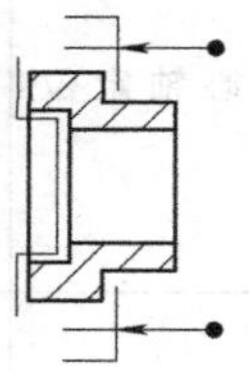
19	止口盘定位气动压板联动夹紧	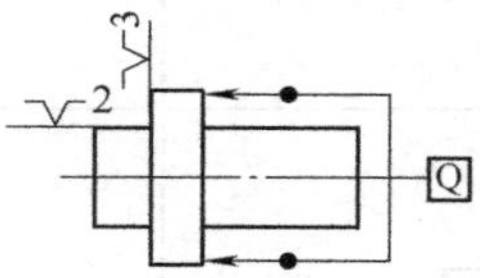	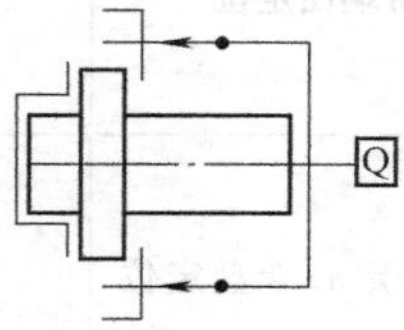
20	螺纹心轴定位夹紧	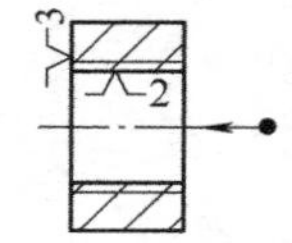	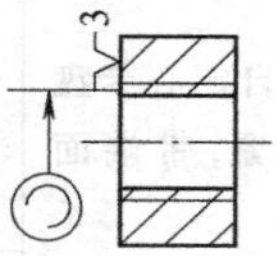
21	圆柱衬套带有轴向定位，外用自定心卡盘夹紧	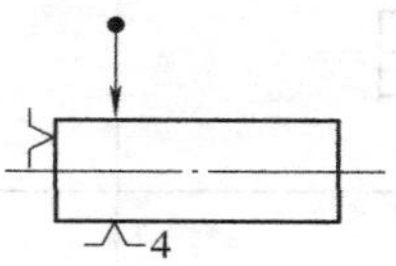	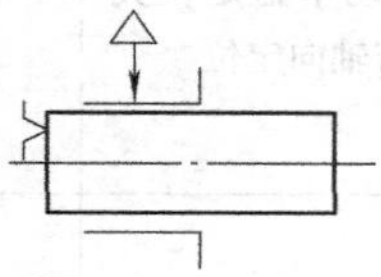
22	螺纹衬套定位，外用自定心卡盘夹紧	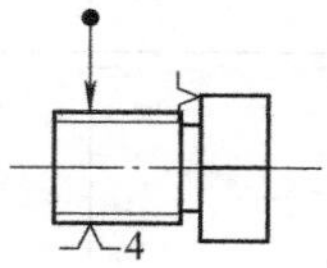	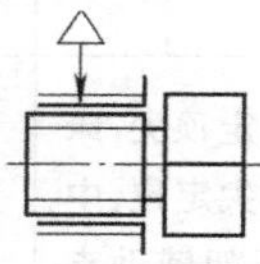
23	平口钳定位夹紧	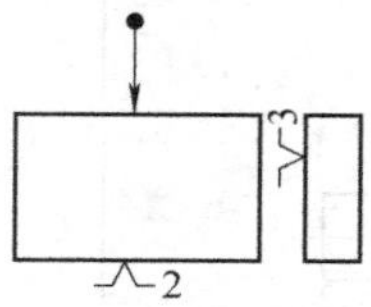	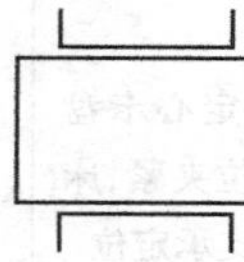

（续）

序号	说明	定位、夹紧符号标注示意图	装置符号标注或与定位、夹紧符号联合标注示意图
24	电磁盘定位夹紧	3 D	
25	软爪自定心卡盘定位卡紧	4	
26	床头伞形顶尖，床尾伞形顶尖定位，拨杆夹紧	3 2	
27	床头中心堵，床尾中心堵定位，拨杆夹紧	2 2	
28	角铁、V形块及可调支承定位，下部加辅助可调支承，压板联动夹紧	3 2	
29	一端固定V形块，下平面垫铁定位，另一端可调V形块定位夹紧		可调

1.4 工艺文件格式及填写规则

1.4.1 工艺文件编号方法（JB/T 9166—1998）

1.4.1.1 基本要求

1）凡正式工艺文件都必须具有独立的编号，同一编号只能授予一份工艺文件（一份工艺文件是指能单独使用的最小单位工艺文件，如某个零件的铸造工艺卡片、机械加工工艺过程卡片、机械加工工序卡片等均为能单独使用的最小单位工艺文件）。

2）当同一文件由数页组成时，每页都应填写同一编号。

3）引证和借用某一工艺文件时，应注明其编号。

4）工艺文件的编号应按 JB/T 9165.2 和 JB/T 9165.3 中规定的位置填写。

1.4.1.2 编号的组成

1）工艺文件编号的组成推荐以下两种形式，各企业可以根据自己的情况任选一种。

① 由工艺文件特征号和登记顺序号两部分组成，两部分之间用一字线隔开。

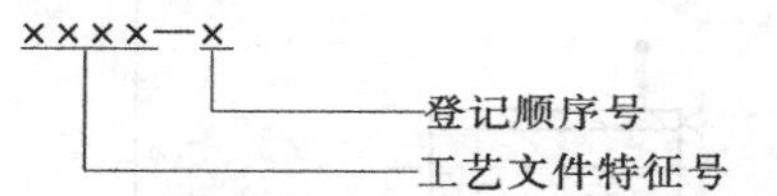

② 由产品代号（型号）加工艺文件特征号加登记顺序号组成，各部分之间用一字线隔开。

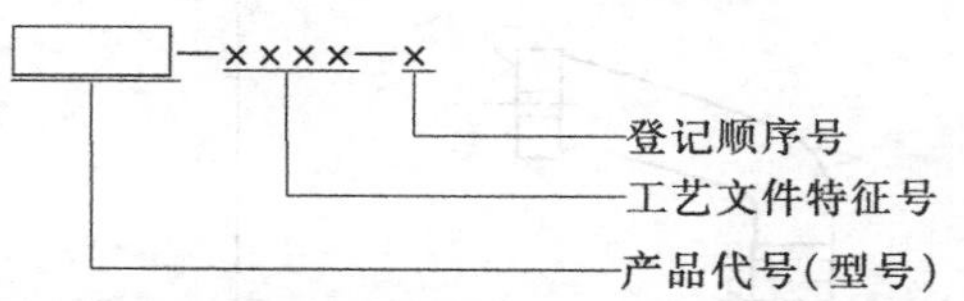

2）工艺文件特征号包括工艺文件类型代号和工艺方法代号两部分，每一部分均由两位数字组成。

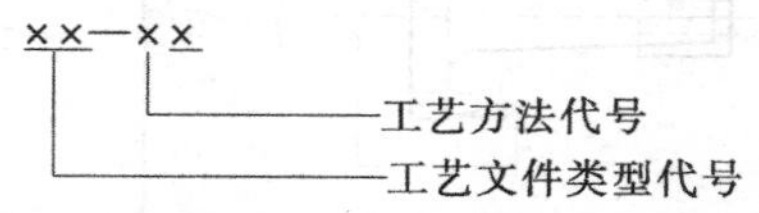

3）登记顺序号在每一文件特征号内一般由 1 开始连续递增，位数多少根据需要决定。

1.4.1.3 代号编制规则和登记方法

1）工艺文件类型代号按表 1-18 规定。

2）工艺方法代号按表 1-19 规定。

3）登记顺序号由各企业的工艺标准部门统一给定。

4）工艺文件编号时需要登记，登记用表见表 1-20。

5）不同特征号的工艺文件不能登记在同一张登记表中。

6）经多处修改后重新描晒的工艺文件在其原编号后加A、B、C等，以示区别。

表1-18　工艺文件类型代号

工艺文件类型代号	工艺文件类型名称	工艺文件类型代号	工艺文件类型名称
01	工艺文件目录	41	工艺关键件明细表
02	工艺方案	42	外协件明细表
03		43	外制件明细表
04		44	配作件明细表
05		45	
06		46	
07		47	
08		48	
09	工艺路线表	49	配套件明细表
10	车间分工明细表	50	消耗定额表
11		51	材料消耗工艺定额明细表
12		52	材料消耗工艺定额汇总表
13		53	
14		54	
15		55	
16		56	
17		57	
18		58	
19		59	
20	工艺规程	60	工艺装备明细表
21	工艺过程卡片	61	专用工艺装备明细表
22	工艺卡片	62	外购工具明细表
23	工序卡片	63	厂标准(通用)工具明细表
24	计算—调整卡片	64	组合夹具明细表
25	检验卡片	65	
26		66	
27		67	
28		68	
29	工艺守则	69	工位器具明细表
30	工序质量管理文件	70	(待发展)
31	工序质量分析表	80	(待发展)
32	操作指导卡片(作业指导书)	90	其他
33	控制图	91	工艺装备设计任务书
34		92	专用工艺装备使用说明书
35		93	工艺装备验证书
36		94	
37		95	
38		96	工艺试验报告
39		97	工艺总结
40	(　)零件明细表	98	
		99	

表1-19　工艺方法代号

工艺方法代号	工艺方法名称	工艺方法代号	工艺方法名称	工艺方法代号	工艺方法名称
00	未规定	31	电弧焊与电渣焊	62	高频热处理
01	下料	32	电阻焊	63	
02		33		64	
03		34		65	化学热处理
04		35		66	
05		36	摩擦焊	67	
06		37	气焊与气割	68	
07		38	钎焊	69	工具热处理
08		39		70	表面处理
09		40	机械加工	71	电镀
10	铸造	41	单轴自动车床加工	72	金属喷镀
11	砂型铸造	42	多轴自动车床加工	73	磷化
12	压力铸造	43	齿轮机床加工	74	发蓝
13	熔模铸造	44	自动线加工	75	
14	金属模铸造	45	数控机床加工	76	喷丸强化
15		46		77	
16		47	光学加工	78	涂装
17		48	典型加工	79	清洗
18	木模制造	49	成组加工	80	（待发展）
19	砂、泥芯制造	50	电加工	90	冷作、装配、包装
20	锻压	51	电火花加工	91	冷作
21	锻造	52	电解加工	92	装配
22	热冲压	53	线切割加工	93	
23	冷冲压	54	激光加工	94	
24	旋压成形	55	超声波加工	95	电气安装
25		56	电子束加工	96	
26	粉末冶金	57	离子束加工	97	包装
27	塑料零件注射	58		98	
28	塑料零件压制	59		99	
29		60	热处理		
30	焊接	61	感应热处理		

表 1-20　工艺文件编号登记表格式

1)			特征号	2)
			共　页	第　页
登　记 顺序号	申请编号者		日　　期	使用产品
	单　　位	姓　名		
3)	4)	5)	6)	7)

5　148　5　35　5　210

工艺文件编号登记表各栏内容的填写：

1）编号的工艺文件名称。

2）文件的特征号。

3）具有该特征号文件的登记顺序。

4）申请编号者的单位代号或名称。

5）申请编号者的姓名。

6）登记日期。

7）使用该编号文件的产品代号（型号）。

表内各栏尺寸未限定，各企业在使用时可以自行确定。

1.4.1.4　工艺文件编号示例㊀

1）不带产品代号（型号）的编号：

工艺方案：0200—5

砂型铸造工艺卡片：2211—15

机械加工工艺关键件明细表：4140—12

锻件材料消耗工艺定额明细表：5121—9700

机械加工专用工艺装备明细表：6140—8201

2）带产品代号（型号）的编号：

㊀ 示例中的登记顺序号均为假定。

CA6140 卧式车床工艺方案：CA6140—0200—5

X6132 万能铣床工艺路线表：X6132—0900—20

2V—6/8 型空压机机械加工工序卡片：2V—6/8—2340—135

2XZ—8 直联旋片式真空泵工艺总结：2XZ—8—9700—8526

1.4.2 工艺文件的完整性（JB/T 9165.1—1998）

1.4.2.1 基本要求

1）工艺文件是指导工人操作和用于生产、工艺管理的主要依据，要做到正确、完整、统一、清晰。

2）工艺文件的种类和内容应根据产品的生产性质、生产类型和产品的复杂程度，有所区别。

3）产品的生产性质是指样机试制、小批量试制和正式批量生产。样机试制主要是验证产品设计结构，对工艺文件不要求完整，各企业可根据具体情况而定；小批试制主要是验证工艺，所以小批试制的工艺文件基本上应与正式批量生产的工艺文件相同，不同的是后者通过小批试制过程验证后的修改补充，更加完整。

4）生产类型是企业（或车间、工段、班组、工作地）生产专业化程度的分类。生产类型的划分方法参见表1-21。

表1-21 生产类型划分

按工作地所担负的工序数划分	
生产类型	工作地每月担负的工序数/个
单价生产	不作规定
小批生产	>20～40
中批生产	>10～20
大批生产	>1～10
大量生产	1
按生产产品的年产量划分	
生产类型	年产量①/台
单价生产	1～10
小批生产	>10～150
中批生产	>150～500
大批生产	>500～5000
大量生产	>5000

① 年产量应根据各企业产品具体情况而定。

5）产品的复杂程度由产品结构、精度和结构工艺性而定。一般可分为简单产品和复杂产品，复杂程度由各企业自定。

6）按生产类型和产品复杂程度不同，对常用的工艺文件完整性作了规定（表1-22）。使用时，各企业可根据各自工艺条件和产品需要，允许有所增减。

表1-22　工艺文件完整性表

序号	产品生产类型 / 工艺文件适用范围 / 工艺文件名称	单价和小批生产		中批生产		大批和大量生产	
		简单产品	复杂产品	简单产品	复杂产品	简单产品	复杂产品
1	产品结构工艺性审查记录	△	△	△	△	△	△
2	工艺方案	−	△	△	△	△	△
3	产品零部件工艺路线表	+	△	△	△	△	△
4	木模工艺卡片	+	+	+	+	+	+
5	砂型铸造工艺卡片	+	+	+	△	△	△
6	熔模铸造工艺卡片	−	+	+	+	△	△
7	压力铸造工艺卡片	−	−	+	+	△	△
8	锻造工艺卡片	+	△	△	△	△	△
9	冷冲压工艺卡片	+	+	+	△	△	△
10	焊接工艺卡片	+	+	+	△	△	△
11	机械加工工艺过程卡片	△	△	△	△	+	+
12	典型零件工艺过程卡片	+	+	+	+	+	+
13	标准零件工艺过程卡片	△	△	△	△	△	△
14	成组加工工艺卡片	+	+	+	+	+	+
15	机械加工工序卡片	−	+	+	△	△	△
16	单轴自动车床调整卡片	−	−	△	△	△	△
17	多轴自动车床调整卡片	−	−	△	△	△	△
18	数控加工程序卡片	+	+	△	△	△	△
19	弧齿锥齿轮加工机床调整卡片	△	△	△	△	△	△
20	热处理工艺卡片	△	△	△	△	△	△
21	感应热处理工艺卡片	△	△	△	△	△	△
22	工具热处理工艺卡片	△	△	△	△	△	△
23	化学热处理工艺卡片	△	△	△	△	△	△
24	表面处理工艺卡片	+	+	+	+	+	+
25	电镀工艺卡片	+	+	△	△	△	△
26	光学零件加工工艺卡片	+	△	△	△	△	△
27	塑料零件注射工艺卡片	−	−	△	△	△	△
28	塑料零件压制工艺卡片	−	−	△	△	△	△
29	粉末冶金零件工艺卡片	−	−	△	△	△	△
30	装配工艺过程卡片	+	△	△	△	△	△
31	装配工序卡片	−	−	−	△	△	△
32	电气装配工艺卡片	+	△	△	△	△	△
33	涂装工艺卡片	+	△	△	△	△	△
34	操作指导卡片	+	+	+	+	+	+
35	检验卡片	+	+	+	+	△	△
36	工艺附图	+	+	+	+	+	+
37	工艺守则	○	○	○	○	○	○
38	工艺关键件明细表	+	△	+	△	+	△
39	工序质量分析表	+	+	+	+	+	+
40	工序质量控制图	+	+	+	+	+	+
41	产品质量控制点明细表	+	+	+	+	+	+
42	零(部)件质量控制明细表	+	+	+	+	+	+
43	外协件明细表	△	△	△	△	△	△
44	配作件明细表	+	+	+	+	+	+
45	(　)零件明细表	+	+	+	+	+	+
46	外购工具明细表	△	△	△	△	△	△
47	组合夹具明细表	△	△	+	+	+	+
48	企业标准工具明细表	+	+	△	△	△	△
49	专用工艺装备明细表	△	△	△	△	△	△
50	工位器具明细表	+	+	+	+	△	△
51	专用工艺装备图样及设计文件	△	△	△	△	△	△
52	材料消耗工艺定额明细表	△	△	△	△	△	△
53	材料消耗工艺定额汇总表	+	△	△	△	△	△
54	工艺文件标准化审查记录	+	+	+	+	+	+
55	工艺验证书	+	+	△	△	△	△

（续）

序号	产品生产类型 / 工艺文件适用范围 / 工艺文件名称	单价和小批生产		中批生产		大批和大量生产	
		简单产品	复杂产品	简单产品	复杂产品	简单产品	复杂产品
56	工艺总结	–	△	△	△	△	△
57	产品工艺文件目录	△	△	△	△	△	△

注：△—必须具备；+—酌情自定；○—可代替或补充相应的工艺卡片（与生产类型无关）。

1.4.2.2 常用工艺文件

1）产品结构工艺性审查记录。记录产品结构工艺性审查情况的一种工艺文件。

2）工艺方案。根据产品设计要求、生产类型和企业的生产能力，提出工艺技术准备工作具体任务和措施的指导性文件。

3）产品零、部件工艺线路表。产品全部零（部）件（设计部门提出的外购件除外）在生产过程中所经过部门（科室、车间、工段、小组或工程）的工艺流程，供工艺部门、生产计划调度部门使用。

4）木模工艺卡片。

5）砂型铸造工艺卡片。

6）熔模铸造工艺卡片。

7）压力铸造工艺卡片。

8）锻造工艺卡片。用于模锻及自由锻加工。

9）冲压工艺卡片。用于零件的冲压加工。

10）焊接工艺卡片。用于对复杂零（部）件进行电、气焊接。

11）机械加工工艺过程卡片。

12）典型零件工艺过程卡片。用于制造具有加工特性一致的一组零件。

13）标准零件工艺过程卡片。用于制造标准相同、规格不同的标准零件。

14）成组加工工艺卡片。依据成组技术而设计的零件加工工艺卡片。

15）机械加工工序卡片。

16）单轴自动车床调整卡片。用于单轴转塔自动或纵切自动车床的加工、调整和凸轮设计。

17）多轴自动车床调整卡片。用于多轴自动车床的加工、调整和凸轮设计。

18）数控加工程序卡片。用于编制数控机床加工程序和调整机床。

19）弧形锥齿轮加工机床调整卡片。

20）热处理工艺卡片。

21）感应热处理工艺卡片。

22）工具热处理工艺卡片。主要用于工具行业，其他行业的工具车间可参照采用。

23）表面处理工艺卡片。用于零件的氧化、钝化、磷化等。

24）化学热处理工艺卡片。

25）电镀工艺卡片。

26）光学零件加工工艺卡片。用于指导光学玻璃零件加工的工艺卡片。

27）塑料零件注射工艺卡片。用于热塑性及热固性塑料零件的注射成型及加工。

28）塑料零件压制工艺卡片。用于热固性零件的压制成型及加工。

29）粉末冶金零件工艺卡片。

30）装配工艺过程卡片。

31）装配工序卡片。

32）电气装配工艺卡片。用于产品的电器安装与调试。

33）涂装工艺卡片。

34）操作指导卡片（作业指导书）。指导工序质量控制点上的工人生产操作的文件。

35）检验卡片。根据产品标准、图样、技术要求和工艺规范，对产品及其零、部件的质量特征的检测内容、要求、手段作出规定的指导性文件。

36）工艺附图。与工艺规程配合使用，以说明产品或零、部件加工或装配的简图或图表应用。

37）工艺守则。某一专业工种所通用的一种基本操作规程。

38）工艺关键件明细表。填写产品中所有技术要求严、工艺难度大的工艺关键件的图号、名称和关键内容等的一种工艺文件。

39）工序质量分析表。用于分析工序质量控制点的每个特性值——操作者、设备、工装、材料、方法、环境等因素对质量的影响程度，以使加工质量处于良好的控制状态的一种工艺文件。

40）工序质量控制图。用于对工序质量控制点按质量波动因素进行分析、控制的图表。

41）产品质量控制点明细表。填写产品中所有设置质量控制点的零件图号、名称及控制点名称等的一种工艺文件。

42）零、部件质量控制点明细表。填写某一零（部）件的所有质量控制点、名称、控制项目、控制标准、技术要求等的一种工艺文件。

43）外协件明细表。填写产品中所有外协件的图号、名称和加工内容等的一种工艺文件。

44）配作件明细表。填写产品中所有需配作或合作的零、部件的图号、名称和加工内容等的一种工艺文件。

45）（　）零件明细表。当该产品不采用零（部）件工艺路线表或此表表达不够时，需编制按车间或按工种划分的（　）零件明细表，起指导组织生产的作用。例如：涂装、热处理、光学零件加工、表面处理等零件明细表。

46）外购工具明细表。填写产品在生产过程中所需购买的全部刀具、量具等的名称、规格与精度等的一种工艺文件。

47）组合夹具明细表。填写产品在生产过程中所需的全部组合夹具的编号、名称等的一种工艺文件。

48）企业标准工具明细表。填写产品在生产过程中所需的全部本企业标准工具的名称、规格、精度等的一种工艺文件。

49）专用工艺装备明细表。填写产品在生产过程中所需的全部专用工装的编号、名称等的一种工艺文件。

50）工位器具明细表。填写产品在生产过程中所需的全部工位器具的编号、名称等的一种工艺文件。

51）专用工艺装备设计文件。专用工装应具备完整的设计文件，包括专用工装设计任务书、装配图、零件图、零件明细表、使用说明书（简单的专用工装可在装配图中说明）。

52）材料消耗工艺定额明细表。填写产品每个零件在制造过程中所需消耗的各种材料的名称、牌号、规格、重量等的一种工艺文件。

53）材料消耗工艺定额汇总表。将“材料消耗工艺定额明细表”中的各种材料按单台产品汇总填列的一种工艺文件。

54）工艺文件标准化审查记录。对设计的工艺文件，依据各项有关标准进行审查的记录文件。

55）工艺验证书。记载工艺验证结果的一种工艺文件。

56）工艺总结。新产品经过试生产后，工艺人员对工艺准备阶段的工作和工艺、工装的试用情况进行记述，并提出处理意见的一种工艺文件。

57）工艺文件目录。产品所有工艺文件的清单。

1.4.3 工艺规程格式（JB/T 9165.2—1998）

1.4.3.1 对工艺规程填写的基本要求

1）填写内容应简要、明确。

2）文字要正确，应采用国家正式公布推行的简化字。字体应端正，笔划清楚，排列整齐。

3）格式中所用的术语、符号和计量单位等，应按有关标准填写。

4）“设备”栏一般填写设备的型号或名称，必要时还应填写设备编号。

5）“工艺装备”栏填写各工序（或工步）所使用的夹具、模具、辅具和刀量、量具。其中属专用的，按专用工艺装备的编号（名称）填写；属标准的，填写名称、规格和精度，有编号的也可填写编号。

6）“工序内容”栏内，对一些难以用文字说明的工序或工步内容，应绘制示意图。

7）对工序或工步示意图的要求：

① 根据零件加工或装配情况可画（ ）向视图、部视图、局总视图。允许不按比例绘制。

② 加工面用粗实线表示，非加工面用细实线表示。

③ 应标明定位基面、加工部位、精度要求、表面粗糙度、测量基准等。

④ 定位和夹紧符号按 JB/T 5061 的规定选用。

1.4.3.2 工艺规程格式的名称、编号及填写说明

1）锻造工艺卡片（格式6）（表1-23）。

2）焊接工艺卡片（格式7）（表1-24）。

3）冷冲压工艺卡片（格式8）（表1-25）。

4）机械加工工艺过程卡片（格式9）（表1-26）。

5）机械加工工序卡片（格式10）（表1-27）。

6）标准零件或典型零件工艺过程卡片（格式11）（表1-28）。

7）热处理工艺卡片（格式14）（表1-29）。

8）装配工艺过程卡片（格式23）（表1-30）。

9）装配工序卡片（格式24）（表1-31）。

10）机械加工工序操作指导卡片（格式27、27a）（表1-32、表1-33）。

11）检验卡片（格式28）（表1-34）。

12）工艺附图（格式29）（表1-35）。

13）工艺守则（格式30）（表1-36）。

表 1-23 锻造工艺卡片(格式 6)

锻造工艺卡片	产品型号		零件图号			
	产品名称		零件名称		共 页	第 页

简图: (1) 207		
	材料牌号	(2)
	材料规格	(3)
	毛坯长度	(4)
	毛坯质量/kg	(5)
	毛坯可制锻件数	(6)
	每锻件可制件数	(7)
	每台件数	(8)
	锻件质量/kg	(9)
	毛边(连皮)质量/kg	(10)
	切头(芯料)质量/kg	(11)
	火耗质量/kg	(12) 25
	锻造火次	(13)

	工序号	工序内容	设备	工艺装备	锻造温度/°C		冷却方法	工时	备注
描图					始锻	终锻			
	8	100	25	55	12	12	15	15	(22)
描校	(14)	(15)	(16)	(17)	(18)	(19)	(20)	(21)	
底图号									
装订号									

尺寸:21×8(=168);8

										设计(日期)	审核(日期)	标准化(日期)	会签(日期)	
	标记	处数	更改文件号	签字	日期	标记	处数	更改文件号	签字	日期				

锻造工艺卡片各空格的填写内容:(1)绘制锻造后应达到尺寸的锻件简图和锻造过程中的毛坯变形简图。(2)按产品图样要求填写。(3)所用原材料的规格。(4)毛坯料的长度。(5)锻前毛坯质量=(9)+(10)+(11)+(12)。(6)每一毛坯可制锻件数。(7)每个锻件可制产品件数。(8)每台件数;按产品图样要求填写。(9)按锻件图计算出的质量。(10)模锻时切去的毛边或连皮质量。(11)锻后切去的余料头或芯料质量。(12)各次加热烧损量的总和。(13)每个锻件所需要的锻造火次。(14)工序号。(15)各工序的操作内容和主要技术要求。(16)、(17)各工序所使用的设备和工艺装备,分别按工艺规程填写的基本要求填写。(18)、(19)分别填写始锻温度和终锻温度。(20)锻造后的冷却方法。(21)可根据需要填写。(22)填写本工序时间定额。

表 1-24 焊接工艺卡片(格式 7)

焊接工艺卡片	产品型号		零件图号			
	产品名称		零件名称		共 页	第 页

简图:

(17)

88

主要组成件				
序号	图 号	名 称	材 料	件数
(1)	(2)	(3)	(4)	(5)
10	26	20	26	14

	工序号	工 序 内 容	设 备	工艺装备	电压或气 压	电流或焊嘴号	焊条、焊丝、电极 型号	焊条、焊丝、电极 直径	焊剂	其他规范	工时
	(6)	(7)	(8)	(9)	(10)	(11)	(12)	(13)	(14)	(15)	(16)
描 图											
描 校											
底图号	8		20	24	15	15	15	15	15	45	10
装订号											

标记	处数	更改文件号	签字	日期	标记	处数	更改文件号	签字	日期	设计(日期)	审核(日期)	标准化(日期)	会签(日期)

21×8(=168)　8

焊接工艺卡片各空格的填写内容:(1)序号用阿拉伯数字1、2、3、…填写。(2)~(5)分别填写焊接的零(部)件图号、名称,材料牌号和件数,按设计要求填写。(6)工序号。(7)每工序的焊接操作内容和主要技术要求。(8)、(9)设备和工艺装备分别按工艺规程填写的基本要求填写。(10)~(16)根据实际需要填写。(17)编制焊接简图。

表 1-25 冷冲压工艺卡片(格式 8)

冷冲压工艺卡片			产品型号		零件图号			
			产品名称		零件名称		共 页	第 页
材料牌号及规格	材料技术要求	毛坯尺寸	每毛坯可制件数		毛坯质量		辅助材料	
(1)	(2)	(3)	(4)		(5)		(6)	
48	45	45	45		30			

工序号	工序名称	工 序 内 容	加 工 简 图	设 备	工 艺 装 备	工时
(7)	(8)	(9)	(10)	(11)	(12)	(13)
8	10	80	80	25	50	

17×8(=136)

描图

描校

底图号

装订号

										设计(日期)	审核(日期)	标准化(日期)	会签(日期)
标记	处数	更改文件号	签字	日期	标记	处数	更改文件号	签字	日期				

冷冲压工艺卡片各空格的填写内容:(1)按产品图样要求填写。(2)对材料的技术要求可根据设计或工艺的要求填写。(3)冲压一个或多个零件的毛坯裁料尺寸,即长×宽。(4)每一毛坯可制件数。(5)每个毛坯的质量。(6)冲压过程中所用的润滑剂等辅助材料。(7)工序号。(8)各工序名称。(9)各工序的冲压内容和要求。(10)对需多次拉伸或弯曲成形的零件需画出每个工序或工步的变形简图,并要注明弯曲部位、定位基准和要达到的尺寸要求等。(11)、(12)设备和工艺装备分别按工艺规程填写的基本要求填写。(13)填写本工序时间定额。

表 1-26　机械加工工艺过程卡片（格式 9）

机械加工工艺过程卡片				产品型号		零件图号					
				产品名称		零件名称		共　页		第　页	
材料牌号	(1)	毛坯种类	(2)	毛坯外形尺寸	(3)	每毛坯可制件数	(4)	每台件数	(5)	备注	(6)
25	30	15	30	25	30	25	10		10	10	20

工序号	工序名称	工序内容	车间	工段	设备	工艺装备	工时 准终	工时 单件
(7)	(8)	(9)	(10)	(11)	(12)	(13)	(14)	(15)
8	10		8		20	75	10	10

（表头行高 16、8；工序行 18×8(=144)）

描　图	
描　校	
底图号	
装订号	

										设计(日期)	审核(日期)	标准化(日期)	会签(日期)
标记	处数	更改文件号	签字	日期	标记	处数	更改文件号	签字	日期				

机械加工工艺过程卡片各空格的填写内容：(1)材料牌号按产品图样要求填写。(2)毛坯种类填写铸件、锻件、条钢、板钢等。(3)进入加工前的毛坯外形尺寸。(4)每一毛坯可制零件数。(5)每台件数按产品图样要求填写。(6)备注可根据需要填写。(7)工序号。(8)各工序名称。(9)各工序和工步、加工内容和主要技术要求，工序中的外协序也要填写，但只写工序名称和主要技术要求，如热处理的硬度和变形要求、电镀层的厚度等，产品图样标有配作、配钻时，或根据工艺需要装配时配作、配钻时，应在配作前的最后工序另起一行注明，如："××孔与××件装配时配钻"、"××部位与××件装配后加工"等。(10)、(11)分别填写加工车间和工段的代号或简称。(12)设备按工艺规程填写的基本要求填写。(13)工艺装备按工艺规程填写的基本要求填写。(14)、(15)分别填写准备与终结时间和单位时间定额。

表 1-27　机械加工工序卡片(格式 10)

机械加工工序卡片	产品型号		零件图号			
	产品名称		零件名称		共　页	第　页

车　间	工序号	工序名称	材料牌号
25　(1)	15　(2)	25　(3)	30　(4)
毛坯种类	毛坯外形尺寸	每毛坯可制件数	每台件数
(5)	30　(6)	20　(7)	20　(8)
设备名称	设备型号	设备编号	同时加工件数
(9)	(10)	(11)	(12)
夹具编号	夹具名称	切削液	
(13)	(14)	(15)	
工位器具编号	工位器具名称	工序工时	
		准终	单件
45　(16)	30　(17)	(18)	(19)

工步号	工　步　内　容	工 艺 设 备	主轴转速/(r/min)	切削速度/(m/min)	进给量/(mm/r)	切削深度/mm	进给次数	工步工时 机动	工步工时 辅助
(20)	(21)	(22)	(23)	(24)	(25)	(26)	(27)	(28)	(29)
8	16; 8; 9×8(=72)	90	10	7×10(=70)					

描　图
描　校
底图号
装订号

										设计（日期）	审核（日期）	标准化（日期）	会签（日期）
标记	处数	更改文件号	签字	日期	标记	处数	更改文件号	签字	日期				

机械加工工序卡片各空格的填写内容:(1)执行该工序的车间名称或代号。(2)～(8)按格式9中的相应项目填写。(9)～(11)该工序所用的设备,按工艺规程填写的基本要求填写。(12)在机床上同时加工的件数。(13)、(14)该工序需使用的各种夹具名称和编号。(15)该工序需使用的各种工位器具的名称和编号。(16)、(17)机床所用切削液的名称和牌号。(18)、(19)工序工时的准终、单件时间。(20)工步号。(21)各工步的名称、加工内容和主要技术要求。(22)各工步所需用的模具、辅具、刀具、量具,可按上述工艺规程填写的基本要求填写。(23)～(27)切削规范,一般工序可不填,重要工序可根据需要填写。(28)、(29)分别填写本工序机动时间和辅助时间定额。

表 1-28 标准零件或典型零件工艺过程卡片(格式 11)

“标准零件或典型零件”工艺过程卡片 (40)	典型件代号 (20)	(34)	标准件代号 (20)	(34)	(文件编号) (40)	(20)
	典型件名称		标准件名称		共 页	第 页

零件图号或规格	材料 牌号	材料 规格尺寸	毛坯种类	每毛坯可制件数	备注	工时定额 工序/单件											零件图号或规格	材料 牌号	材料 规格尺寸	毛坯种类	每毛坯可制件数	备注	工时定额 工序/单件
							(8)	9	10	11	12	13	14	15	16	17							
(1)	(2)	(3)	(4)	(5)	(6)	(7)	18	19	20	21	22	23	24	25	26	27							
	12	12	10	9	9	11	10×5(=50)									5							

工序号	工序名称	工序内容	工艺装备 图号或规格 / 设备								
				(28)	(29)	(30)	(31)	(32)	(33)	(34)	(35)
(36)	(37)	(38)	(39)	(40)	(41)	(42)	(43)	(44)	(45)	(46)	(47)
7	10	8; 13×8(=104)	15	24	8×24(=192)						

描图
描校
底图号
装订号

标记	处数	更改文件号	签字	日期	标记	处数	更改文件号	签字	日期	设计(日期)	审核(日期)	标准化(日期)	会签(日期)

标准零件或典型零件工艺过程卡片各空格的填写内容:(1)用于典型零件时填写零件图号,用于标准件时填写标准件的规格。(2)材料牌号,按产品图样要求填写。(3)毛坯材料的规格和长度,也可不填。(4)毛坯种类填写铸件、锻件、条钢、板钢等。(5)每一毛坯可加工同一零件的数量。(6)备用格。(7)单价定额时间,等于各序定额时间总和。(8)~(17)填写空格(37)中的相应各序的简称,如车、铣、磨……(18)~(27)填写各序的定额时间。(28)~(35)填写内容同(1)。(36)工序号。(37)各工序的名称。(38)各工序加工内容和主要要求。(39)各工序使用的设备。(40)~(47)各工序需使用的工艺装备,按工艺规程填写的基本要求填写。

表 1-29 热处理工艺卡片(格式 14)

热处理工艺卡片	产品型号		零件图号			
	产品名称		零件名称		共 页	第 页

(18) 10×8(=80)	材料牌号	(1)	零件重量	(2)
	工艺路线	(3)		
	技术要求		检验方法	
	硬化层深度	(4)	(11)	
	硬度	(5)	(12)	
	金相组织	(6)	(13)	
	力学性能	(7)	(14)	
		(8)	(15)	
	允许变形量	(9)	(16)	
	32	32 (10)	64	(17)

工序号	工序内容	设备	装炉方式及工装编号	装炉温度/℃	加热温度/℃	升温时间/min	保温时间/min	冷却 介质	冷却 温度/℃	冷却 时间/s	工时/min
(19)	(20)	(21)	(22)	(23)	(24)	(25)	(26)	(27)	(28)	(29)	(30)
										12	
8		15	35	7×12(=84)							10

11×8(=88)　8

描图
描校
底图号
装订号

										设计(日期)	审核(日期)	标准化(日期)	会签(日期)
标记	处数	更改文件号	签字	日期	标记	处数	更改文件号	签字	日期				

热处理工艺卡片各空格的填写内容:(1)、(2)按产品图样要求填写。(3)热处理整个过程各工序工艺路线及进、出单位。(4)~(10)按设计要求和工艺要求填写。(11)~(17)分别填写检验每一参数所用的仪器和抽检比率,也可填写使用工艺守则的编号。(18)绘制热处理零件的简图并标明热处理部位及有效尺寸。(19)工序号。(20)热处理各工序的名称和操作内容。(21)按工艺规程填写的基本要求填写。(22)填写“立放”“堆放”“挂放”等及所使用的工装。(23)编号装炉时的炉温。(24)~(29)根据实际需要填写。(30)填写本工序时间定额。

表 1-30　装配工艺过程卡片（格式 23）

装配工艺过程卡片			产品型号		零件图号			
			产品名称		零件名称		共 页	第 页
工序号	工序名称	工 序 内 容	装配部门	设备及工艺装备		辅助材料		工时定额/min
(1)	(2)	(3)	(4)	(5)		(6)		(7)
8	12		12	60		40		10

19×8(=152)；行高 8

描图											
描校											
底图号											
装订号											
											设计（日期）	审核（日期）	标准化（日期）	会签（日期）
	标记	处数	更改文件号	签字	日期	标记	处数	更改文件号	签字	日期				

装配工艺过程卡片各空格的填写内容：(1)工序号。(2)工序名称。(3)各工序装配内容和主要内容。(4)装配的车间、工段或班组。(5)各工序所使用的设备和工艺装备。(6)各工序所需使用的辅助材料。(7)填写本工序所需时间定额。

表 1-31 装配工序卡片(格式24)

装配工序卡片						产品型号		零件图号			
						产品名称		零件名称		共 页	第 页
工序号	(1)	工序名称	(2)	车间	(3)	工段	(4)	设备	(5)	工序工时	(6)
简图 (7)											
工步号	工步内容					工艺装备			辅助材料		工时定额/min
(8)	(9)					(10)			(11)		(12)

描图	
描校	
底图号	
装订号	

										设计(日期)	审核(日期)	标准化(日期)	会签(日期)
标记	处数	更改文件号	签字	日期	标记	处数	更改文件号	签字	日期				

尺寸标注:10、10、20;8;60、10、20、10、20、10、40、25;16;8;8×8(=64);8;50、50、10。

装配工序卡片各空格的填写内容:(1)工序号。(2)装配工序的名称。(3)执行本工序的车间名称或代号。(4)执行本工序的工段名称或代号。(5)本工序所使用的设备的型号、名称。(6)填写工序工时。(7)绘制装配简图或装配系统图。(8)工步号。(9)各工步名称、操作内容和主要技术要求。(10)各工步所需使用的工艺装备,按工艺规程填写的基本要求填写。(11)各工步所使用的辅助材料。(12)填写本工序所需时间定额。

表 1-32 机械加工工序操作指导卡片(格式 27)

机械加工工序操作指导卡片						产品型号		零件图号			
						产品名称		零件名称		共 页	第 页
工序编号	(1)	设备编号	(3)	夹具编号	(5)	准备时间	(7)	单件工时	(9)	切削液	(11)
工序名称	(2)	设备名称	(4)	夹具名称	(6)	换刀时间	(8)	班产定额	(10)	(31)	
20	25	20	25	20	25	20	24	20	24	20	

(12) 115	工艺规范 (13)

操作规范			工序质量控制内容														
			代号	检查项目	精度范围	测量工具		检查频次与控制手段									重要度
序号	项目	内容				名称	编号	首检		自检		互检		巡检			
(14)	(15)	(16)	(17)	(18)	(19)	(20)	(21)	(22)	(23)	(24)	(25)	(26)	(27)	(28)	(29)		(30)
8	16		8	20	4×20(=80)			7	8×7(=56)								

描图	描校	底图号	装订号

										设计(日期)	审核(日期)	标准化(日期)	会签(日期)
标记	处数	更改文件号	签字	日期	标记	处数	更改文件号	签字	日期				

17　　21×8(=168)　　8

机械加工工序操作指导卡片各空格的填写内容:(1)～(4)按工艺规程填写。(5)、(6)按所需工艺装备编号和名称填写。(7)、(8)分别填写准备终结工时和换刀工时。(9)、(10)分别填写工序工时和班产件数。(11)填写切削液的牌号和名称。(12)按工艺要求绘制工序简图。(13)填写加工部位、方法、精度等内容。(14)按工序操作顺序号填写。(15)按机床夹具、操作要领、注意事项和测量工具填写。(16)按空格(15)分别填写具体工作内容。(17)按检查项目代号和顺序号填写。(18)按工艺要求和表面粗糙度填写。(19)按尺寸公差及表面粗糙度等级填写。(20)、(21)按测量工具的编号和名称填写。(22)、(24)、(26)、(28)按不同记录、检测记录卡、波动图、控制图分别填写。(23)、(25)、(27)、(29)按全数检验、N件检一件、日检N件或月检N件分别填写。(30)按关键、重要、一般分别填写。(31)自定。

表 1-33 机械加工工序操作指导卡片(格式 27a)

机械加工工序操作指导卡片									产品型号		零件图号							
									产品名称		零件名称					共 页		第 页
车间工段	(1)	工序号	(2)	工序名称	(3)	材料牌号	(4)	(5)	设备编号	(6)	切削液	(7)	准终工时	(8)	单件工时	(9)	班产定额	(10)

简图:	工步号	工步内容	质量控制内容		检验频次			重要度	控制手段	切削速度	进给量	切削深度	进给次数	工艺装备	工时	
			项目	精度	自检	首检	巡检								机动	辅助
	(11)	(12)	(13)	(14)	(15)	(16)	(17)	(18)	(19)	(20)	(21)	(22)	(23)	(24)		
	8	80	20	20	7	7	7	7	7	10	10	10	10		9	9

描图													
描校													
底图号													
装订号													
										设计(日期)	审核(日期)	标准化(日期)	会签(日期)
	标记	处数	更改文件号	签字	日期	标记	处数	更改文件号	签字	日期			

尺寸标注:25、60;20、25、20、15、25、15、20、25、55、20、20、20、25、20、20、20、15、20;2×18(=168)、210、8、5

机械加工工序操作指导卡片(格式 27a)各空格的填写内容:(1)填写该工序执行车间、工段的名称或代号。(2)、(3)填写该工序代号和名称。(4)工件的材料牌号。(5)、(6)按工艺规程填写的基本要求填写设备名称。(7)按工艺要求,分别填写有关切削液名称及牌号。(8)~(10)按工时定额填写。(11)按操作工步顺序填写。(12)填写有关加工内容及对机床、工装、操作的要领,注意事项等。(13)按轴径、孔径、形位公差、表面粗糙度等要求填写。(14)按空格(13)要求,填写精度、公差数值。(15)~(17)按全数检验、N件检一件、日检N件或月检N件分别填写。(18)按“关键、重要、一般”的重要度等级填写。(19)按不同记录、检测记录卡、波动图、控制图分别填写。(20)~(23)按有关工艺规定填写。(24)填写使用的刀具、量具等工装名称。

表 1-34　检验卡片(格式 28)

检验卡片			产品型号		零件图号		
			产品名称		零件名称	共 页	第 页
工序号	工序名称	车　间	检验项目	技术要求	检验手段	检验方案	检验操作要求
(1)	(2)	(3)	(4)	(5)	(6)	(7)	(8)
简图:							
30×3(=90)			40	25	25	25	

尺寸标注:工序号栏宽 30;表头行高 8,填写行高 8。

描图
描校
底图号
装订号

										设计(日期)	审核(日期)	标准化(日期)	会签(日期)	
标记	处数	更改文件号	签字	日期	标记	处数	更改文件号	签字	日期					

检验卡片各空格的填写内容:(1)、(2)该工序号、工序名称,按工艺规程填写。(3)按执行该工序的车间名称填写。(4)指该工序被检项目,如轴径、孔径、形位公差、表面粗糙度等。(5)指该工序被检验项目的尺寸公差及工艺要求的数值。(6)执行该工序检验所需的检验设备、工装等。(7)执行该工序检验的方法,指抽检或是频次检验。(8)填写检查操作要求。

表 1-35 工艺附图(格式 29)

工艺附图					产品型号		零件图号			
					产品名称		零件名称		共 页	第 页
工序号										
					设计(日期)	审核(日期)	标准化(日期)	会签(日期)		
标记	处数	更改文件号	签字	日期	标记	处数	更改文件号	签字	日期	

描 图
描 校
底图号
装订号

注:当各种卡片的简图位置不够用时,可用工艺附图。

表1-36　工艺守则（格式30）

(企业名)	（　　）工艺守则 (1)	(2)	
		共(3)页	第(4)页

(5)

描图									
(6)									
描校									
(7)									
底图号									
(8)						资料来源	编制	(签字)(18)	日期
装订号	8	8	20	15	10	60	审核	(19)	(23)
						(16)	标准化	(20)	
(9)	(11)	(12)	(13)	(14)	(15)	编制部门	批准	(21)	
(10)	标记	处数	更改文件号	签字	日期	(17)	20	25 (22)	

尺寸：25、50、90、20、5、8、16、297、5×5(=25)、5、5、210

工艺守则各空格的填写内容：(1) 工艺守则的类别，如“热处理”“电镀”“焊接”等。(2) 按JB/T 9166填写工艺守则的编号。(3)、(4) 该守则的总页数和顺序页数。(5) 工艺守则的具体内容。(6) ~ (15) 按要求填写内容。(16) 编制该守则的参考技术资料。(17) 编制该守则的部门。(18) ~ (22) 责任者签字。(23) 各责任者签字后填写日期。

第 2 章　工艺技术的选择

2.1　各种生产类型的主要工艺特点

根据产品和生产纲领的大小及其工作地专业化程度的不同，企业的生产类型可分为大量生产、成批生产和单件生产三种。

各种生产类型的主要工艺特点见表 2-1。

表 2-1　各种生产类型的主要工艺特点

特征性质	单件生产	成批生产	大量生产
1. 生产方式特点	事先不能决定是否重复生产	周期性地批量生产	按一定节拍长期不变地生产某一、两种零件
2. 零件的互换性	一般采用试配方法，很少具有互换性	大部分有互换性，少数采用试配法	具有完全互换性，高精度配合件用分组选配法
3. 毛坯制造方法及加工余量	木模手工造型，自由锻，精度低，余量大	部分用金属模、模锻，精度和加工余量中等	广泛采用金属模和机器造型、模锻及其他高生产率方法，精度高，余量小
4. 设备及其布置方式	通用机床按种类和规格以"机群式"布置	采用部分通用机床和部分高生产率专用设备，按零件类别布置	广泛采用专用机床及自动机床并按流水线布置
5. 夹具	多用标准附件，必要时用组合夹具，很少用专用夹具，靠划线及试切法达到精度	广泛采用专用夹具，部分用划线法达到精度	广泛采用高生产率夹具，靠调整法达到精度
6. 刀具及量具	通用刀具及量具	较多用专用刀具及量具	广泛采用高生产率刀具及量具
7. 工艺文件	只要求有工艺过程卡片	要求有工艺卡片，关键工序有工序卡片	要求有详细完善的工艺文件，如工序卡片，调整卡片等
8. 工艺定额	靠经验统计分析法制订	重要复杂零件用实际测定法制订	运用技术计算和实际测定法制订
9. 对工人的技术要求	需要技术熟练的工人	需要技术较熟练的工人	对工人技术水平要求较低，但对调整工技术要求高
10. 生产率	低	中	高
11. 成本	高	中	低
12. 发展趋势	复杂零件采用加工中心	采用成组技术、数控机床或柔性制造系统	采用计算机控制的自动化制造系统

2.2　零件表面加工方法的选择

零件表面的加工，应根据这些表面的加工要求和零件的结构特点及材料性质等因素来选用相应的加工方法。

在选择某一表面的加工方法时，一般总是首先选定它的最终加工方法，然后再逐一选定各有关前导工序的加工方法。

（1）加工方法选择的原则

1）所选加工方法应考虑每种加工方法的经济加工精度㊀，并要与加工表面的精度要求及表面粗糙度要求相适应。

㊀　经济加工精度是指在正常加工条件下（采用符合质量标准的设备、工艺装备和标准技术等级的工人、不延长加工时间）所能保证的加工精度。

2）所选加工方法能确保加工面的几何形状精度、表面相互位置精度的要求。

3）所选加工方法要与零件材料的可加工性相适应。例如，淬火钢、耐热钢等硬度高的材料则应采用磨削方法加工。

4）所选加工方法要与生产类型相适应，大批量生产时，应采用高效的机床设备和先进的加工方法。在单件小批生产中，多采用通用机床和常规加工方法。

5）所选加工方法要与企业现有设备条件和工人技术水平相适应。

（2）各类表面的加工方案及适用范围

1）外圆表面加工方案（表2-2）。

表2-2 外圆表面加工方案

序号	加工方案	经济加工精度的公差等级(IT)	加工表面粗糙度 $Ra/\mu m$	适用范围
1	粗车	11～12	50～12.5	适用于淬火钢以外的各种金属
2	粗车—半精度	8～10	6.3～3.2	
3	粗车—半精车—精车	6～7	1.6～0.8	
4	粗车—半精车—精车—滚压(或抛光)	5～6	0.2～0.025	
5	粗车—半精车—磨削	6～7	0.8～0.4	主要用于淬火钢，也可用于未淬火钢，但不宜加工非铁金属
6	粗车—半精车—粗磨—精磨	5～6	0.4～0.1	
7	粗车—半精车—粗磨—精磨—超精加工(或轮式超精磨)	5～6	0.1～0.012	
8	粗车—半精车—精车—金刚石车	5～6	0.4～0.025	主要用于要求较高的非铁金属的加工
9	粗车—半精车—粗磨—精磨—超精磨(或镜面磨)	5级以上	<0.025	极高精度的钢或铸铁的外圆加工
10	粗车—半精车—粗磨—精磨—研磨	5级以上	<0.1	

2）孔加工方案（表2-3）。

3）平面加工方案（表2-4）。

表2-3 孔加工方案

序号	加工方案	经济加工精度的公差等级(IT)	加工表面粗糙度 $Ra/\mu m$	适用范围
1	钻	11～12	12.5	加工未淬火钢及铸铁的实心毛坯，也可用于加工非铁金属(但表面粗糙度值销高)，孔径<20mm
2	钻—铰	8～9	3.2～1.6	
3	钻—粗铰—精铰	7～8	1.6～0.8	
4	钻—扩	11	12.5～6.3	
5	钻—扩—铰	8～9	3.2～1.6	
6	钻—扩—粗铰—精铰	7	1.6～0.8	
7	钻—扩—机铰—手铰	6～7	0.4～0.1	
8	钻—(扩)—拉(或推)	7～9	1.6～0.1	大批大量生产中小零件的通孔
9	粗镗(或扩孔)	11～12	12.5～6.3	除淬火钢外各种材料，毛坯有铸出孔或锻出孔
10	粗镗(粗扩)—半精镗(精扩)	9～10	3.2～1.6	
11	粗镗(粗扩)—半精镗(精扩)—精镗(铰)	7～8	1.6～0.8	
12	粗镗(扩)—半精镗(精扩)—精镗—浮动镗刀块精镗	6～7	0.8～0.4	

（续）

序号	加工方案	经济加工精度的公差等级(IT)	加工表面粗糙度 $Ra/\mu m$	适用范围
13	粗镗(扩)—半精镗—磨孔	7~8	0.8~0.2	主要用于加工淬火钢，也可用于不淬火钢，但不宜用于非铁金属
14	粗镗(扩)—半精镗—粗磨—精磨	6~7	0.2~0.1	
15	粗镗—半精镗—精镗—金刚镗	6~7	0.4~0.05	主要用于精度要求较高的非铁金属加工
16	钻—(扩)—粗铰—精铰—珩磨 钻—(扩)—拉—珩磨 粗镗—半粗镗—粗镗—珩磨	6~7	0.2~0.025	精度要求很高的孔
17	以研磨代替上述方案中的珩磨	5~6	<0.1	
18	钻(或粗镗)—扩(半精镗)—精镗—金刚镗—脉冲滚挤	6~7	0.1	成批大量生产的非铁金属零件中的小孔，铸铁箱体上的孔

表2-4　平面加工方案

序号	加工方案	经济加工精度的公差等级(IT)	加工表面粗糙度 $Ra/\mu m$	适用范围
1	粗车—半精车	8~9	6.3~3.2	端面
2	粗车—半精车—精车	6~7	1.6~0.8	
3	粗车—半精车—磨削	7~9	0.8~0.2	
4	粗刨(或粗铣)—精刨(或精铣)	7~9	6.3~1.6	一般不淬硬的平面(端铣的表面粗糙度值较低)
5	粗刨(或粗铣)—精刨(或精铣)—刮研	5~6	0.8~0.1	精度要求较高的不淬硬平面
6	粗刨(或粗铣)—精刨(或精铣)—宽刃精刨	6~7	0.8~0.2	批量较大时宜采用宽刃精刨方案
7	粗刨(或粗铣)—精刨(或精铣)—磨削	6~7	0.8~0.2	精度要求较高的淬硬平面或不淬硬平面
8	粗刨(或粗铣)—精刨(或精铣)—粗磨—精磨	5~6	0.4~0.25	
9	粗铣—拉	6~9	0.8~0.2	大量生产，较小的平面
10	粗铣—精铣—磨削—研磨	5级以上	<0.1	高精度平面

2.3　常用毛坯的制造方法及其主要特点

机械零件的制造包括毛坯成形和切削加工两个阶段，正确选择毛坯的类型和制造方法对于机械制造有着重要意义。

机械零件常用的毛坯包括铸件、锻件、轧制型材、挤压件、冲压件、焊接件、粉末冶金件和注射件等。

常用毛坯的制造方法及其主要特点见表2-5。

表2-5　常用毛坯的制造方法及其主要特点

比较内容 \ 毛坯类型	铸件	锻件	冲压件	焊接件	轧材
成形特点	液态下成形	固态下塑性变形	固态下塑性变形	永久性连接	固态下塑性变形
对原材料工艺性能要求	流动性好，收缩率低	塑性好，变形抗力小	塑性好，变形抗力小	强度高，塑性好，液态下化学稳定性好	塑性好，变形抗力小

（续）

比较内容＼毛坯类型	铸件	锻件	冲压件	焊接件	轧材
常用材料	灰铸铁、球墨铸铁、中碳钢及铝合金、铜合金等	中碳钢及合金结构钢	低碳钢及有色金属薄板	低碳钢、低合金钢、不锈钢及铝合金等	低、中碳钢，合金结构钢，铝合金、铜合金等
金属组织特征	晶粒粗大、疏松、杂质无方向性	晶粒细小、致密	拉深加工后沿拉深方向形成新的流线组织，其他工序加工后原组织基本不变	焊缝区为铸造组织，熔合区和过热区有粗大晶粒	晶粒细小、致密
力学性能	灰铸铁件力学性能差，球墨铸铁、可锻铸铁及锻钢件较好	比相同成分的铸钢件好	变形部分的强度、硬度提高，结构刚度好	接头的力学性能可达到或接近母材	比相同成分的铸钢件好
结构特征	形状一般不受限制，可以相当复杂	形状一般较铸件简单	结构轻巧，形状可以较复杂	尺寸、形状一般不受限制，结构较轻	形状简单，横向尺寸变化小
零件材料利用率	高	低	较高	较高	较低
生产周期	长	自由锻：短；模锻：长	长	较短	短
生产成本	较低	较高	批量越大，成本越低	较高	低
主要适用范围	灰铸铁件用于受力不大或承压为主的零件，或要求有减振、耐磨性能的零件；其他铁碳合金铸件用于承受重载或复杂载荷的零件；机架、箱体等形状复杂的零件	用于对力学性能，尤其是强度和韧性，要求较高的传动零件和工具、模具	用于以薄板成形的各种零件	主要用于制造各种金属结构，部分用于制造零件毛坯	形状简单的零件
应用举例	机架、床身、底座、工作台、导轨、变速箱、泵体、阀体、带轮、轴承座、曲轴、齿轮等	机床主轴、传动轴、曲轴、连杆、齿轮、凸轮、螺栓、弹簧、锻模、冲模等	汽车车身覆盖件、电器及仪器、仪表壳及零件、油箱、水箱、各种薄金属件	锅炉、压力容器、化工容器、管道、厂房构架、吊车构架、桥梁、车身、船体、飞机构件、重型机械的机架、立柱、工作台等	光轴、丝杠、螺栓、螺母、销子等

2.4　各种零件的最终热处理与表面保护工艺的合理搭配

热处理和表面保护工艺是材料改性处理的主要方法，在设计工艺方案时往往将这两类工艺综合比较，全面考虑，使其相互配合，合理搭配。其最终目的是满足对零件整体及表面性能的设计要求。

各种零件的最终热处理与表面保护工艺的合理搭配见表2-6。

表 2-6　各种零件的最终热处理与表面保护工艺的合理搭配

零件材料	最终热处理及表面保护工艺	性能特点及适用范围	典型零件
灰铸铁件	时效 + 涂装	在大气环境下有一定保护作用	壳体、箱体
	时效 + 磷化		
	时效 + 热浸镀(锌)	有较好的抗大气腐蚀性能	管接头
	时效 + 电镀	改善摩擦副的摩擦学性能	缸套、活塞环
	时效 + 表面淬火	提高耐磨性	机床导轨
	时效 + 等离子喷焊(铜)	提高耐磨性	低压阀门
可锻铸铁件	石墨化退火 + 涂装	在大气环境下有一定保护作用	壳体
	石墨化退火 + 热浸镀	有较好的抗大气腐蚀性能	电路金具
球墨铸铁件	退火 + 涂装	塑性韧度高，在大气环境下有一定保护作用	壳体、管体
	退火 + 等离子喷焊	塑性韧度高，喷焊表面耐磨性好	中压阀门
	正火	强度、硬度较高，有一定塑韧性	轴类、连杆
	正火 + 表面淬火	强度及表面硬度高，耐磨性好	曲轴、凸轮轴
	正火 + 电镀	改善摩擦副的摩擦学性能	缸套、活塞环
	正火 + 渗氮	疲劳强度及耐磨性好	齿轮
	等温淬火	具有良好的综合力学性能	齿轮、磨球
铸钢、锻钢件	正火 + 涂装	具有一般力学性能和保护作用，用于大气环境下的非受力件	壳体
	正火 + 表面淬火	形成内韧外硬的组织，具有良好的耐磨性和疲劳强度，多用于中碳钢	机床主轴、轧辊
	调质(+ 涂装)	是中碳钢、中碳合金钢件最常用的热处理工艺，具有良好的综合力学性能	汽车半轴、汽轮机转子
	调质 + 表面淬火	心部综合力学性能高，耐磨性好	机床齿轮
	调质 + 深冷处理 + 时效	马氏体转变完全，减少工件在使用中变形，硬度和疲劳强度高	丝杠、量具
	淬火 + 中温回火	与调质相比，具有较高的强度与屈强比	弹簧、轴
	淬火 淬火 + 低温回火	用于低碳钢，具有低碳马氏体组织及较好的综合力学性能	高强度螺栓、链片、轴
	淬火 + 低温回火 淬火 + 低温回火 + 氧化	用于高碳钢、高碳合金钢，具有高的硬度、强度、耐磨性	刀具、量具、轴承
	渗碳 碳氮共渗	用于低碳合金钢，具有高的疲劳强度、耐磨性和抗冲击性能	汽车、拖拉机传动齿轮
	渗氮	用于中碳渗氮钢，处理温度低，变形小，具有高的疲劳强度、耐磨性并改善耐蚀性	丝杠、镗杆
	氮碳共渗		
	渗硫	减摩、抗咬合性能优良、但通常只能作为已硬化工件的后续处理工艺	渗碳齿轮、已淬火回火的刀具
	硫氮碳共渗	减摩、抗咬合性能优良、变形很小，抗疲劳与耐磨性良好且在非酸性介质中耐蚀，适用于因粘着磨损、非重载疲劳断裂而失效的钢铁工件	曲轴、缸套、气门、刀具与多种模具
	渗碳 + 渗硫	疲劳强度高，表面耐磨、减摩、耐蚀性好	高速齿轮
	渗硼	硬度很高(1500 ~ 3000HV)，耐腐蚀，抗磨粒磨损性能好	牙轮钻、模具、泵内衬
	渗入碳化物形成元素		

（续）

零件材料	最终热处理及表面保护工艺	性能特点及适用范围	典型零件
铸钢、锻钢件	正火（调质）+热喷涂	提高耐磨、耐蚀性及其他特种性能（抗擦伤性、耐冷热疲劳性等）	轧辊、模具、阀门（密封面）
	正火（调质）+堆焊		
	正火（调质）+物理气相沉积	提高耐磨、耐蚀性，可获得超硬覆盖层	高速钢刀具、表壳
	正火（调质）+电镀	形成装饰性或功能性多种镀层	液压支架、炮筒
	正火（调质）+化学镀	形成超硬、耐磨、耐蚀镀层	印刷辊筒、纺织机零件
	正火（调质）+热浸镀	有较好的抗大气腐蚀性	紧固件
	正火（调质）+化学转化膜	获得耐蚀或减摩层	紧固件
	固溶处理（+涂装）	不锈钢、高锰钢等铸锻件	阀门、履带板
	固溶处理+时效	沉淀硬化钢铸、锻件	叶片、导叶
钢型材	预处理+涂装	在大气环境下有一定保护及装饰作用	一般钢构件
	预处理+电镀	形成装饰性或功能性多种镀层	汽车、自行车零件
	预处理+热喷涂+涂装	形成有长效重防蚀功能的复合覆层	恶劣环境下的户外钢结构
	预处理+化学转化膜	提高耐蚀、耐磨性	
	预处理+物理气相沉积	获得超硬覆盖层，提高耐磨、耐蚀性	
铝合金	预处理+化学转化膜	提高耐蚀、耐磨性，可形成多种美观色彩，多用于铝型材	铝合金门窗
	淬火，时效	具有较好的综合力学性能，用于铝铸锻件	活塞
	淬火，时效+硬阳极氧化	形成高硬度的表面膜，具有较高的耐磨性和疲劳强度。用于承载较大的铝合金铸锻件	齿圈
高分子材料	电镀	外观好，有一定防蚀性能	汽车、家电装饰件

注：消除内应力退火等预备热处理工艺未列在本表内。

2.5 常用金属材料热处理工艺参数

2.5.1 优质碳素结构钢常规热处理工艺参数（表2-7）

表2-7 优质碳素结构钢常规热处理工艺参数

牌号	退火			正火			淬火			回火							
										不同温度回火后的硬度值 HRC							
	温度/℃	冷却方式	硬度HBW	温度/℃	冷却方式	硬度HBW	温度/℃	淬火介质	硬度HRC	150℃	200℃	300℃	400℃	500℃	550℃	600℃	650℃
08	900~930	炉冷	—	920~940	空冷	≤137	—	—	—	—	—	—	—	—	—	—	—

（续）

牌号	退火			正火			淬火			回火							
	温度/℃	冷却方式	硬度HBW	温度/℃	冷却方式	硬度HBW	温度/℃	淬火介质	硬度HRC	不同温度回火后的硬度值　HRC							
										150℃	200℃	300℃	400℃	500℃	550℃	600℃	650℃
10	900~930	炉冷	≤137	900~950	空冷	≤143	—	—	—	—	—	—	—	—	—	—	—
15	880~960	炉冷	≤143	900~950	空冷	≤143	—	—	—	—	—	—	—	—	—	—	—
20	800~900	炉冷	≤156	920~950	空冷	≤156	870~900	水或盐水	≥140 HBW	170 HBW	165 HBW	158 HBW	152 HBW	150 HBW	147 HBW	144 HBW	—
25	860~880	炉冷	—	870~910	空冷	≤170	860	水或盐水	≥380 HBW	380 HBW	370 HBW	310 HBW	270 HBW	235 HBW	225 HBW	<200 HBW	—
30	850~900	炉冷	—	850~900	空冷	≤179	860	水或盐水	≥44	43	42	40	30	20	18	—	—
35	850~880	炉冷	≤187	850~870	空冷	≤187	860	水或盐水	≥50	49	48	43	35	26	22	20	—
40	840~870	炉冷	≤187	840~860	空冷	≤207	840	水	≥55	55	53	48	42	34	29	23	20
45	800~840	炉冷	≤197	850~870	空冷	≤217	840	水或油	≥59	58	55	50	41	33	26	22	—
50	820~840	炉冷	≤229	820~870	空冷	≤229	830	水或油	≥59	58	55	50	41	33	26	22	—
55	770~810	炉冷	≤229	810~860	空冷	≤255	820	水或油	≥63	63	56	50	45	34	30	24	21
60	800~820	炉冷	≤229	800~820	空冷	≤255	820	水或油	≥63	63	56	50	45	34	30	24	21
65	680~700	炉冷	≤229	820~860	空冷	≤255	800	水或油	≥63	63	58	50	45	37	32	28	24
70	780~820	炉冷	≤229	800~840	空冷	≤269	800	水或油	≥63	63	58	50	45	37	32	28	24
75	780~800	炉冷	≤229	800~840	空冷	≤285	800	水或油	≥55	55	53	50	45	35	—	—	—
80	780~800	炉冷	≤229	800~840	空冷	≤285	800	水或油	≥63	63	61	52	47	39	32	28	24
85	780~800	炉冷	≤255	800~840	空冷	≤302	780~820	油	≥63	63	61	52	47	39	32	28	24
15Mn	—	—	—	880~920	空冷	≤163	—	—	—	—	—	—	—	—	—	—	—

（续）

牌号	退火			正火			淬火			回火							
	温度/℃	冷却方式	硬度HBW	温度/℃	冷却方式	硬度HBW	温度/℃	淬火介质	硬度HRC	不同温度回火后的硬度值 HRC							
										150℃	200℃	300℃	400℃	500℃	550℃	600℃	650℃
20Mn	900	炉冷	≤179	900~950	空冷	≤197	—	—	—	—	—	—	—	—	—	—	—
25Mn	—	—	—	870~920	空冷	≤207	—	—	—	—	—	—	—	—	—	—	—
30Mn	890~900	炉冷	≤187	900~950	空冷	≤217	850~900	水	49~53	—	—	—	—	—	—	—	—
35Mn	830~880	炉冷	≤197	850~900	空冷	≤229	850~880	油或水	50~55	—	—	—	—	—	—	—	—
40Mn	820~860	炉冷	≤207	850~900	空冷	≤229	800~850	油或水	53~58	—	—	—	—	—	—	—	—
45Mn	820~850	炉冷	≤217	830~860	空冷	≤241	810~840	油或水	54~60	—	—	—	—	—	—	—	—
50Mn	800~840	炉冷	≤217	840~870	空冷	≤255	780~840	油或水	54~60	—	—	—	—	—	—	—	—
60Mn	820~840	炉冷	≤229	820~840	空冷	≤269	810	油	57~64	61	58	54	47	39	34	29	25
65Mn	775~800	炉冷	≤229	830~850	空冷	≤269	810	油	57~64	61	58	54	47	39	34	29	25
70Mn	—	—	—	—	—	—	780~800	油	≥62	>62	62	55	46	37	—	—	—

2.5.2 合金结构钢常规热处理工艺参数（表2-8）

表2-8 合金结构钢常规热处理工艺参数

牌号	退火			正火			淬火			回火							
	温度/℃	冷却方式	硬度HBW	温度/℃	冷却方式	硬度HBW	温度/℃	淬火介质	硬度HRC	不同温度回火后的硬度值 HRC							
										150℃	200℃	300℃	400℃	500℃	550℃	600℃	650℃
20Mn2	850~880	炉冷	≤187	870~900	空冷	—	860~880	水	>40	—	—	—	—	—	—	—	—
30Mn2	830~860	炉冷	≤207	840~880	空冷	—	820~850	油	≥49	48	47	45	36	26	24	18	11
35Mn2	830~880	炉冷	≤207	840~880	空冷	≤241	820~850	油	≥57	57	56	48	38	34	23	17	15
40Mn2	820~850	炉冷	≤217	830~870	空冷	—	810~850	油	≥58	58	56	48	41	33	29	25	23

（续）

牌号	退火			正火			淬火			回火							
	温度/℃	冷却方式	硬度HBW	温度/℃	冷却方式	硬度HBW	温度/℃	淬火介质	硬度HRC	不同温度回火后的硬度值　HRC							
										150℃	200℃	300℃	400℃	500℃	550℃	600℃	650℃
45Mn2	810~840	炉冷	≤217	820~860	空冷	187~241	810~850	油	≥58	58	56	48	43	35	31	27	19
50Mn2	810~840	炉冷	≤229	820~860	空冷	206~241	810~840	油	≥58	58	56	49	44	35	31	27	20
20MnV	670~700	炉冷	≤187	880~900	空冷	≤207	880	油		—	—	—	—	—	—	—	—
27SiMn	850~870	炉冷	≤217	930	空冷	≤229	900~920	油	≥52	52	50	45	42	33	28	24	20
35SiMn	850~870	炉冷	≤229	880~920	空冷	—	880~900	油	≥55	55	53	49	40	31	27	23	20
42SiMn	830~850	炉冷	≤229	860~890	空冷	≤244	840~900	油	≥55	55	50	47	45	35	30	27	22
20SiMn2MoV	710±20	炉冷	≤269	920~950	空冷	—	890~920	油或水	≥45	—	—	—	—	—	—	—	—
25SiMn2MoV	680~700	堆冷	≤255	920~950	空冷	—	880~910	油或水	≥46	—	200~250℃ ≥45		—	—	—	—	—
37SiMn2MoV	870	炉冷	269	880~900	空冷	—	850~870	油或水	56	—	—	—	—	44	40	33	24
40B	840~870	炉冷	≤207	850~900	空冷	—	840~860	盐水或油	—	—	—	48	40	30	28	25	22
45B	780~800	炉冷	≤217	840~890	空冷	—	840~870	盐水或油	—	—	—	50	42	37	34	31	29
50B	800~820	炉冷	≤207	880~950	空冷	HRC≥20	840~860	油	52~58	56	55	48	41	31	28	25	20
40MnB	820~860	炉冷	≤207	860~920	空冷	≤229	820~860	油	≥55	55	54	48	38	31	29	28	27
45MnB	820~910	炉冷	≤217	840~900	空冷	≤229	840~860	油	≥55	54	52	44	38	34	31	26	23
20Mn2B	—	—	—	880~900	空冷	≤183	860~880	油	≥46	46	45	41	40	38	35	31	22
20MnMoB	680	炉冷	≤207	900~950	空冷	≤217	—	—	—	—	—	—	—	—	—	—	—
15MnVB	780	炉冷	≤207	920~970	空冷	149~179	860~880	油	38~42	38	36	34	30	27	25	24	—

（续）

牌号	退火			正火			淬火			回火							
	温度/℃	冷却方式	硬度HBW	温度/℃	冷却方式	硬度HBW	温度/℃	淬火介质	硬度HRC	不同温度回火后的硬度值 HRC							
										150℃	200℃	300℃	400℃	500℃	550℃	600℃	650℃
20MnVB	700±10	<600℃空冷	≤207	880~900	空冷	≤217	860~880	油	—	—	—	—	—	—	—	—	—
40MnVB	830~900	炉冷	≤207	860~900	空冷	≤229	840~880	油或水	>55	54	52	45	35	31	30	27	22
20MnTiB	—	—	—	900~920	空冷	143~149	860~890	油	≥47	47	47	46	42	40	39	38	—
25MnTiBRE	670~690	炉冷	≤229	920~960	空冷	≤217	840~870	油	≥43	—	—	—	—	—	—	—	—
15Cr 15CrA	860~890	炉冷	≤179	870~900	空冷	≤197	870	水	>35	35	34	32	28	24	19	14	—
20Cr	860~890	炉冷	≤179	870~900	空冷	≤197	860~880	油、水	>28	28	26	25	24	22	20	18	15
30Cr	830~850	炉冷	≤187	850~870	空冷	—	840~860	油	>50	50	48	45	35	25	21	14	—
35Cr	830~850	炉冷	≤207	850~870	空冷	—	860	油	48~56	—	—	—	—	—	—	—	—
40Cr	825~845	炉冷	≤207	850~870	空冷	≤250	830~860	油	>55	55	53	51	43	34	32	28	24
45Cr	840~850	炉冷	≤217	830~850	空冷	≤320	820~850	油	>55	55	53	49	45	33	31	29	21
50Cr	840~850	炉冷	≤217	830~850	空冷	≤320	820~840	油	>56	56	55	54	52	40	37	28	18
38CrSi	860~880	炉冷	≤225	900~920	空冷	≤350	880~920	油或水	57~60	57	56	54	48	40	37	35	29
12CrMo	—	—	—	900~930	空冷	—	900~940	油	—	—	—	—	—	—	—	—	
15CrMo	600~650	空冷	—	910~940	空冷	—	910~940	油	—	—	—	—	—	—	—	—	—
20CrMo	850~860	炉冷	≤197	880~920	空冷	—	860~880	水或油	≥33	33	32	28	28	23	20	18	16
30CrMo 30CrMoA	830~850	炉冷	≤229	870~900	空冷	≤400	850~880	水或油	>52	52	51	49	44	36	32	27	25
35CrMo	820~840	炉冷	≤229	830~880	空冷	241~286	850	油	>55	55	53	51	43	34	32	28	24

（续）

牌号	退火			正火			淬火			回火							
	温度/℃	冷却方式	硬度HBW	温度/℃	冷却方式	硬度HBW	温度/℃	淬火介质	硬度HRC	不同温度回火后的硬度值 HRC							
										150℃	200℃	300℃	400℃	500℃	550℃	600℃	650℃
42CrMo	820~840	炉冷	≤241	850~900	空冷	—	840	油	>55	55	54	53	46	40	38	35	31
20CrMoV	960~980	炉冷	≤156	960~980	空冷	—	900~940	油	—	—	—	—	—	—	—	—	—
35CrMoV	870~900	炉冷	≤229	880~920	空冷	—	880	油	>50	50	49	47	43	39	37	33	25
12Cr1MoV	960~980	炉冷	≤156	910~960	—	—	960~980	水冷后油冷	>47	—	—	—	—	—	—	—	—
25Cr2MoVA	—	—	—	980~1000	空冷	—	910~930	油	—	—	—	—	—	41	40	37	32
25Cr2Mo1VA	—	—	—	1030~1050	空冷	—	1040	空气	—	—	—	—	—	—	—	—	—
38CrMoAl	840~870	炉冷	≤229	930~970	空冷	—	940	油	>56	56	55	51	45	39	35	31	28
40CrV	830~850	炉冷	≤241	850~880	空冷	—	850~880	油	≥56	56	54	50	45	35	30	28	25
50CrVA	810~870	炉冷	≤254	850~880	空冷	≈288	830~860	油	>58	57	56	54	46	40	35	33	29
15CrMn	850~870	炉冷	≤179	870~900	空冷	—	—	油	44	—	—	—	—	—	—	—	—
20CrMn	850~870	炉冷	≤187	870~900	空冷	≤350	850~920	油或水淬油冷	≥45	—	—	—	—	—	—	—	—
40CrMn	820~840	炉冷	≤229	850~870	空冷	—	820~840	油	52~60	—	—	—	—	—	34	28	—
20CrMnSi	860~870	炉冷	≤207	880~920	空冷	—	880~910	油或水	≥44	44	43	44	40	35	31	27	20
25CrMnSi	840~860	炉冷	≤217	860~880	空冷	—	850~870	油	—	—	—	—	—	—	—	—	—
30CrMnSi 30CrMnSiA	840~860	炉冷	≤217	880~900	空冷	—	860~880	油	≥55	55	54	49	44	38	34	30	27
35CrMnSiA	840~860	炉冷	≤229	890~910	空冷	≤218	860~890	油	≥55	54	53	45	42	40	35	32	28
20CrMnMo	850~870	炉冷	≤217	880~930	空冷	190~228	350	油	>46	45	44	43	35	—	—	—	—

（续）

牌号	退火			正火			淬火			回火							
	温度/℃	冷却方式	硬度HBW	温度/℃	冷却方式	硬度HBW	温度/℃	淬火介质	硬度HRC	不同温度回火后的硬度值　HRC							
										150℃	200℃	300℃	400℃	500℃	550℃	600℃	650℃
40CrMnMo	820~850	炉冷	≤241	850~880	空冷	≤321	840~860	油	>57	57	55	50	45	41	37	33	30
20CrMnTi	680~720	炉冷至600℃空冷	≤217	950~970	空冷	156~207	880	油	42~46	43	41	40	39	35	30	25	17
30CrMnTi	—	—	—	950~970	空冷	150~216	880	油	>50	49	48	46	44	37	32	26	23
20CrNi	860~890	炉冷	≤197	880~930	空冷	≤197	855~885	油	>43	43	42	40	26	16	13	10	8
40CrNi	820~850	炉冷	≤207	840~860	空冷	≤250	820~840	油	>53	53	50	47	42	33	29	26	23
45CrNi	840~850	炉冷	≤217	850~880	空冷	≤229	820	油	>55	55	52	48	38	35	30	25	—
50CrNi	820~850	炉冷至600℃空冷	≤207	870~900	空冷	—	820~840	油	57~59	—	—	—	—	—	—	—	—
12CrNi2	840~880	炉冷	≤207	880~940	空冷	≤207	850~870	油	>33	33	32	30	28	23	20	18	12
12CrNi3	870~900	炉冷	≤217	885~940	空冷	—	860	油	>43	43	42	41	39	31	28	24	20
20CrNi3	840~860	炉冷	≤217	860~890	空冷	—	820~860	油	>48	48	47	42	38	34	30	25	—
30CrNi3	810~830	炉冷	≤241	840~860	空冷	—	820~840	油	>52	52	50	45	42	35	29	26	22
37CrNi3	790~820	炉冷	≤179~241	840~860	空冷	—	830~860	油	>53	53	51	47	42	36	33	30	25
12Cr2Ni4	650~680	炉冷	≤269	890~940	空冷	187~255	760~800	油	>46	46	45	41	38	35	33	30	—
20Cr2Ni4	650~670	炉冷	≤229	860~900	空冷	—	840~860	油	—	—	—	—	—	—	—	—	—
20CrNiMo	660	炉冷	≤197	900	空冷	—	—	—	—	—	—	—	—	—	—	—	—
40CrNiMoA	840~880	炉冷	≤269	860~920	空冷	—	840~860	油	>55	55	54	49	44	38	34	30	27
45CrNiMoVA	840~860	炉冷	20~23 HRC	870~890	空冷	HRC 23~33	860~880	油	55~58	—	55	53	51	45	43	38	32
18Cr2Ni4WA	—	—	—	900~980	空冷	≤415	850	油	>46	42	41	40	39	37	28	24	22
25Cr2Ni4WA	—	—	—	900~950	空冷	≤415	850	油	>49	48	47	42	39	34	31	27	25

2.5.3 弹簧钢常规热处理工艺参数（表2-9）

表2-9 弹簧钢常规热处理工艺参数

牌号	退火			正火			淬火			回火										
	温度/℃	冷却方式	硬度HBW	温度/℃	冷却方式	硬度HBW	温度/℃	淬火介质	硬度HRC	不同温度回火后的硬度值HRC								常用回火温度范围/℃	淬火介质	硬度HRC
										150℃	200℃	300℃	400℃	500℃	550℃	600℃	650℃			
65	680~700	炉冷	≤210	820~860	空冷	—	800	水	62~63	63	58	50	45	37	32	28	24	320~420	水	35~48
70	780~820	炉冷	≤225	800~840	空冷	≤275	800	水	62~63	63	58	50	45	37	32	28	24	380~400	水	45~50
85	780~800	炉冷	≤229	800~840	空冷	—	780~820	油	62~63	63	61	52	47	39	32	28	24	375~400	水	40~49
65Mn	780~840	炉冷	≤228	820~860	空冷	≤269	780~840	油	57~64	61	58	54	47	39	34	29	25	350~530	空气	36~50
55Si2Mn	750	炉冷	—	830~860	空冷	—	850~880	油	60~63	60	56	57	51	40	37	—	—	400~520	空气	40~50
55Si2MnB	—	—	—	—	—	—	870	油	≥60	60	59	58	52	45	40	38	35	460	空气	47~50
55SiMnVB	800~840	炉冷	—	840~880	空冷	—	840~880	油	>60	60	59	55	47	40	34	30	—	400~500	水	40~50
60Si2Mn 60Si2MnA	750	炉冷	≤222	830~860	空冷	≤302	870	油	>61	61	60	56	51	43	38	33	29	430~480	水、空气	45~50
60Si2CrA	—	—	—	850~870	空冷	—	850~860	油	62~66	—	—	—	—	—	—	—	—	450~480	水	45~50
60Si2CrVA	—	—	—	—	—	—	850~860	油	62~66	—	—	—	—	—	—	—	—	450~480	水	45~50
55CrMnA	800~820	炉冷	≈272	800~840	空冷	≈493	840~860	油	62~66	60	58	55	50	42	31	—	—	400~500	水	42~50
60CrMnA	—	—	—	—	—	—	830~860	油	—	—	—	—	—	—	—	—	—	—	—	—
60CrMnMoA	—	—	—	820~840	空冷	—	860	油	—	—	—	59~63	47~52	—	30~38	—	24~29	—	—	—

（续）

牌号	退火			正火			淬火			回火										
	温度/℃	冷却方式	硬度HBW	温度/℃	冷却方式	硬度HBW	温度/℃	淬火介质	硬度HRC	不同温度回火后的硬度值HRC 150℃	200℃	300℃	400℃	500℃	550℃	600℃	650℃	常用回火温度范围/℃	淬火介质	硬度HRC
50CrVA	810~870	炉冷	—	850~880	空冷	≈288	860	油	56~62	56	55	51	45	39	35	31	28	370~400	水	45~50
																		400~450		≤415HBW
60CrMnBA	—	—	—	—	—	—	830~860	油	—	—	—	—	—	—	—	—	—	—	—	—
30W4Cr2VA	740~780	炉冷	—	—	—	—	1050~1100	油	52~58	—	—	—	—	—	—	—	—	520~540	空气或水	43~47
																		600~670		—

2.5.4　碳素工具钢常规热处理工艺参数（表2-10）

表2-10　碳素工具钢常规热处理工艺参数

牌号	普通退火			等温退火				球化退火				正火			淬火			回火								
	温度/℃	冷却方式	硬度HBW	加热温度/℃	等温温度/℃	冷却方式	硬度HBW	加热温度/℃	球化温度℃	冷却方式	硬度HBW	温度/℃	冷却方式	硬度HBW	温度/℃	淬火介质	硬度HRC	不同温度回火后的硬度值HRC 150℃	200℃	300℃	400℃	500℃	550℃	600℃	常用回火温度范围/℃	硬度HRC
T7	750~760	炉冷	≤187	760~780	660~680	空冷	≤187	730~750	600~700	空冷	≤187	800~820	空冷	229~280	820	水→油	62~64	63	60	54	43	35	31	27	200~250	55~60
T8	750~760	炉冷	≤187	760~780	660~680	空冷	≤187	730~750	600~700	空冷	≤187	800~820	空冷	229~280	800	水→油	62~64	64	60	55	45	35	31	27	150~240	55~60
T8Mn	690~710	炉冷	≤189	760~780	600~680	空冷	≤187	730~750	600~700	空冷	≤187	800~820	空冷	229~280	800	水→油	62~64	64	60	55	45	35	31	27	180~270	55~60
T9	750~760	炉冷	≤192	760~780	660~680	空冷	≤187	730~750	600~700	空冷	≤187	800~820	空冷	229~280	800	水→油	63~65	64	62	56	46	37	33	27	180~270	55~60
T10	760~780	炉冷	≤197	750~770	620~660	空冷	≤197	730~750	600~700	空冷	≤197	820~840	空冷	225~310	790	水→油	62~64	64	62	56	46	37	33	27	200~250	62~64
T11	750~770	炉冷	≤207	740~760	640~680	空冷	≤207	730~750	680~700	空冷	≤207	820~840	空冷	225~310	780	水→油	62~64	64	62	57	47	38	33	28	200~250	62~64

（续）

牌号	普通退火			等温退火				球化退火				正火			淬火			回火								
	温度/℃	冷却方式	硬度HBW	加热温度/℃	等温温度/℃	冷却方式	硬度HBW	加热温度/℃	球化温度℃	冷却方式	硬度HBW	温度/℃	冷却方式	硬度HBW	温度/℃	淬火介质	硬度HRC	不同温度回火后的硬度值 HRC							常用回火温度范围/℃	硬度HRC
																		150℃	200℃	300℃	400℃	500℃	550℃	600℃		
T12	760 ~ 780	炉冷	≤207	740 ~ 760	640 ~ 680	空冷	≤207	730 ~ 750	680 ~ 700	空冷	≤207	820 ~ 840	空冷	225 ~ 310	780	水→油	62 ~ 64	64	62	57	47	38	33	28	200 ~ 250	58 ~ 62
T13	760 ~ 780	炉冷	≤207	750 ~ 770	620 ~ 680	空冷	≤207	730 ~ 750	680 ~ 700	空冷	≤217	810 ~ 830	空冷	179 ~ 217	780	水→油	62 ~ 66	65	62	58	47	38	33	28	150 ~ 270	60 ~ 64

2.5.5 合金工具钢常规热处理工艺参数（表2-11）

表2-11 合金工具钢常规热处理工艺参数

牌号	退火							正火			淬火			回火									
	普通退火			等温退火																			
	加热温度/℃	冷却方式	硬度HBW	加热温度/℃	等温温度/℃	冷却方式	硬度HBW	温度/℃	冷却方式	硬度HBW	温度/℃	淬火介质	硬度HRC	不同温度回火后的硬度值 HRC								常用回火温度范围/℃	硬度HRC
														150℃	200℃	300℃	400℃	500℃	550℃	600℃	650℃		
9SiCr	790 ~ 810	炉冷	197 ~ 241	790 ~ 810	700 ~ 720	空冷	207 ~ 241	900 ~ 920	空冷	321 ~ 415	860 ~ 880	油	62 ~ 65	65	63	59	54	48	44	40	36	180 ~ 200 200 ~ 220	60 ~ 62 58 ~ 62
8MnSi	740 ± 10	炉冷	≤229	—	—	—	—	—	—	—	800 ~ 820	油	>60	—	60 ~ 64	60 ~ 63	—	—	—	—	—	100 ~ 200 200 ~ 300	60 ~ 64 60 ~ 63
Cr06	750 ~ 770	炉冷	187 ~ 241	750 ~ 790	680 ~ 700	空冷	187 ~ 241	980 ~ 1000	空冷	—	780 ~ 800 800 ~ 820	油 水	62 ~ 65	63	60	55	50	40	—	—	—	150 ~ 200	60 ~ 62
Cr2	700 ~ 790	炉冷	187 ~ 229	770 ~ 790	680 ~ 700	空冷	187 ~ 229	930 ~ 950	空冷	302 ~ 388	830 ~ 850	油	62 ~ 65	61	60	55	50	41	36	31	28	150 ~ 170 180 ~ 220	60 ~ 62 56 ~ 60
9Cr2	800 ~ 820	炉冷	179 ~ 217	800 ~ 820	670 ~ 680	空冷	179 ~ 217	—	—	—	820 ~ 850	油	61 ~ 63	61	60	55	50	41	36	31	28	160 ~ 180	59 ~ 61
W	750 ~ 770	炉冷	187 ~ 229	780 ~ 800	650 ~ 680	空冷	≤229	—	—	—	800 ~ 820	水	62 ~ 64	61	58	52	44	—	—	—	—	150 ~ 180	59 ~ 61

（续）

牌号	退火							正火			淬火			回火									
	普通退火			等温退火										不同温度回火后的硬度值 HRC								常用回火温度范围/℃	硬度 HRC
	加热温度/℃	冷却方式	硬度 HBW	加热温度/℃	等温温度/℃	冷却方式	硬度 HBW	温度/℃	冷却方式	硬度 HBW	温度/℃	淬火介质	硬度 HRC	150℃	200℃	300℃	400℃	500℃	550℃	600℃	650℃		
4CrW2Si	800～820	炉冷	179～217	—	—	—	—	—	—	—	860～900	油	53～56	55	53	51	49	42	38	33	—	200～250 430～470	53～58 45～50
5CrW-2Si	800～820	炉冷	207～255	—	—	—	—	—	—	—	860～900	油	≥55	58	56	52	48	42	38	34	—	200～250 430～470	53～58 45～50
6CrW2Si	800～820	炉冷	229～285	—	—	—	—	—	—	—	860～900	油	≥57	59	58	53	48	42	38	35	31	200～250 430～470	53～58 45～50
Cr12	860±10	炉冷	207～255	830～850	720～740	空冷	≤269	—	—	—	950～980	油	61～64	63	61	57	55	53	49	44	39	180～200 320～350	60～62 57～58
Cr12-Mo1V1	870～900	炉冷	217～255	—	—	—	—	—	—	—	980～1020	油或空气	>62	—	—	—	—	—	—	—	—	200～530	—
Cr120MoV	850～870	炉冷	207～255	850～870	730±10	空冷	207～255	—	—	—	1020～1040	油	62～63	63	62	59	57	55	53	47	40	200～275 400～425	57～59 55～57
Cr5Mo1V	840～870	炉冷	202～229	840～870	760	空冷	—	—	—	—	920～980	油空气	>62	64	63	58	57	56	55	50	—	175～530	—
9Mn2V	750～770	炉冷	≤229	760～780	680～700	空冷	≤229	—	—	—	780～820	油	≥62	60	59	55	48	40	36	32	27	150～200	60～62
CrWMn	770～790	炉冷	207～255	790±10	720±10	空冷	207～255	970～990	空冷	388～514	820～840	油	63～65	64	62	58	53	47	43	39	35	160～200	61～62
9CrWMn	760～790	炉冷	190～230	780～800	670～720	空冷	197～243	—	—	—	820～840	油	64～66	62	60	58	52	45	40	35	—	170～230	60～62
Cr4W2-MoV	860±10	炉冷	≤269	860±10	760±10	空冷	≤209	—	—	—	960～980	油或空气	≥62	65	63	61	59	58	55	—	—	280～300	60～62
6Cr4W3-Mo2VNb	—	—	—	860±10	740±10	空冷	≤209	—	—	—	1080～1180	油	≥61	—	61	58	59	60	61	56	—	540～580	≥56
6W6Mo-5Cr4V	850～860	炉冷	197～229	850～860	740～750	空冷	197～229	—	—	—	1180～1200	硝盐或油	60～63	—	—	—	—	61	62	59	—	500～580	58～63
5CrMn-Mo	760～780	炉冷	197～241	850～870	680	空冷	197～243	—	—	—	830～860	油	53～58	58	57	52	47	41	37	34	30	490～510 520～540	41～47 38～41

（续）

牌号	退火							正火			淬火			回火									
	普通退火			等温退火										不同温度回火后的硬度值 HRC								常用回火温度范围/℃	硬度 HRC
	加热温度/℃	冷却方式	硬度 HBW	加热温度/℃	等温温度/℃	冷却方式	硬度 HBW	温度/℃	冷却方式	硬度 HBW	温度/℃	淬火介质	硬度 HRC	150℃	200℃	300℃	400℃	500℃	550℃	600℃	650℃		
5CrNiMo	740~760	炉冷	197~241	760~780	680	空冷	197~243	—	—	—	830~860	油	53~59	59	58	53	48	43	38	35	31	490~510 520~540 560~580	14~47 38~42 34~37
3Cr2W8V	840~860	炉冷	207~255	830~850	710~740	空冷	207~255	—	—	—	1050~1100	油或硝盐	49~52	52	51	50	49	47	48	45	40	600~620	40~48
5Cr4Mo3-SiMnVAl	—	—	—	—	—	—	—	—	—	—	1090~1120	油	>60	—	—	—	—	—	—	—	—	580~620	50~54
3Cr3Mo-3W2V	—	—	—	870	730	空冷	≤253	—	—	—	1060~1130	油	52~56	—	—	—	—	—	—	—	—	680 640	39~41 52~54
5Cr4W-5Mo2V	—	—	—	850~870	720~740	空冷	≤255	—	—	—	1100~1150	油	57~62	—	58	—	57	58	58	58	52.5	450~670	50~62
8Cr3	790~810	炉冷	205~255	—	—	—	—	—	—	—	820~850 850~880	油 油	60~63 ≥55	62	60	58	55	50	43	39	—	480~520	41~46
4CrMn-SiMoV	—	—	—	870~890	280~320 640~660	空冷	≤241	—	—	—	870±10	油	56~58	—	—	—	50	47	45	43	38	520~660	37~49
4Cr3Mo-3SiV	870~900	炉冷	192~229	—	—	—	—	—	—	—	1010~1040	空气或油	52~59	—	—	—	—	—	—	—	—	540~650	—
4Cr5Mo-SiV	860~890	炉冷	≤229	—	—	—	—	—	—	—	1000~1030	空气或油	53~55	—	—	—	—	—	—	—	—	530~560	47~49
4Cr5Mo-SiV1	860~890	炉冷	≤229	—	—	—	—	—	—	—	1020~1050	空气或油	56~58	55	52	51	51	52	53	45	35	560~580	47~49
4Cr5W-2VSi	870±10	炉冷	≤229	—	—	—	—	—	—	—	1060~1080	空气或油	56~58	57	56	56	56	57	55	52	43	580~620	48~53
3Cr2-Mo	760~790	炉冷	150~180	—	—	—	—	—	—	—	810~870	油	—	—	—	—	—	—	—	—	—	150~260	—

（续）

牌号	退火							正火			淬火			回火									
	普通退火			等温退火										不同温度回火后的硬度值　HRC								常用回火温度范围/℃	硬度 HRC
	加热温度/℃	冷却方式	硬度 HBW	加热温度/℃	等温温度/℃	冷却方式	硬度 HBW	温度/℃	冷却方式	硬度 HBW	温度/℃	淬火介质	硬度 HRC	150℃	200℃	300℃	400℃	500℃	550℃	600℃	650℃		
	高温退火			固溶处理				时效处理			气体氮碳共渗												
7Mn15Cr-2Al3V2-WMo	(880±10)℃ 炉冷 28～30HRC			1150～1180℃ 水冷 20～22HRC				650～700℃ 空冷 48～48.5HRC			560～570℃ 950～1100HV 68～70HRC 渗氮层深度 0.03～0.04mm			—	—	—	—	—	—	—	—	—	—

2.5.6　高速工具钢常规热处理工艺参数（表2-12）

表2-12　高速工具钢淬火和回火工艺参数

钢号	淬火预热		淬火加热			淬火介质	回火制度	淬火、回火后硬度 HRC
	温度/℃	时间/(s/mm)	介质	温度/℃	时间/(s/mm)			
W18Cr4V	850	24	中性盐浴	1260～1300	12～15	油	560℃,3次,每次1h,空冷	≥62
				1200～1240④	15～20			
W6Mo5Cr4V2	850	24		1200～1220①	12～15		560℃回火3次,每次1h,空冷	≥62
				1230②				≥63
				1240③				≥64
				1150～1200④	20			≥60
W14Cr4VMnRE	850	24		1230～1260	12～15	油	同上	≥63
9W18Cr4V	850	24		1260～1280	12～15	油	570～590℃,回火4次,每次1h,空冷	≥63
W12Cr4V4Mo	850	24		1240～1250① 1260② 1270～1280③	12～15	油	550～570℃,回火3次,每次1h,空冷	≥62
W6Mo5Cr4V2Al	850	24		1220～1240	12～15	油	550～570℃,回火4次,每次1h,空冷	≥65
W10Mo4Cr4V3Al	860～880	24		1230～1250	20	油	540～560℃,回火4次,每次1h,空冷	≥66

（续）

钢号	淬火预热		淬火加热			淬火介质	回火制度	淬火、回火后硬度 HRC
	温度/℃	时间/(s/mm)	介质	温度/℃	时间/(s/mm)			
W6Mo5Cr4V5SiNbAl	850	24		1220 ~ 1240	12 ~ 15	油	500 ~ 530℃，回火3次，每次1h，空冷 或560℃回火3次，每次1h，空冷	≥65
W12Mo3Cr4V3Co5Si	850	24		1210 ~ 1240	12 ~ 15	油	560℃回火4次，每次1h，空冷	≥66
W2Mo9Cr4V2	800 ~ 850	24		1180 ~ 1210② 1210 ~ 1230③	12 ~ 15	油	550 ~ 580℃回火3次，每次1h，空冷	≥65
W6Mo5Cr4V3	850	24		1200 ~ 1230	12 ~ 15	油	550 ~ 570℃回火3次，每次1h，空冷	≥64
W6Mo5Cr4V2Co5	800 ~ 850	24		1210 ~ 1230	12 ~ 15	油	550℃回火3次，每次1h，空冷	≥64
W6Mo3Cr4V5Co5	800 ~ 850	24		1210 ~ 1230	12 ~ 15	油	540 ~ 560℃回火3次，每次1h，空冷	≥64
W12Cr4V5Co5 (JIS SKH10)	800 ~ 850	24		1220 ~ 1245	12 ~ 15	油	530 ~ 550℃回火3次，每次1h，空冷	≥65
W2Mo9Cr4VCo8	850	24	中性盐浴	1180 ~ 1200② 1200 ~ 1220③	12 ~ 15	油	550 ~ 570℃回火4次，每次1h，空冷	≥66
W10Mo4Cr4V3Co10 (JIS SKHS7)	800 ~ 850	24		1200 ~ 1230② 1230 ~ 1250③	12 ~ 15	油	550 ~ 570℃回火3次，每次1h，空冷	≥66
W12Mo3Cr4V3N	850	24		1220 ~ 1280 (通常采用 1260 ~ 1280)	15 ~ 20	油	550 ~ 570℃回火4次，每次1h，空冷	≥65
W18Cr4V4SiNbAl	850	24		1230 ~ 1250	12 ~ 15	油	530 ~ 560℃回火4次，每次1h，空冷	≥65
FW12Cr4V5Co5	850	24		1230 ~ 1260	12 ~ 15	油	520 ~ 540℃回火3 ~ 4次，每次2h，空冷	≥65
FW10Mo5Cr4V2Co12	850	24		1170 ~ 1190	12 ~ 15	油	500 ~ 530℃回火3 ~ 4次，每次2h，空冷	≥66

① 高强薄刃刀具淬火温度。
② 复杂刀具淬火温度。
③ 简单刀具淬火温度。
④ 冷作模具淬火温度。

2.5.7 轴承钢常规热处理工艺参数（表2-13）

表2-13 轴承钢常规热处理工艺参数

(1)铬、无铬和高碳铬不锈轴承钢

牌号	普通退火			等温退火				淬火			回火								
	温度/℃	冷却方式	硬度HBW	加热温度/℃	等温温度/℃	冷却方式	硬度HBW	温度/℃	淬火介质	硬度HRC	不同温度回火后的硬度值 HRC							常用回火温度范围/℃	硬度HRC
											150℃	200℃	300℃	400℃	500℃	550℃	600℃		
GCr9	790~810	炉冷	179~207	790~810	710~720	空冷	270~390	815~830	油	≥63	62	61	56	48	37	33	30	150~170	62~66
GCr9SiMn	780~800	炉冷	179~207	—	—	空冷	270~390	815~835	油	≥65	65	61	58	50	—	—	—	150~160	>62
GCr15	790~810	炉冷	179~207	790~810	710~720	空冷	270~390	835~850	油	≥63	64	61	55	49	41	36	31	150~170	61~65
GCr15SiMn	790~810	炉冷	179~207	790~810	710~720	空冷	270~390	820~840	油	≥64	64	61	58	50	—	—	—	150~180	>62
G8Cr15	退火:770~790℃、2~6h,以20℃/h冷至720~750℃、1~2h,再以20℃/h冷至650℃出炉空冷197~207HBW						—	830~850	油	>63	63	61	57	—	—	—	—	150~160	61~64
GSiMnV(RE)	770±10	炉冷	≤217	—	—	空冷	HRC≈32	780~820	油	≥63	63	60	59	52	—	—	—	150~170	62~63
GSiMnMoV(RE)	760~800	炉冷	179~217	—	—	空冷	HRC≈35	780~820	油	≥63	63	60	58	50	—	—	—	160~180	62~64
GMnMoV(RE)	760~790	炉冷	≤217	—	—	—	—	780~810	油	≥63	63	60	56	50	—	—	—	150~170	62~63
GSiMn(RE)	软化退火:760℃、4~5h,以20℃/h冷至低于650℃空冷≤217HBW			球化退火:加热温度(765±15)℃,球化温度为(715±10)℃,空冷为181~207HBW			—	790	油	—	—	—	—	—	—	—	—	150~170	61~64
9Cr18	850~870	炉冷	≤255	850~870	730~750	空冷	≤255	1050~1100	油	>59	60	58	57	55	—	—	—	150~160	58~62

（续）

牌号	普通退火			等温退火				淬火			回火								
											不同温度回火后的硬度值 HRC							常用回火温度范围/℃	硬度 HRC
	温度/℃	冷却方式	硬度 HBW	加热温度/℃	等温温度/℃	冷却方式	硬度 HBW	温度/℃	淬火介质	硬度 HRC	150℃	200℃	300℃	400℃	500℃	550℃	600℃		
（1）铬、无铬和高碳铬不锈轴承钢																			
9Cr18Mo	退火：850～870℃、4～6h，30℃/h冷至600℃，空冷≤255HBW			再结晶退火730～750℃空冷			—	1050～1100	油	>59	58	58	56	54	—	—	—	150～160	≥58

（2）渗碳轴承钢

牌号	普通退火			正火			渗碳热处理						
	温度/℃	冷却方式	硬度 HBW	温度/℃	冷却方式	硬度 HBW	渗碳温度/℃	一次淬火温度/℃	二次淬火温度/℃	直接淬火温度/℃	冷却剂	回火温度/℃	硬度 HRC
G20CrMo	850～860	炉冷	≤197	880～900	空冷	167～215	920～940	—	—	840	油	160～180	表面≥56 心部≥30
G20CrNiMo	660	炉冷	≤197	920～980	空冷	—	930	880±20	790±20	820～840	油	150～180	表面≥56 心部≥30
G20CrNi2Mo	—	—	—	920±20	空冷	—	930	880±20	800±20	—	油	150～200	表面≥56 心部≥30
G10CrNi3Mo	—	—	—	—	—	—	930	880±20	790±20	—	油	150～200	表面≥56 心部≥30
G20Cr2Ni4	800～900	炉冷	≤269	890～920	空冷	—	930～950	870～890	790～810	—	油	160～180	表面≥58 心部≥28
G20Cr2Mn2Mo	600℃、4～6h，空冷至280～300℃，再加热至640～660℃、2～6h空冷，≤269HBW			910～930	空冷	—	920～950	870～890	810～830	—	油	160～180	表面≥58 心部≥30

2.6 零件图样工艺性审查

2.6.1 零件结构工艺性的基本要求（摘自 JB/T 9169.3—1998）

（1）零件结构的铸造工艺性

1）铸件的壁厚应合适、均匀、不得有突然变化。

2）铸件圆角要合理，并不得有尖角。

3）铸件的结构要尽量简化，并要有合理的起模斜度，以减少分型面、型芯，便于起模。

4）加强肋的厚度和分布要合理，以避免冷却时铸件变形或产生裂纹。

5）铸件的选材要合理。

（2）零件结构的锻造工艺性。

1）结构应力求简单对称。

2）模锻件应有合理的锻造斜度和圆角半径。

3）材料应具有可锻件。

（3）零件结构的冲压工艺性。

1）结构应力求简单对称。

2）外形和内孔应尽量避免尖角。

3）圆角半径大小应利于成形。

4）选材应符合工艺要求。

（4）零件结构的焊接工艺性

1）焊接件所用的材料应具有焊接性。

2）焊缝的布置应有利于减小焊接应力及变形。

3）焊接接头的形式、位置和尺寸应能满足焊接质量的要求。

4）焊接件的技术要求要合理。

（5）零件结构的热处理工艺性

1）对热处理的技术要求要合理。

2）热处理零件应尽量避免尖角、锐边、不通孔。

3）截面要尽量均匀、对称。

4）零件材料应与所要求的物理、力学性能相适应。

（6）零件结构的切削加工工艺性

1）尺寸公差、形位公差和表面粗糙度的要求应经济、合理。

2）各加工表面几何形状应尽量简单。

3）有相互位置要求的表面应能尽量在一次装夹中加工。

4）零件应有合理的工艺基准并尽量与设计基准一致。

5）零件的结构应便于装夹、加工和检查。

6）零件的结构要素应尽可能统一，并使其能尽量使用普通设备和标准刀具进行加工。

7）零件的结构应尽量便于多件同时加工。

（7）装配工艺性

1）应尽量避免装配时采用复杂工艺装备。

2）在质量大于20kg的装配单元或其组成部分的结构中，应具有吊装的结构要素。

3）在装配时应避免有关组成部分的中间拆卸和再装配。

4）各组成部分的连接方法应尽量保证能用最少的工具快速装拆。

5）各种连接结构形式应便于装配工作的机械化和自动化。

2.6.2 零件结构的切削加工工艺性

2.6.2.1 工件便于在机床或夹具上装夹的图例（表2-14）

表2-14 工件便于在机床或夹具上装夹的图例

图例		说明
改进前	改进后	
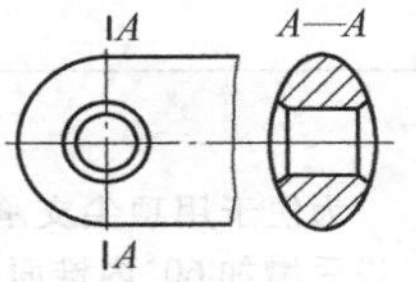 A A—A A	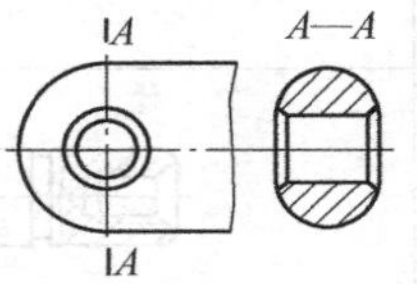 A A—A A	将圆弧面改成平面，便于装夹和钻孔
	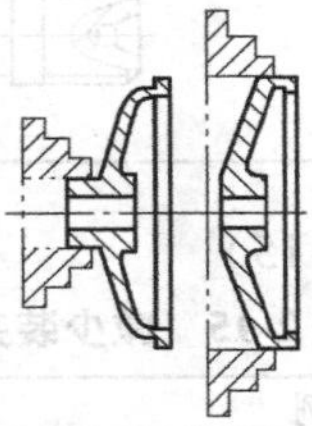	改进后的圆柱面,易于定位夹紧
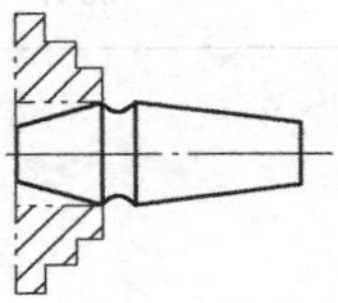	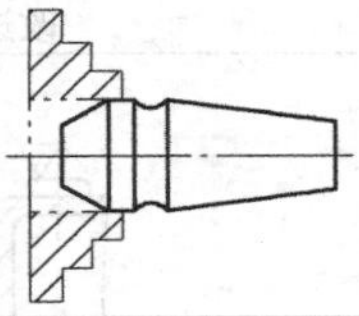	
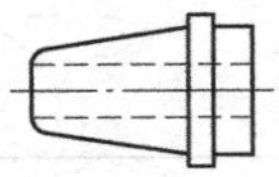	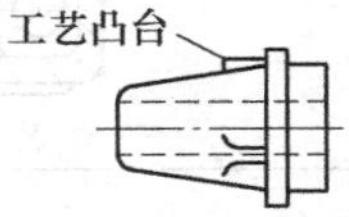 工艺凸台加工后铣去	改进后增加工艺凸台,易定位夹紧
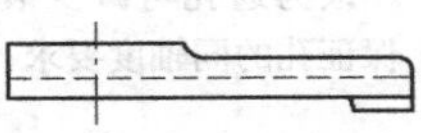	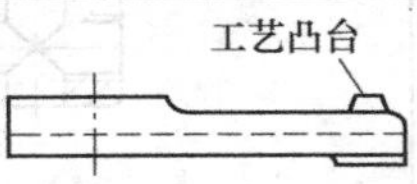 工艺凸台	
	工艺凸台	

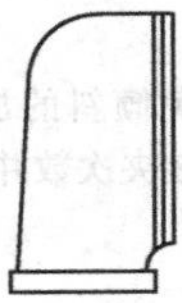

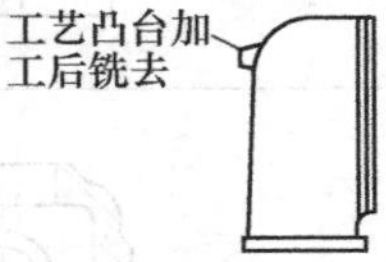

（续）

图例		说明
改进前	改进后	
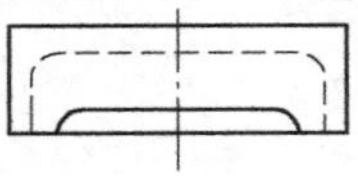	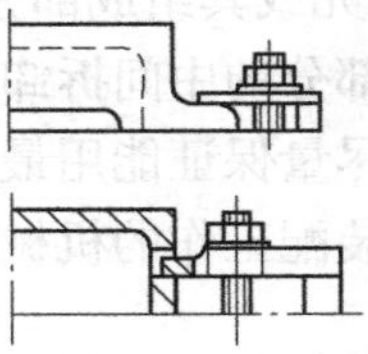	增加夹紧边缘或夹紧孔
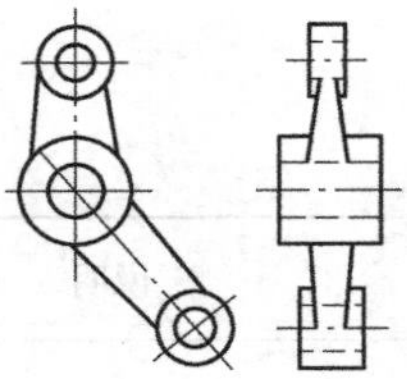	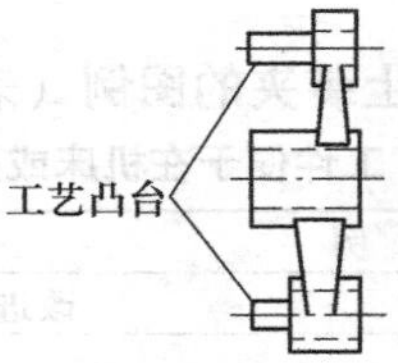 工艺凸台	改进后不仅使三端面处于同一平面上，而且还设计了两个工艺凸台，其直径分别小于被加工孔，孔钻通时，凸台脱落
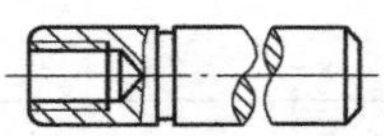	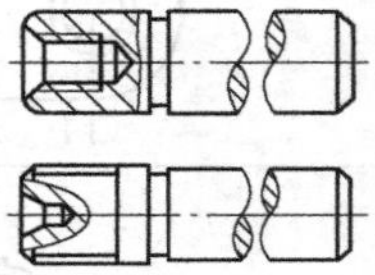	为便于用顶尖支承加工，改进后增加60°内锥面或改为外螺纹

2.6.2.2 减少装夹次数图例（表2-15）

表2-15 减少装夹次数图例

图例		说明
改进前	改进后	
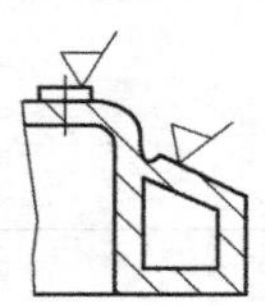	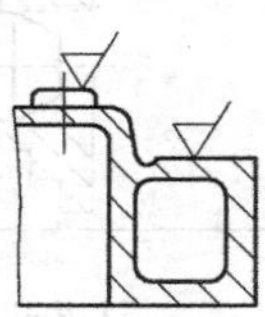	避免倾斜的加工面和孔，可减少装夹次数并利于加工
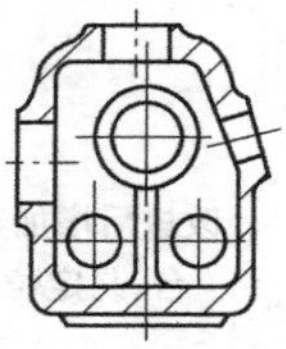	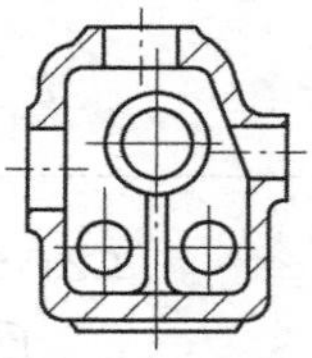	
	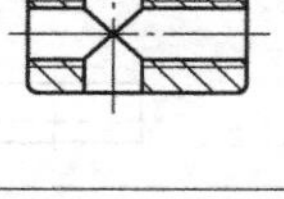	改为通孔可减少装夹次数，保证孔的同轴度要求

（续）

图例		说明
改进前	改进后	
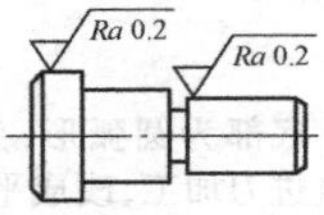 Ra 0.2 Ra 0.2	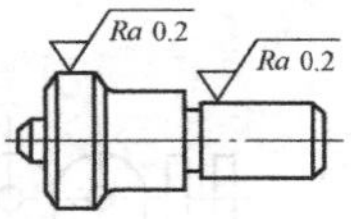 Ra 0.2 Ra 0.2	改进前需两次装夹磨削，改进后只需一次装夹即可磨削完成
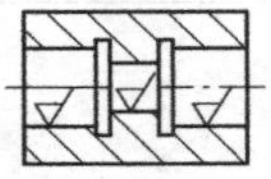	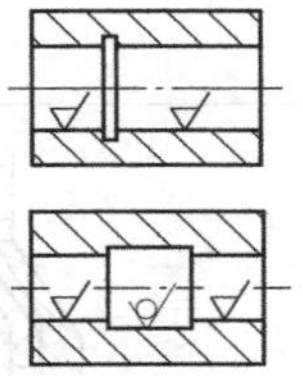	原设计需从两端进行加工，改进后只需一次装夹
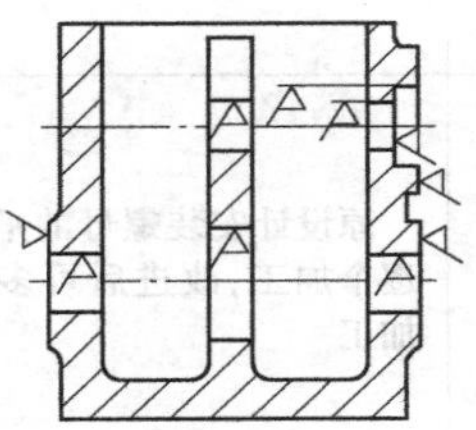	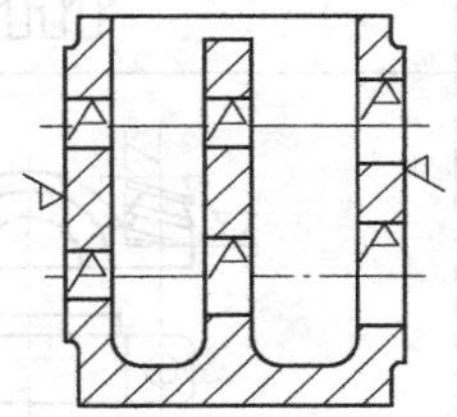	改进后，无台阶顺次缩小孔径，在一次装夹中同时或依次加工全部同轴孔

2.6.2.3 减少刀具调整与走刀次数图例（表2-16）

表2-16 减少刀具的调整与走刀次数图例

图例		说明
改进前	改进后	
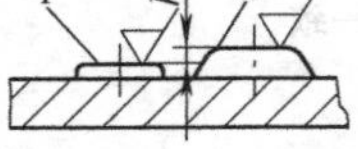 1 2 h	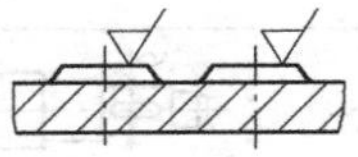	被加工表面（1、2面）尽量设计在同一平面上，可以一次走刀加工，缩短调整时间，保证加工面的相对位置精度
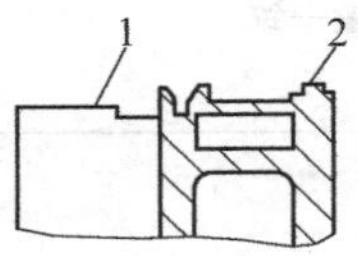 1 2	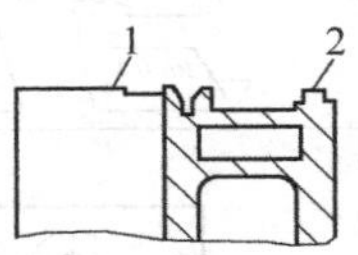 1 2	
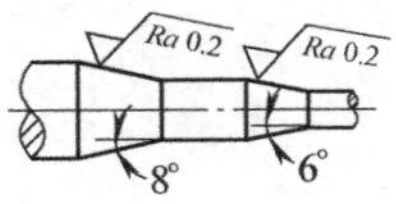 Ra 0.2 Ra 0.2 8° 6°	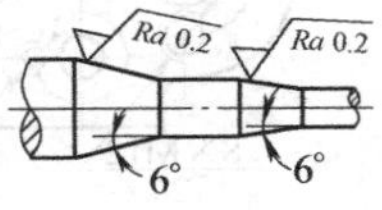 Ra 0.2 Ra 0.2 6° 6°	锥度相同，只需作一次调整

（续）

图例		说明
改进前	改进后	
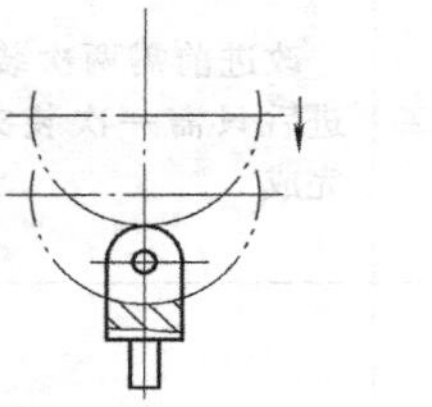	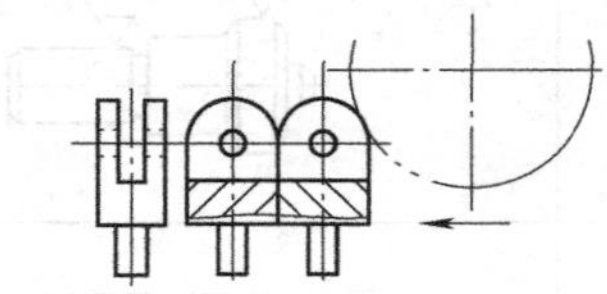	底部为圆弧形，只能单件垂直进刀加工，改成平面，可多件同时加工
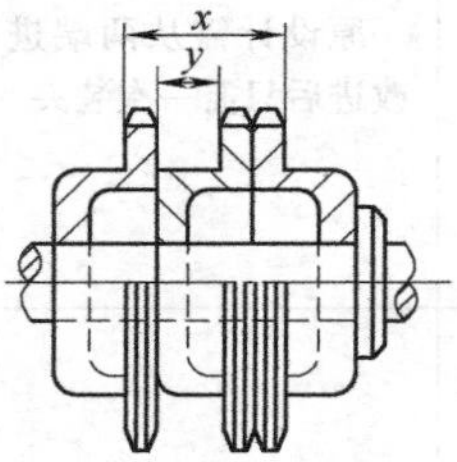 x y	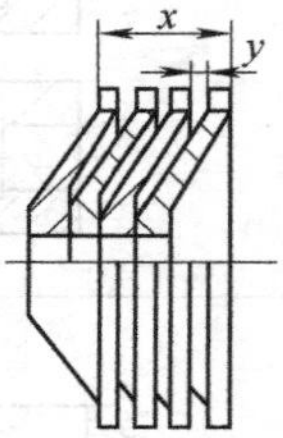 x y	改进后的结构可多件合并加工
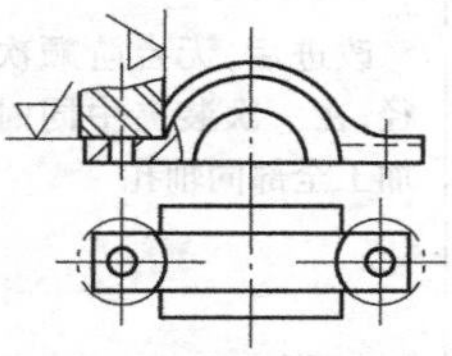	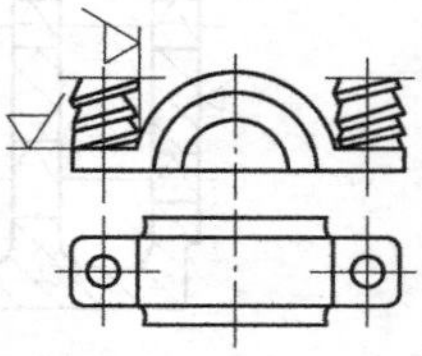	原设计安装螺母的平面必须逐个加工，改进后可多件合并加工

2.6.2.4　采用标准刀具减少刀具种类图例（表2-17）

表2-17　采用标准刀具减少刀具种类图例

图例		说　明
改　进　前	改　进　后	
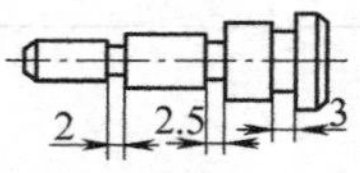 2　2.5　3	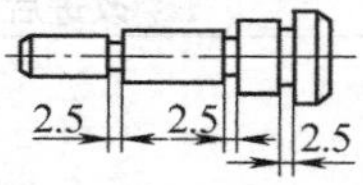 2.5　2.5　2.5	轴的退刀槽或键槽的形状与宽度尽量一致
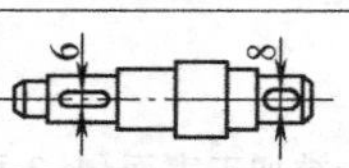 6　8	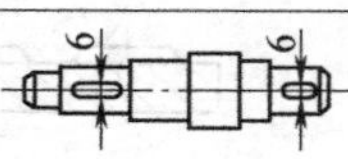 6　6	
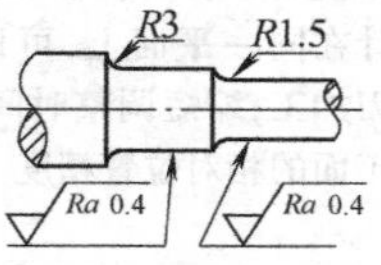 R3　R1.5　Ra 0.4　Ra 0.4	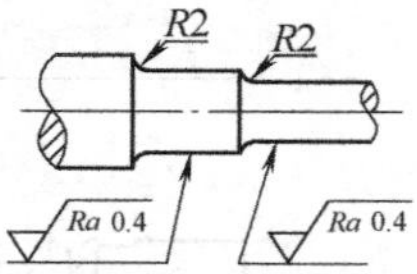 R2　R2　Ra 0.4　Ra 0.4	磨削或精车时，轴上的过渡圆角应尽量一致
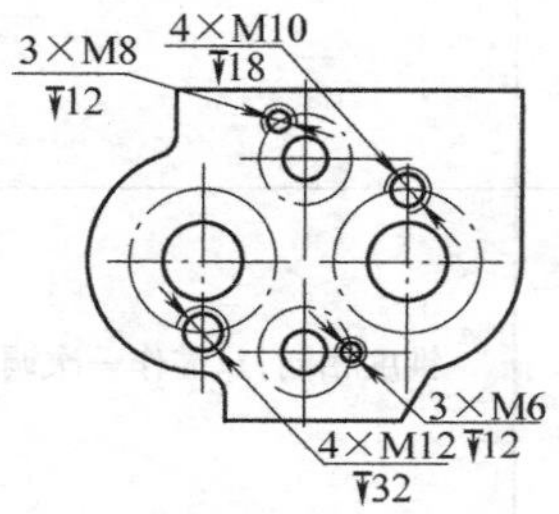 3×M8 ↧12　4×M10 ↧18　3×M6　4×M12 ↧12　↧32	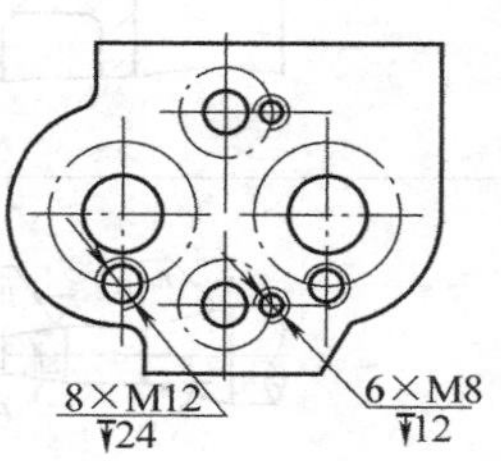 8×M12 ↧24　6×M8 ↧12	箱体上的螺孔应尽量一致或减少种类

（续）

图例		说明
改进前	改进后	
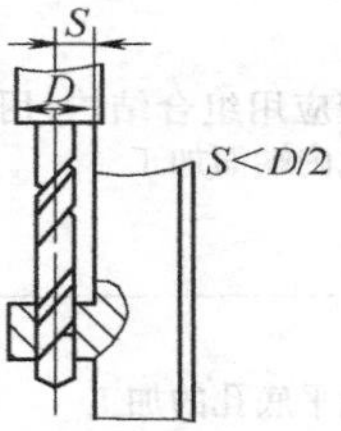 S<D/2	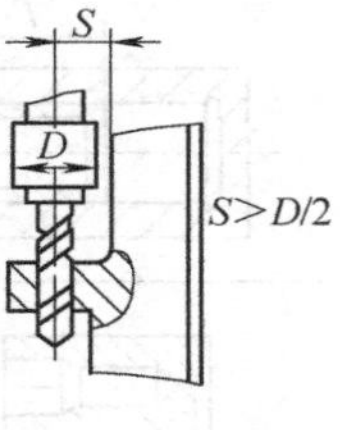 S>D/2	尽量不采用长杆钻头等非标准刀具

2.6.2.5 减小切削加工难度图例（表2-18）

表2-18 减小切削加工难度图例

图例		说明
改进前	改进后	
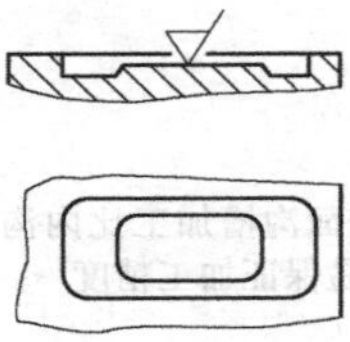	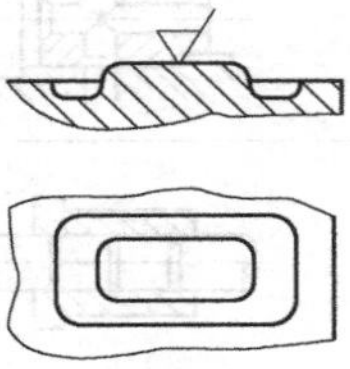	避免把加工平面布置在低凹处
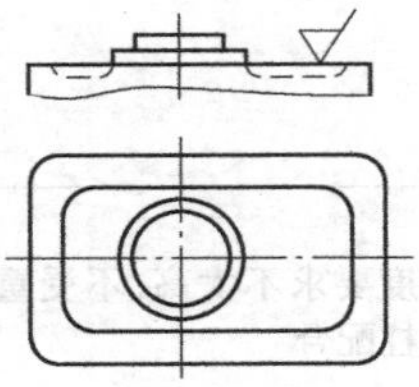	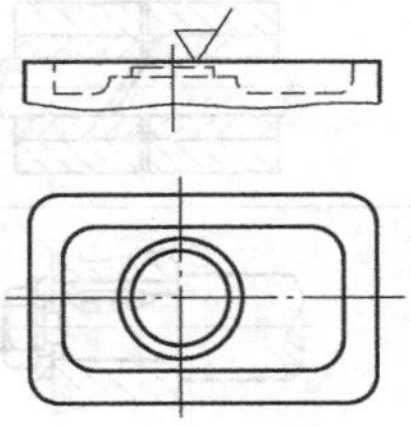	避免在加工平面中间设计凸台
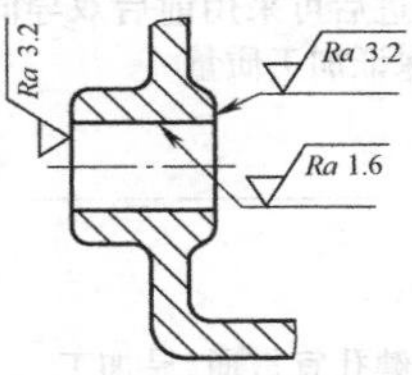	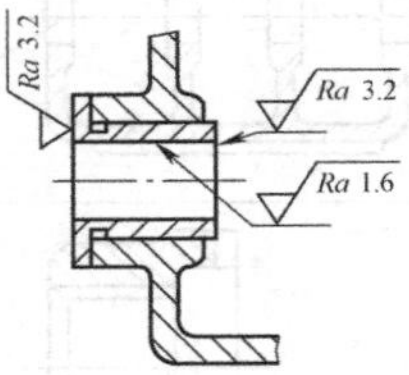	合理应用组合结构，用外表面加工取代内端面加工
Ra 3.2, Ra 3.2, Ra 1.6	Ra 3.2, Ra 3.2, Ra 1.6	

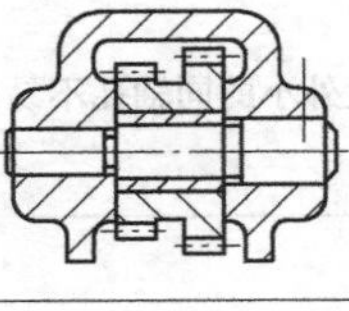

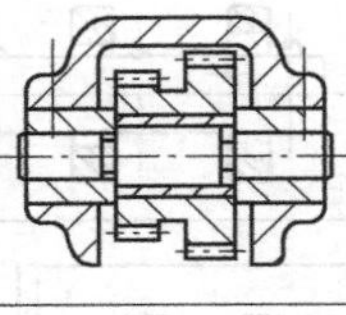

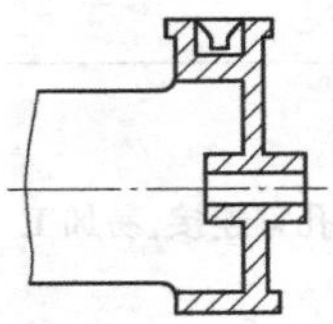

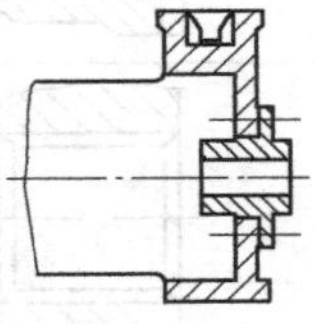

（续）

图例		说　　明
改　进　前	改　进　后	
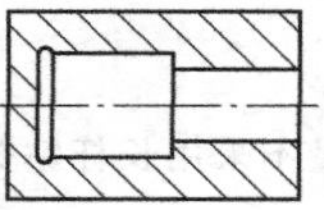	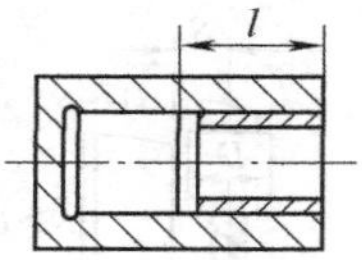 l	合理应用组合结构，用外表面加工取代内端面加工
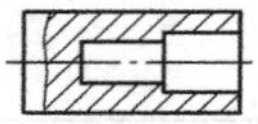	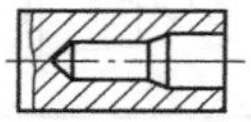	避免平底孔的加工
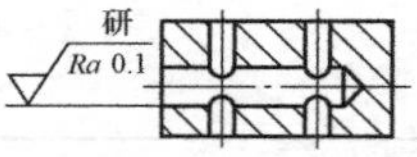 研 Ra 0.1	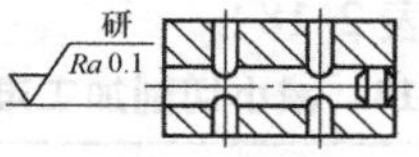 研 Ra 0.1	研磨孔易贯通
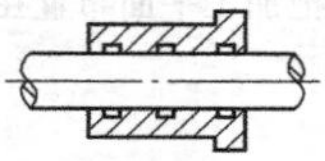	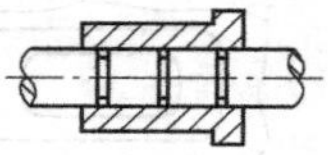	外表面沟槽加工比内沟槽加工方便，容易保证加工精度
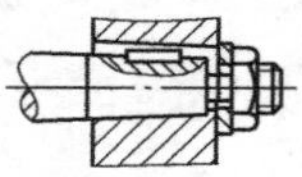	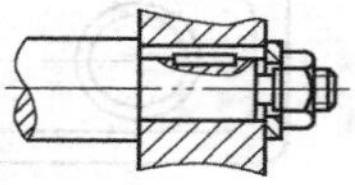	精度要求不太高，不受重载处宜用圆柱配合
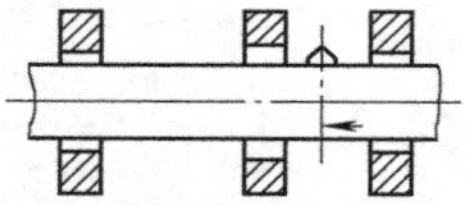	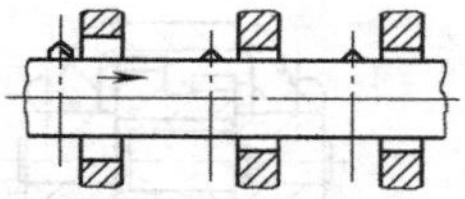	内大外小的同轴孔不易加工
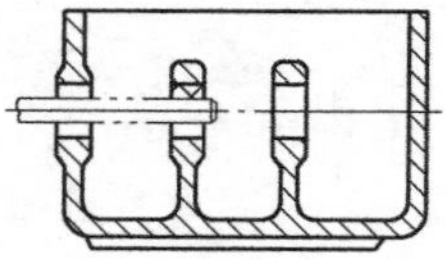	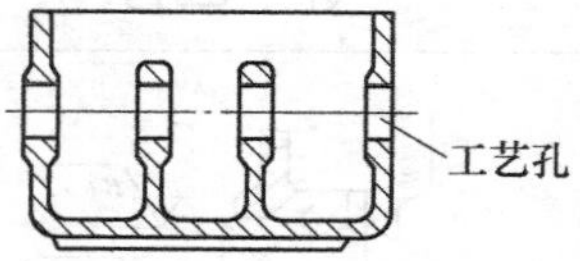 工艺孔	改进后可采用前后双导向支承加工，保证加工质量
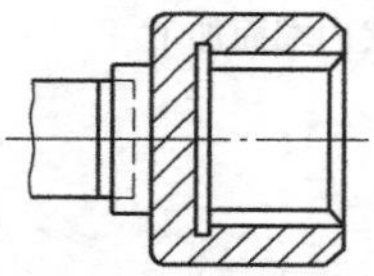	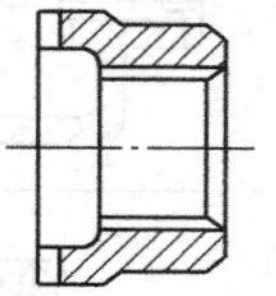	花健孔宜贯通，易加工
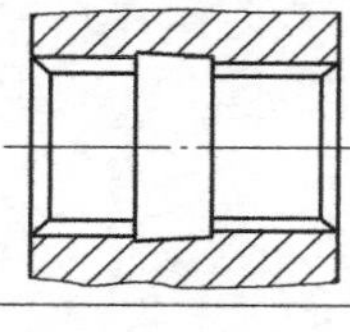	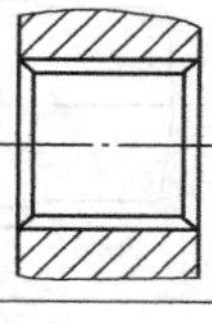	花键孔宜连接，易加工

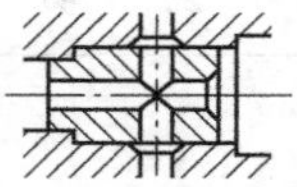

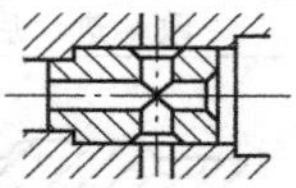

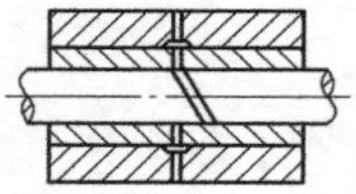

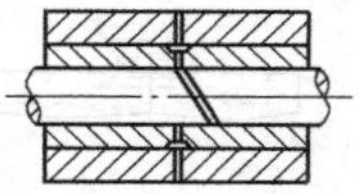

（续）

图例		说明
改进前	改进后	
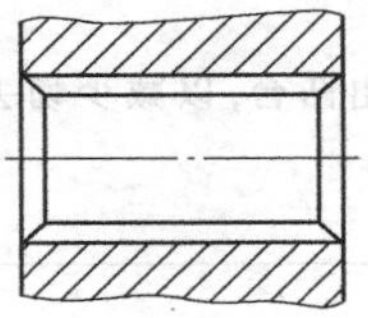	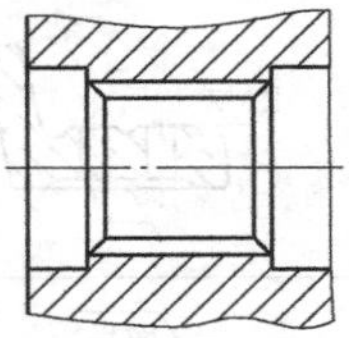	花键孔不宜过长，易加工
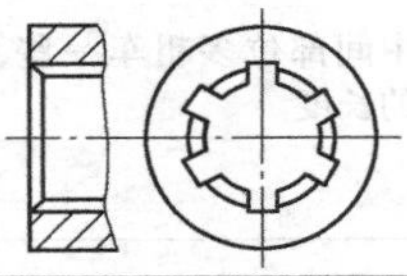	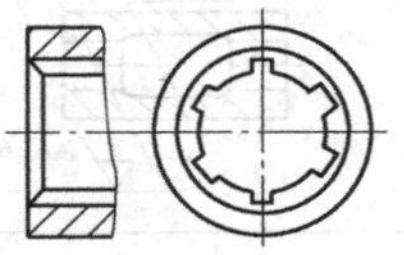	花键孔端部倒棱应超过底圆面
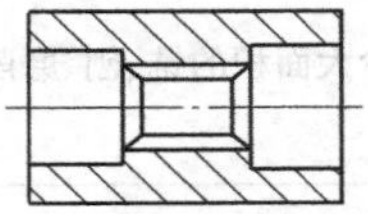	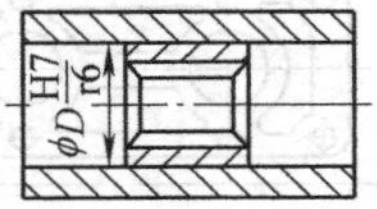 $\phi D\frac{H7}{r6}$	改进前，加工花键孔很困难；改进后，用管材和拉削后的中间体组合而成
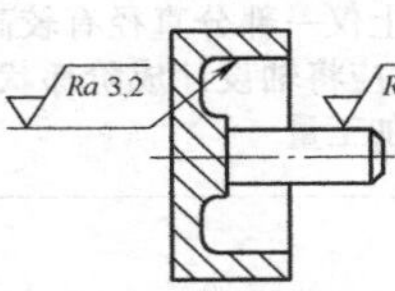 Ra 3.2　Ra 3.2	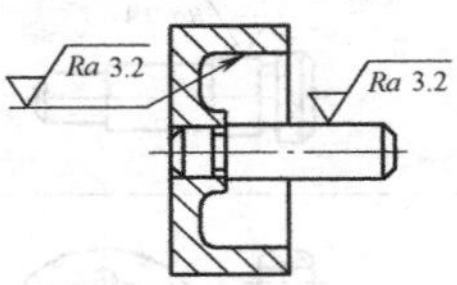 Ra 3.2　Ra 3.2	复杂型面改为组合件，加工方便
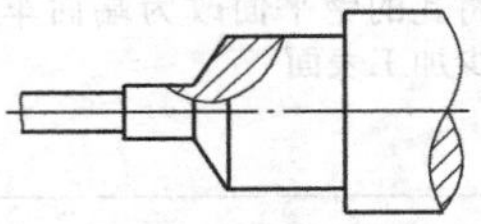	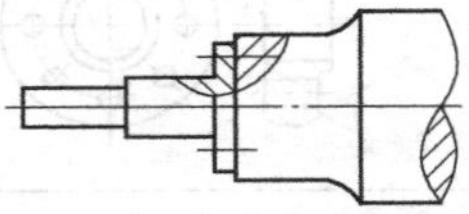	细小轴端的加工比较困难，材料损耗大，改为装配式后，省料，便于加工
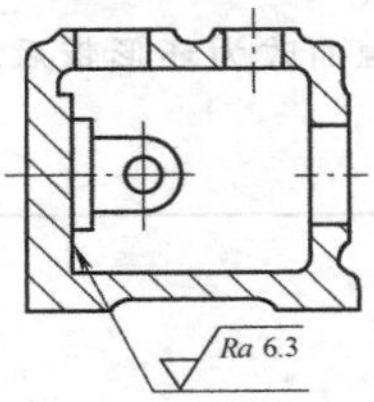 Ra 6.3	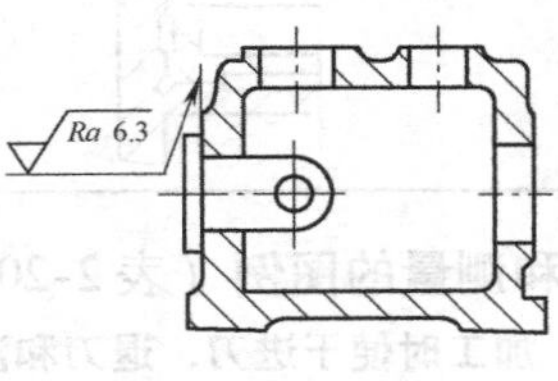 Ra 6.3	在箱体内的轴承，应改箱内装配为箱外装配，避免箱体内表面的加工
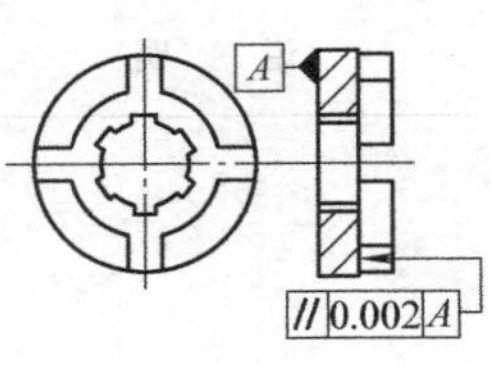 A　// 0.002 A	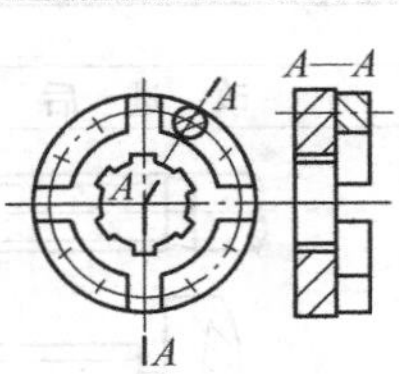 A—A　A　A	合理应用组合结构，改进后槽底与底面的平行度要求易保证

2.6.2.6　减少加工量图例（表2-19）

表2-19　减少加工量图例

图例		说明
改进前	改进后	
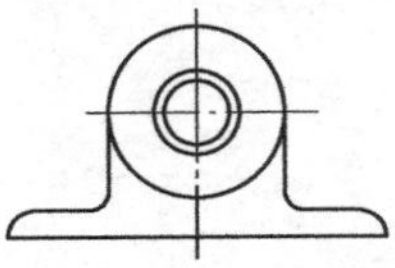	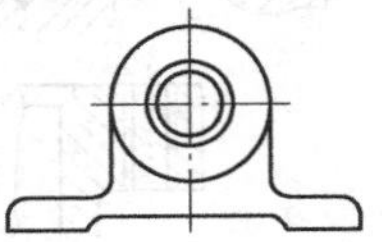	将整个支承面改成台阶支承面，减少了加工面积

（续）

图例		说明
改进前	改进后	
		铸出凸台，以减少切去金属的体积
Ra 1.6	Ra 12.5 Ra 1.6	将中间部位多粗车一些，以减少精车的长度
		减少大面积的铣、刨、磨削加工面
Ra 0.4	Ra 0.4	若轴上仅一部分直径有较高的精度要求，应将轴设计成阶梯状，以减少磨削加工量
		将孔的锪平面改为端面车削，可减少加工表面
		接触面改为环形带后，减少加工面

2.6.2.7　加工时便于进刀、退刀和测量的图例（表2-20）

表2-20　加工时便于进刀、退刀和测量的图例

图例		说明
改进前	改进后	
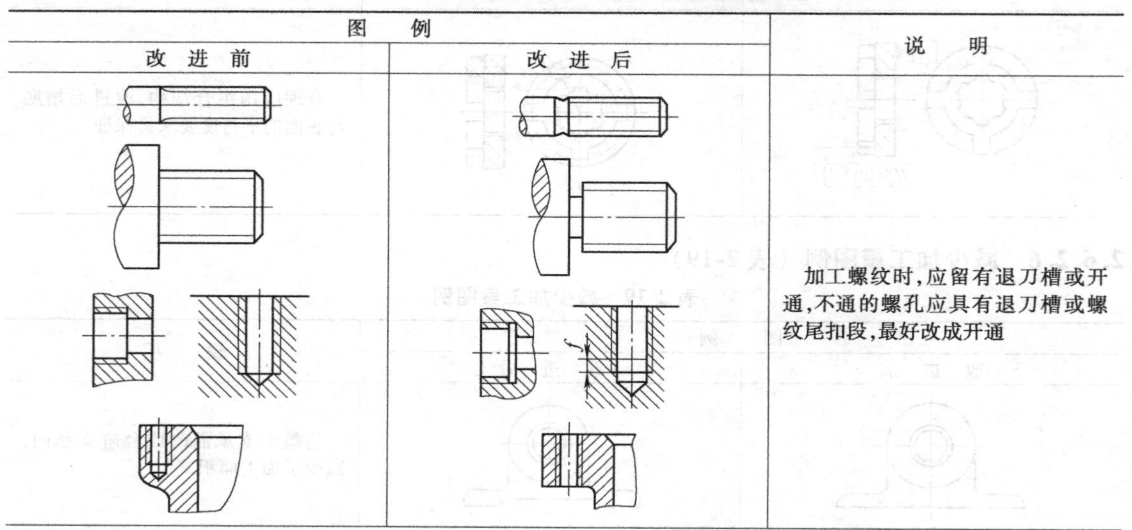		加工螺纹时，应留有退刀槽或开通，不通的螺孔应具有退刀槽或螺纹尾扣段，最好改成开通

（续）

图例		说明
改进前	改进后	
Ra 0.2 Ra 0.2 Ra 0.2 A	Ra 0.2 Ra 0.2 Ra 0.2	磨削时各表面间的过渡部位，应设计出越程槽，应保证砂轮自由退出和加工的空间
H α	$\alpha/2$ e	
	H 45° e	
Ra 0.2	Ra 0.2	改进后便于加工和测量
		加工多联齿轮时，应留有空刀
D $L<D/2$	D $L>D/2$	退刀槽长度 L 应大于铣刀的半径 $D/2$
	b a	刨削时，在平面的前端必须留有让刀部位
		在套筒上插削键槽时，应在键槽前端设置一孔或车出空刀环槽，以利让刀

（续）

图例		说明
改进前	改进后	
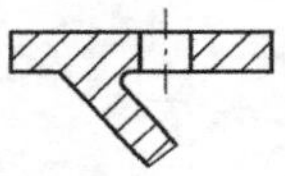	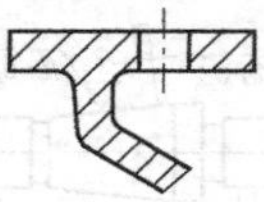	留有较大的空间，以保证钻削顺利
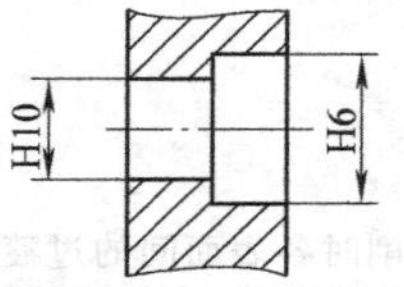 H10 H6	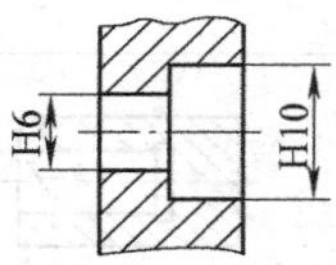 H6 H10	将加工精度要求高的孔设计成开通的，便于加工与测量
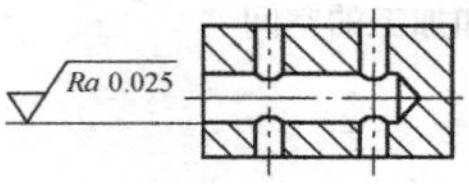 Ra 0.025	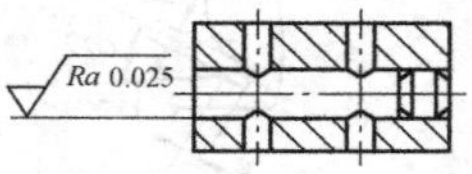 Ra 0.025	

2.6.2.8 保证零件在加工时刚度的图例（表2-21）

表2-21 保证零件在加工时刚度的图例

图例		说明
改进前	改进后	
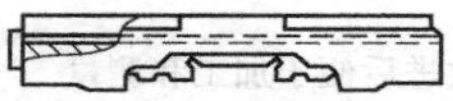	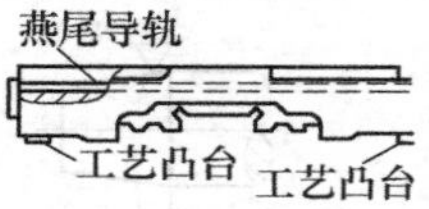 燕尾导轨 工艺凸台 工艺凸台	增设支承用工艺凸台，提高工艺系统刚度，装夹方便
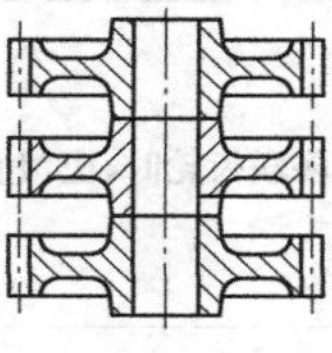	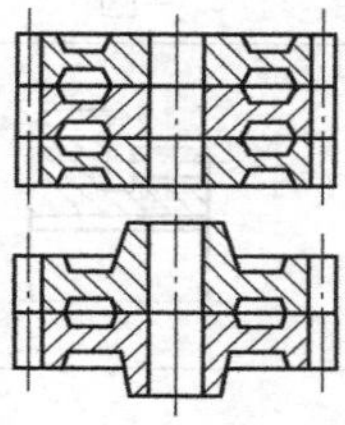	改进后的结构可提高加工时的刚度
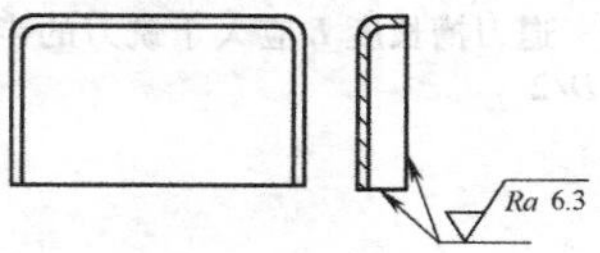 Ra 6.3	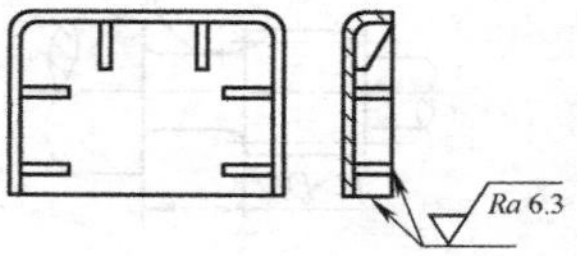 Ra 6.3	对较大面积的薄壁、悬臂零件，应合理增设加强肋，提高工件刚度
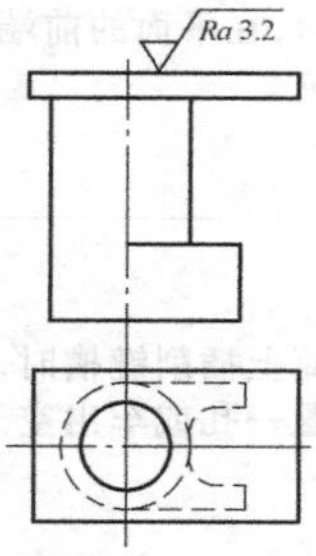 Ra 3.2	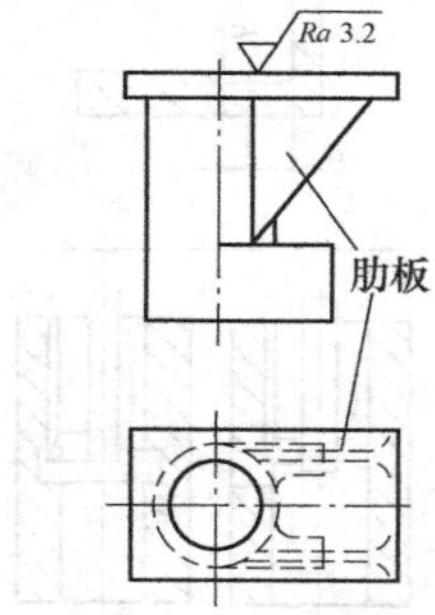 Ra 3.2 肋板	对较大面积的薄壁、悬臂零件，应合理增设加强肋，提高工件刚度

2.6.2.9　有利于改善刀具切削条件与提高刀具寿命的图例（表 2-22）

表 2-22　有利于改善刀具切削条件与提高刀具寿命的图例

图例		说明
改进前	改进后	
		避免用端铣方法加工封闭槽，以改善切削条件
A A—A A	B B—B B	避免封闭的凹窝和不穿透的槽
	h	沟槽表面不要与其他加工表面重合
	h	沟槽表面不要与其他加工表面重合
	h $h>0.3\sim0.5$	
		避免在斜面上钻孔，避免钻头单刃切削，以防止刀具损坏和造成加工误差

2.6.3　一般装配对零部件结构工艺性的要求

2.6.3.1　组成单独部件或装配单元（表2-23）

表2-23　组成单独部件或装配单元

注意事项	图例		说明
	改进前	改进后	
尽可能组成单独的箱体或部件	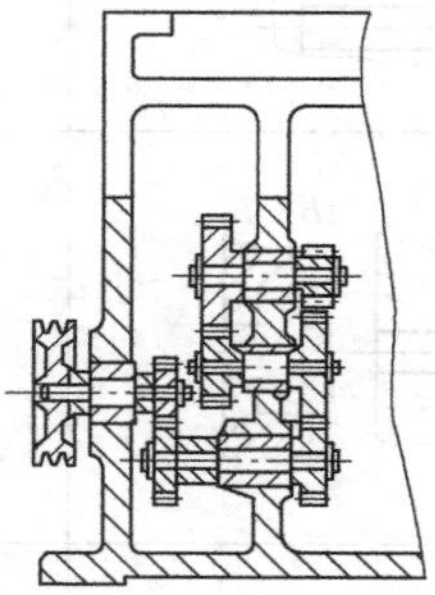	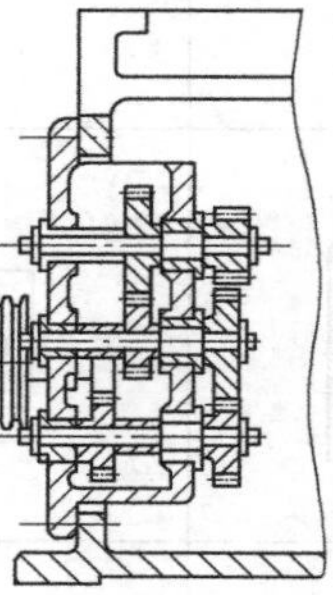	将传动齿轮组成单独的齿轮箱，以便分别装配，提高工效，便于维修
尽可能组成单独的部件或装配单元	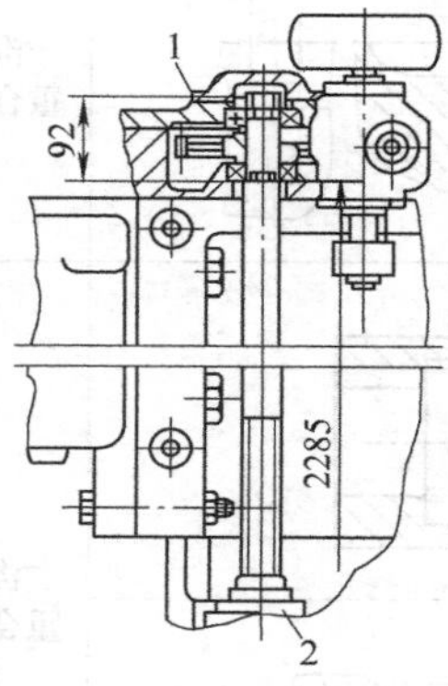 1　92　2285　2	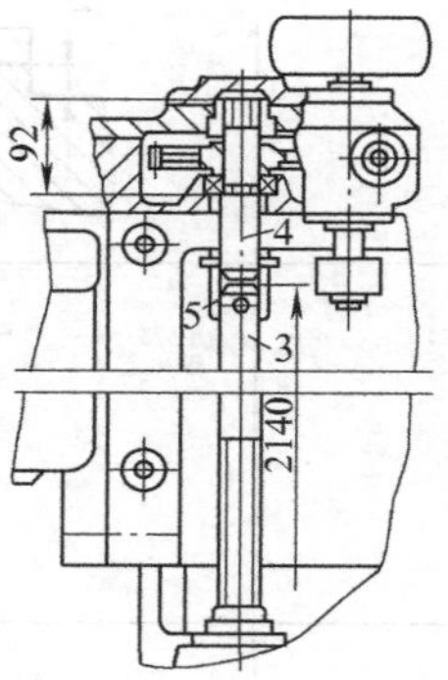 92　4　5　3　2140	改进前，轴的两端分别装在箱体1和箱体2内，装配不便。改进后，轴分为3、4两段，用联轴器5连接，箱体1成为单独装配单元，简化了装配工作
同一轴上的零件，尽可能考虑能从箱体一端成套装卸	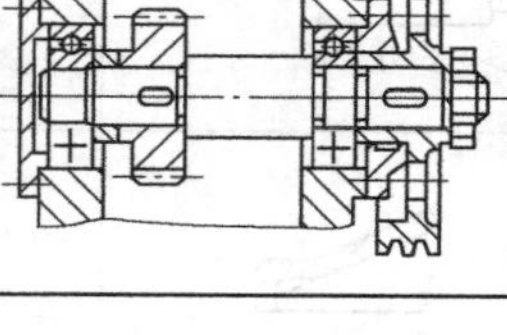	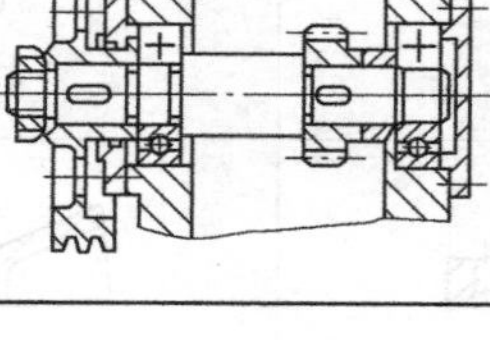	改进前，轴上的齿轮大于轴承孔，需在箱内装配。改进后，轴上零件可在组装后一次装入箱体内

2.6.3.2　应具有合理的装配基面（表2-24）

表2-24　应具有合理的装配基面

注意事项	图例		说明
	改进前	改进后	
具有装配位置精度要求的零件应有定位基面	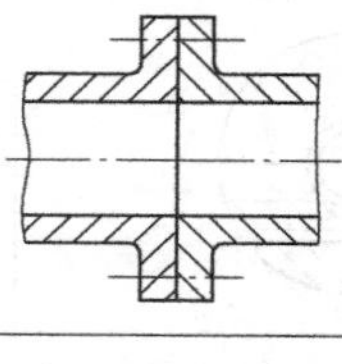	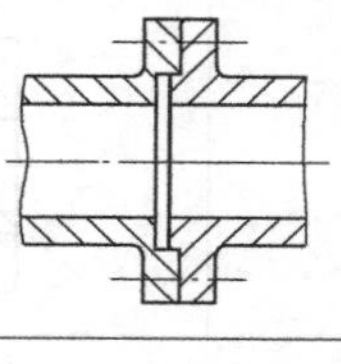	有同轴度要求的两个零件和连接时应有装配定位基面

（续）

注意事项	图例		说明
	改进前	改进后	
零件装配位置不应是游动的，而应有定位基面	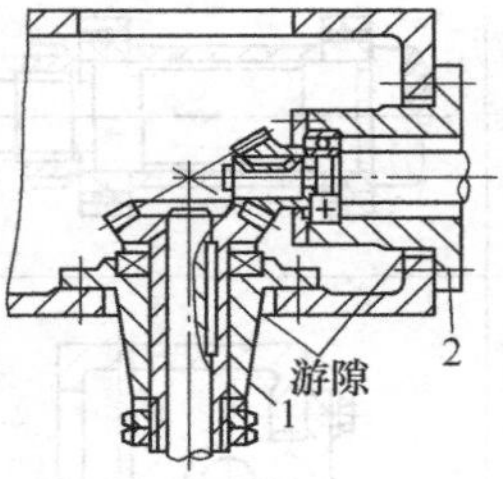 游隙 1 2	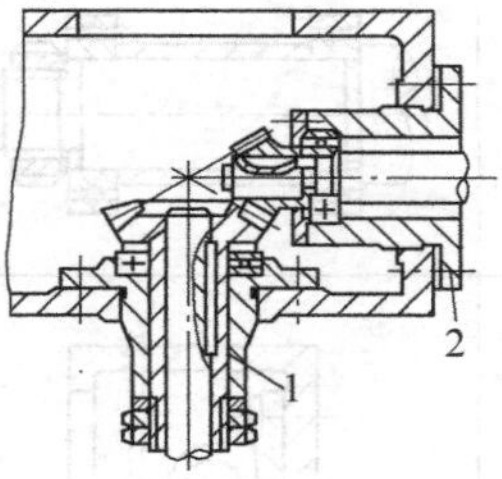 1 2	改进前，支架1和2都是套在无定位面的箱体孔内，调整装配锥齿轮，需用专用夹具，改进后，作出支架定位基面后，可使装配调整简化
避免用螺纹定位	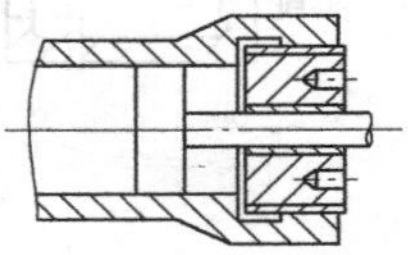	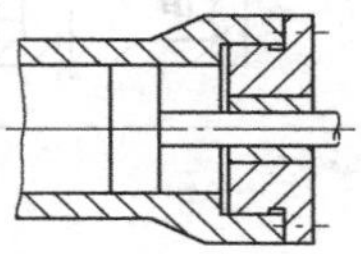	改进前由于有螺纹间隙，不能保证端盖孔与液压缸的同轴度，须改用圆柱配合面定位
互相有定位要求的零件，应按同一基准来定位	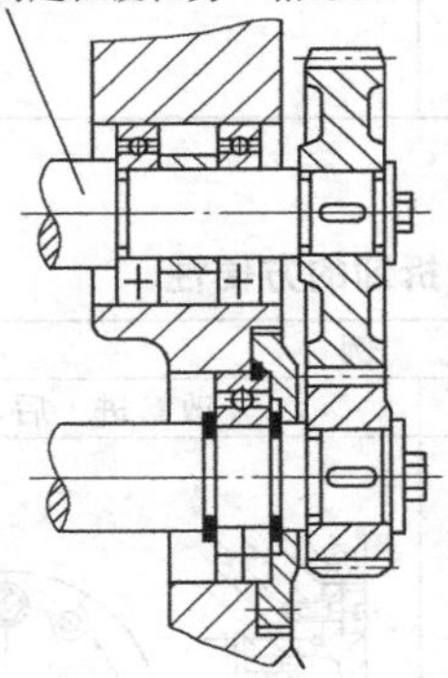 轴向定位设在另一箱壁上	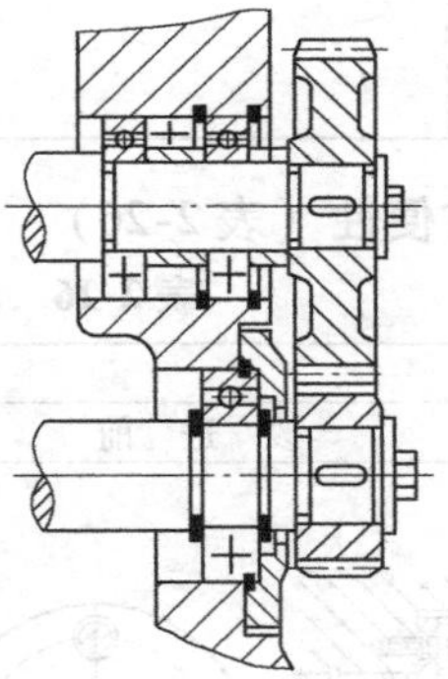	交换齿轮两根轴不在同一箱体壁上作轴向定位，当孔和轴加工误差较大时，齿轮装配相对偏差加大，应改在同一壁上，作轴向固定

2.6.3.3 考虑装配的方便性（表2-25）

表2-25 考虑装配的方便性

注意事项	图例		说明
	改进前	改进后	
考虑装配时能方便地找正和定位	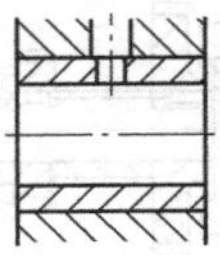	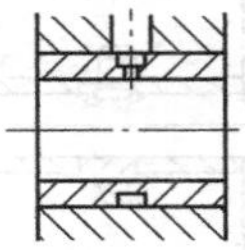	为便于装配时找正油孔，作出环形槽
考虑装配时能方便地找正和定位	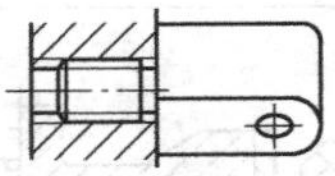	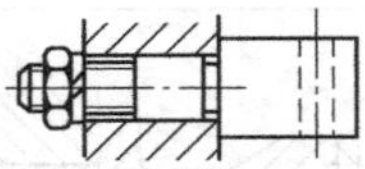	有方向性的零件应采用适应方向要求的结构，改进后的图例可调整孔的位置
轴上几个有配合的台阶表面，避免同时入孔装配	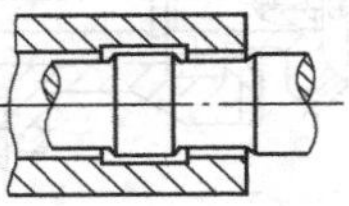	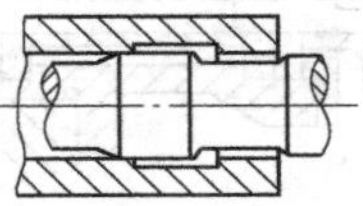	轴上几个台阶同时装配，找正不方便，且易损坏配合面。改进后可改善工艺性

（续）

注意事项	图例		说明
	改进前	改进后	
轴与套相配部分较长时，应作退刀槽			避免装配接触面过长
尽可能把紧固件布置在易于装拆的部位			改进前轴承架需专用工具装拆，改进后，比较简便
应考虑电气、润滑、冷却等部分安装、布线和接管的要求	—	—	在床身、立柱、箱体、罩、盖等设计中，应综合考虑电气、润滑、冷却及其他附属装置的布线要求，例如作出凸台、孔、龛及在铸件中敷设钢管等

2.6.3.4 考虑拆卸的方便性（表2-26）

表2-26 考虑拆卸的方便性

注意事项	图例		说明
	改进前	改进后	
在轴、法兰、压盖、堵头及其他零件的端面，应有必要的工艺螺孔			避免使用非正常拆卸方法，易损坏零件
作出适当的拆卸窗口、孔槽			在隔套上作出键槽，便于安装，拆时不需将键拆下
当调整维修个别零件时，避免拆卸全部零件			改进前在拆卸左边调整垫圈时，几乎需拆下轴上全部零件

2.6.3.5　考虑装配的零部件之间结构的合理性（表2-27）

表2-27　考虑装配的零部件之间结构的合理性

注意事项	图例		说明
	改进前	改进后	
轴和毂的配合在锥形轴头上必须留有一充分伸出部分a,不许在锥形部分之外加轴肩	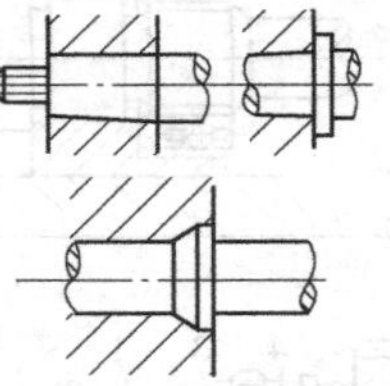	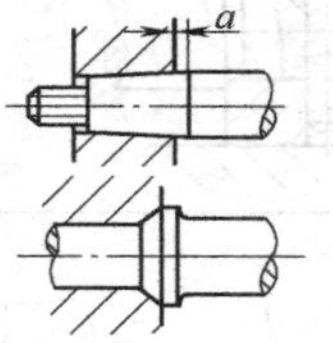	使轴和轴毂能保证紧密配合
圆形的铸件加工面必须与不加工处留有充分的间隙a	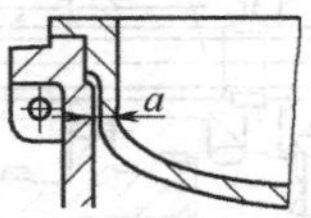	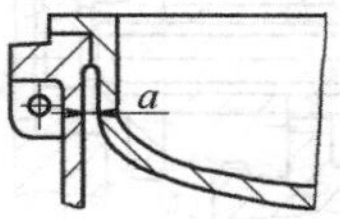	防止铸件圆度有误差，两件相互干涉
定位销的孔应尽可能钻通	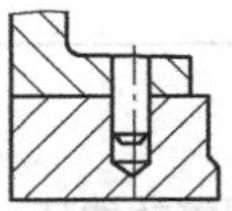	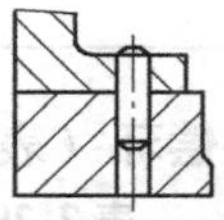	销子容易取出
螺纹端部应倒角	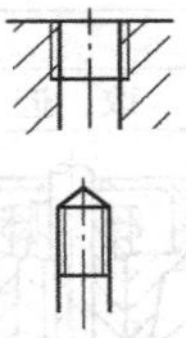	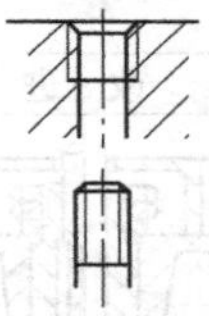	避免装配时将螺纹端部损坏

2.6.3.6　避免装配时的切削加工（表2-28）

表2-28　避免装配时的切削加工

注意事项	图例		说明
	改进前	改进后	
避免装配时的切削加工		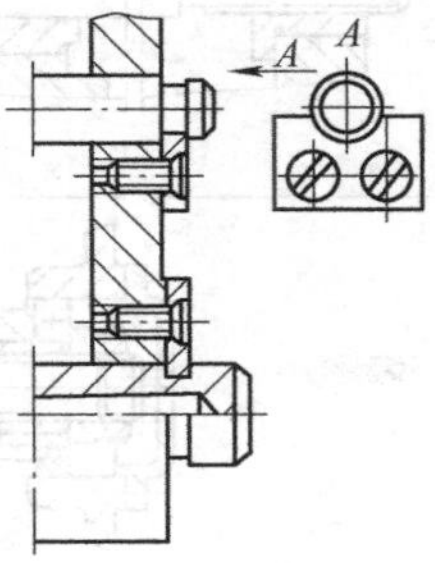	改进前,轴套装上后需钻孔、攻螺纹。改进后的结构则避免了装配时的切削加工
避免装配时的加工	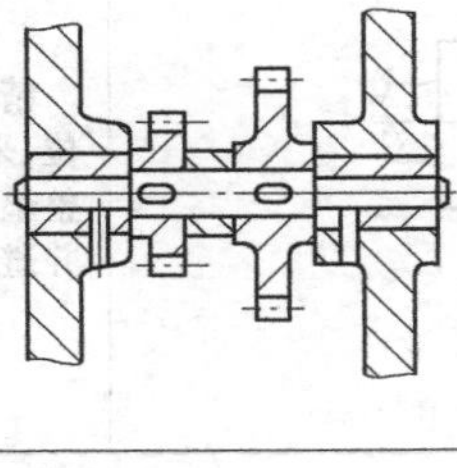	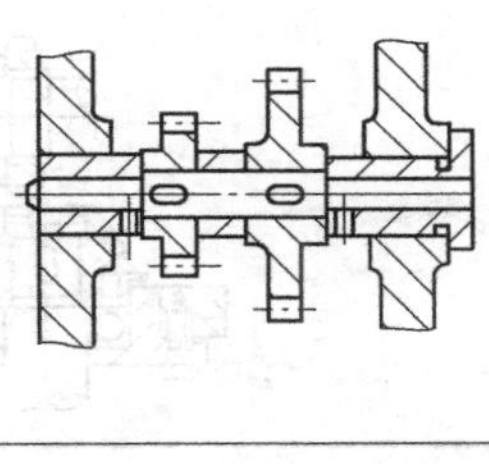	改进前,轴套上油孔需在装配后与箱体一起配钻。改进后,油孔改在轴套上,装配前预先钻出

（续）

注意事项	图例		说　明
	改进前	改进后	
避免装配时的加工	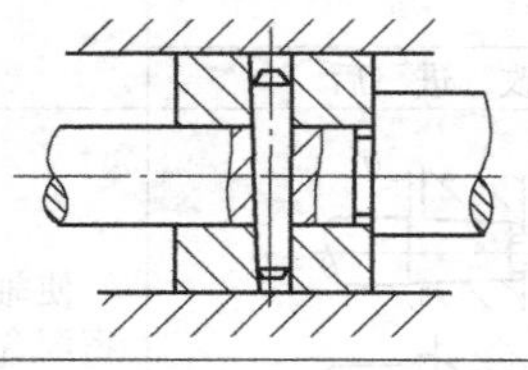	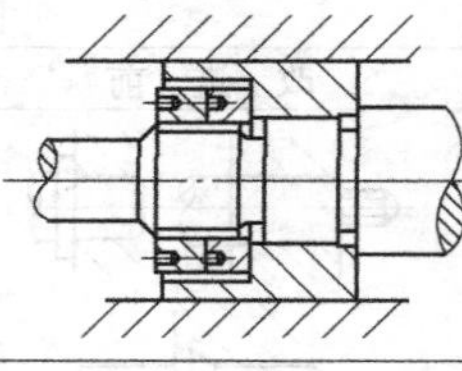	将活塞上配钻销孔的销钉连接改为螺纹连接
	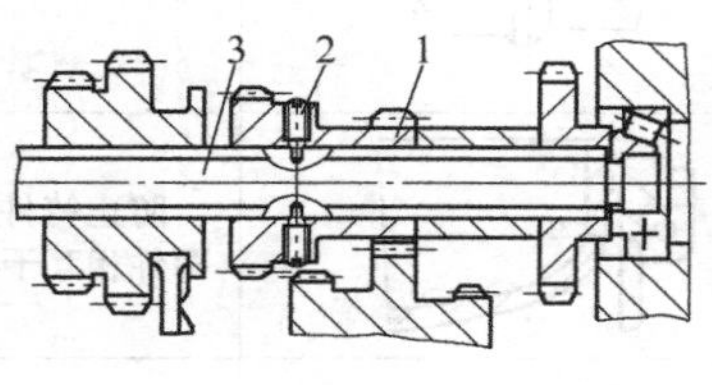	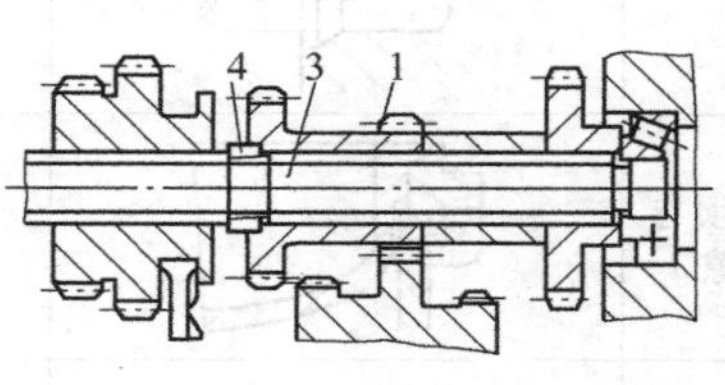	改进前，齿轮1上两定位螺钉2在花键轴3上的定位孔需在装配时钻出；改进后花键轴上增加一沉割槽，用两只半圆隔套4实现齿轮1的轴向定位，避免了装配时的机加工配作

2.6.3.7　选择合理的调整补偿环（表2-29）

表2-29　选择合理的调整补偿环

注意事项	图例		说　明
	改进前	改进后	
在零件的相对位置需要调整的部位，应设置调整补偿环，以补偿尺寸链误差，简化装配工作	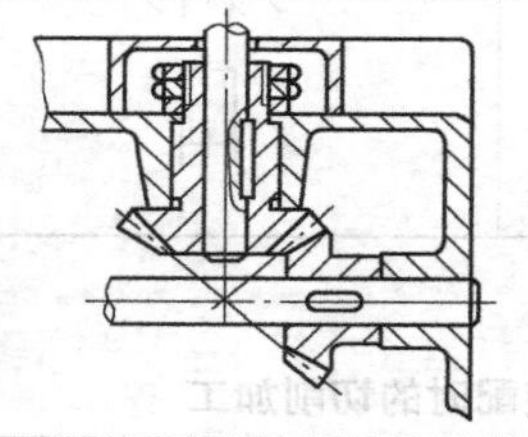	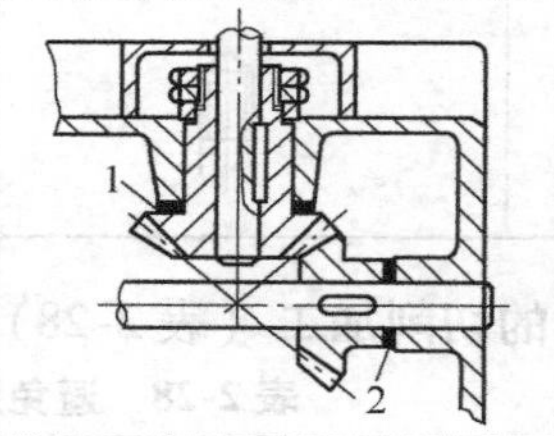	改进前锥齿轮的啮合要靠反复修配支承面来调整；改进后可靠修磨调整垫1和2的厚度来调整
	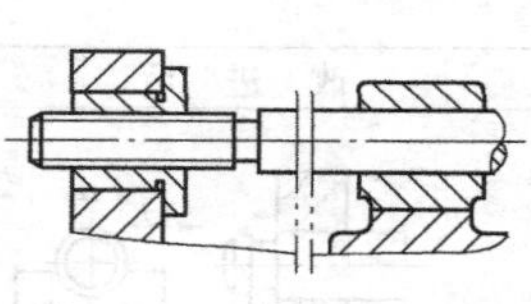	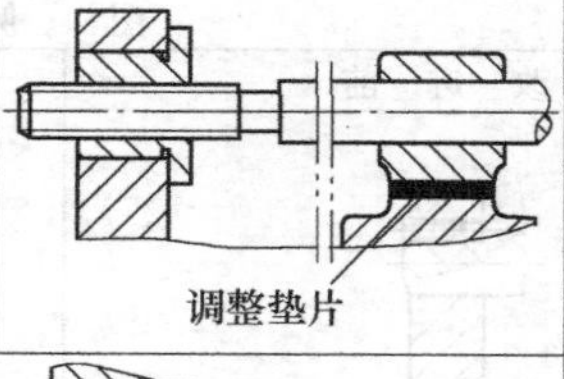	用调整垫片来调整丝杠支承与螺母的同轴度
调整补偿环应考虑测量方便	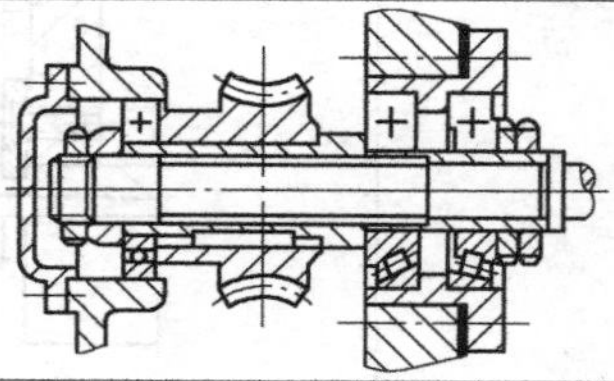		调整垫尽可能布置在易于拆卸的部位
调整补偿环应考虑调整方便	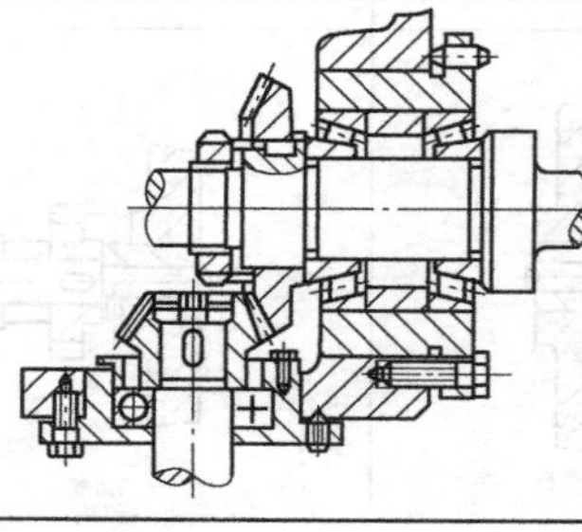		精度要求不太高的部位，采用调整螺钉代替调整垫，可省去修磨垫片，并避免孔的端面加工

2.6.3.8 减少修整外形的工作量（表2-30）

表2-30 减少修整外形的工作量

注意事项	图例		说明
	改进前	改进后	
部件接合处，可适当采用装饰性凸边	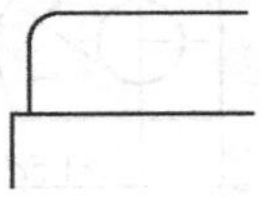	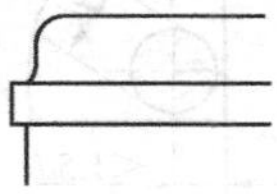	装饰性凸边可掩盖外形不吻合误差，减少加工和整修外形的工作量
铸件外形结合面的圆滑过渡处，应避免作为分型面	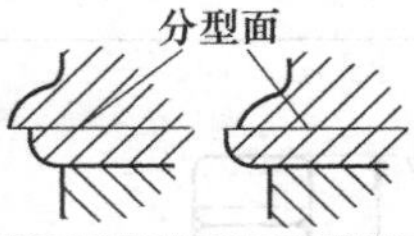 分型面	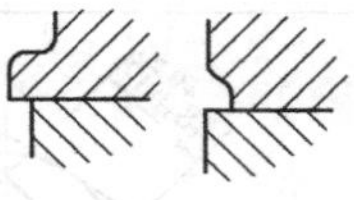	在圆滑过渡处作分型面，当砂箱偏移时，就需要修整外观
零件上的装饰性肋条应避免直接对缝连接	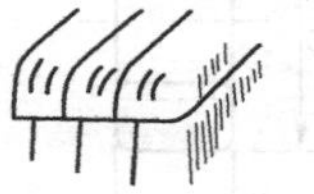	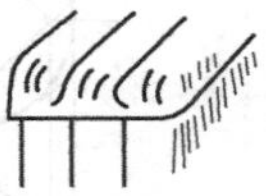	装饰性肋条直接对缝很难对准，反而影响外观整齐
不允许一个罩（或盖）同时与两个箱体或部件相连	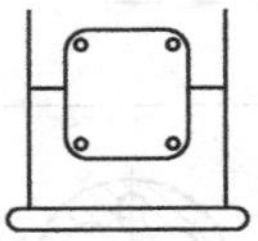	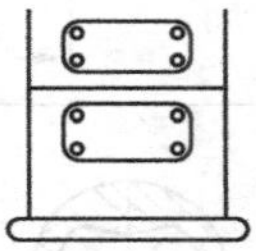	同时与两件相连时，需要加工两个平面，装配时也不易找正对准，外观不整齐
在冲压的罩、盖、门上适当布置凸条			在冲压的零件上适当布置凸条，可增加零件刚性，并具有较好的外观
零件的轮廓表面，尽可能具有简单的外形，并圆滑地过渡			床身、箱体、外罩、盖、小门等零件，尽可能具有简单外形，便于制造装配，并可使外形很好地吻合

2.6.4 零件结构的热处理工艺性

2.6.4.1 防止热处理零件开裂的结构要求（表2-31）

表2-31 防止热处理零件开裂的结构要求

结构要求	图例		说明
	改进前	改进后	
避免孔距离边缘太近，以减少热处理开裂	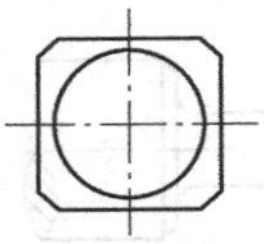	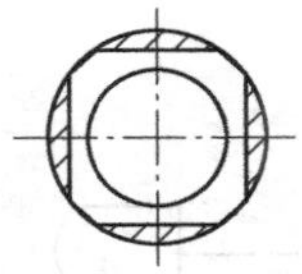	避免危险尺寸或太薄的边缘。当零件要求必须是薄边时，应在热处理后成形（加工去除多余部分）
	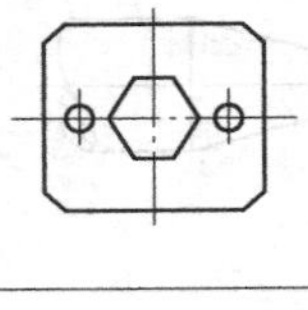	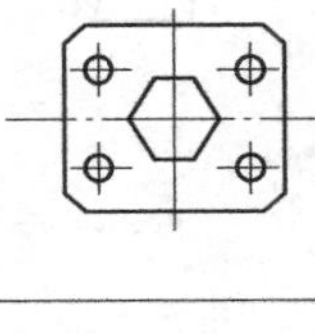	改变冲模螺孔的数量和位置，减小淬裂倾向

（续）

结构要求	图例		说明
	改进前	改进后	
避免孔距离边缘太近，以减少热处理开裂	d $<1.5d$	d $>1.5d$	结构允许时，孔距离边缘应不小于1.5d
	$48^{+0.50}_{+0.17}$ $48^{+0.50}_{+0.17}$ $64^{+0.5}_{0}$ $75^{0}_{-0.4}$	86.5 40	原设计尺寸为 $64^{+0.5}_{0}$ mm，角上易出现裂纹，现改为 $60^{+0.5}_{0}$ mm，增加了壁厚，大为减小了淬裂倾向
避免结构尺寸厚薄悬殊，以减少变形或开裂			加开工艺孔使零件断面较均匀
			变不通孔为通孔
避免尖角、棱角	高频淬火表面 高频淬火表面	高频淬火表面 C2 高频淬火表面	两平面交角处应有较大的圆角或倒角，并有5～8mm不能淬硬
		C2 C2	为避免锐边尖角在热处理时熔化或过热，在槽或孔的边上应有2～3mm的倒角（与轴线平行的键槽可不倒角）
避免断面突变，增大过渡圆角，减少开裂			断面过渡处应有较大的圆弧半径
			结构允许时可设计成过渡圆锥

（续）

结构要求	图例		说明
	改进前	改进后	
避免断面突变，增大过渡圆角，减少开裂	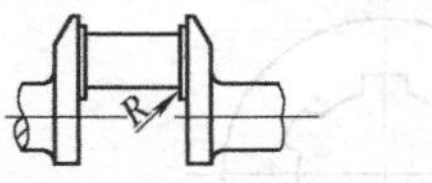 R	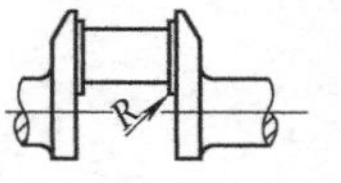 R	增大曲轴轴颈的圆角，且必须规定淬硬要包括圆角部分，否则曲轴的疲劳强度显著降低
防止螺纹脆裂	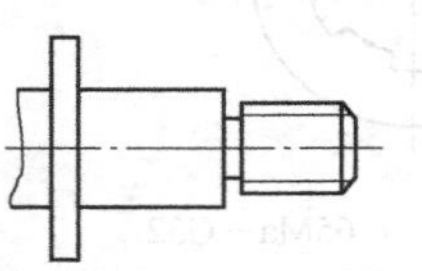	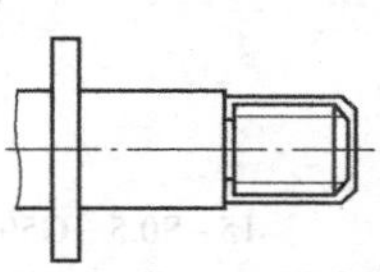	螺纹在淬火前已车好，则在淬火时用石棉泥、铁丝包扎防护，或用耐火泥调水玻璃防护

2.6.4.2　防止热处理零件变形及硬度不均的结构要求（表 2-32）

表 2-32　防止热处理零件变形及硬度不均的结构要求

结构要求	图例		说明
	改进前	改进后	
零件形状应力求对称，以减小变形	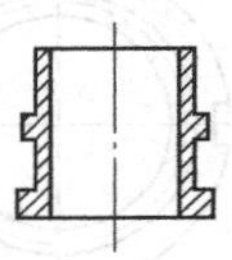	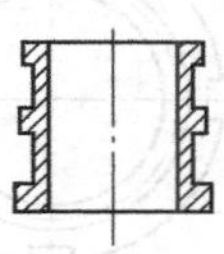	一端有凸缘的薄壁套类零件渗氮后变形成喇叭口，在另一端增加凸缘后变形大为减小
	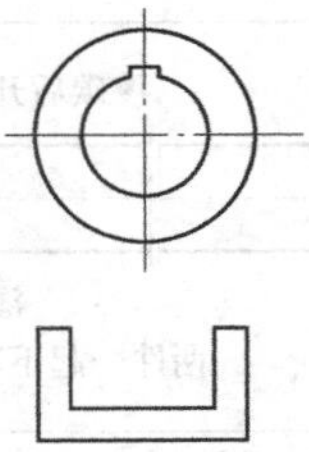	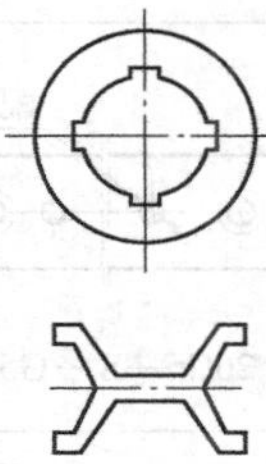	几何形状在允许条件下，力求对称。如图例为 T611A 机床渗氮摩擦片和坐标镗床精密刻线尺
零件应具有足够的刚度	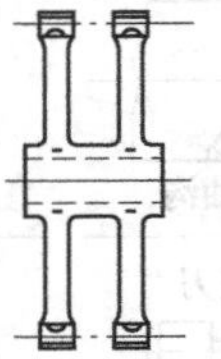	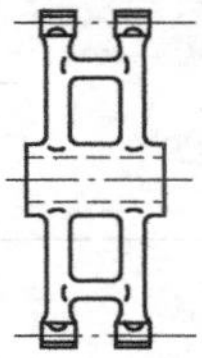	该杠杆为铸件，杆臂较长，铸造及热处理时均易变形。加上横梁后，增加了刚度，变形减小
采用封闭结构	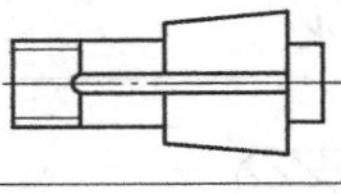	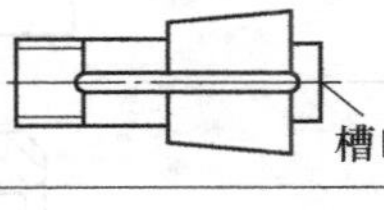 槽口	弹簧夹头都采用封闭结构，淬火、回火后再切开槽口
对易变形开裂的零件应改选合适的材料	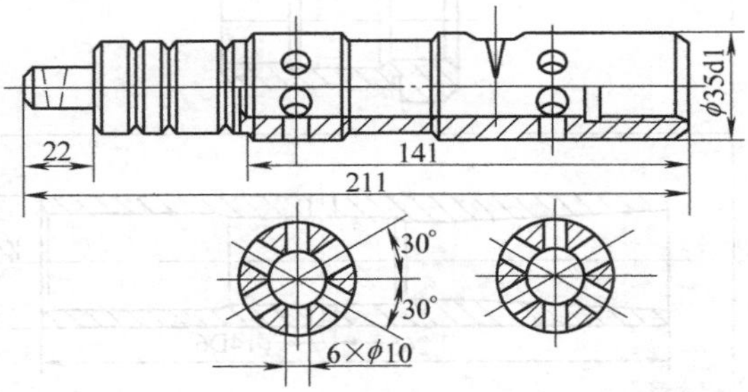 22 141 211 ϕ35d1 30° 30° 6×ϕ10		原设计用 45 钢，水淬后，6×ϕ10mm 处易开裂，整个工件弯曲变形，且不易校直。改用 40Cr 钢制造，油淬，减小了变形、开裂倾向

（续）

结构要求	图例		说　明
	改进前	改进后	
对易变形开裂的零件应改选合适的材料	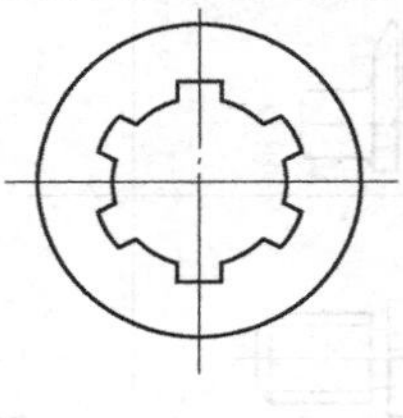 15—S0.5—G59	65Ma—G52	摩擦片原用15钢，渗碳淬火时须有专用夹具，合格率较低，改用65Mn钢感应加热油淬，夹紧回火，避免了变形超差
	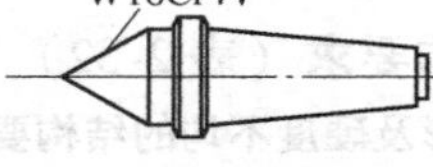 W18Cr4V	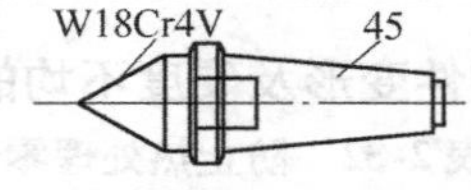 W18Cr4V　45	此件两部分工作条件不同，设计成组合结构，既提高工艺性，又节约高合金钢材料
合理调整加工工序，改善热处理工艺性，保证了质量	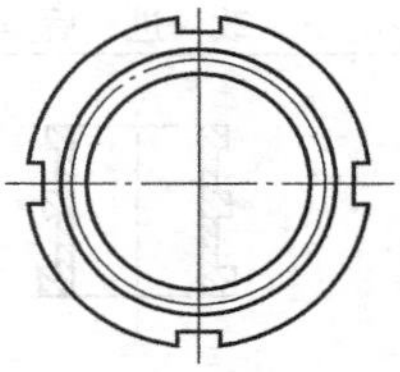	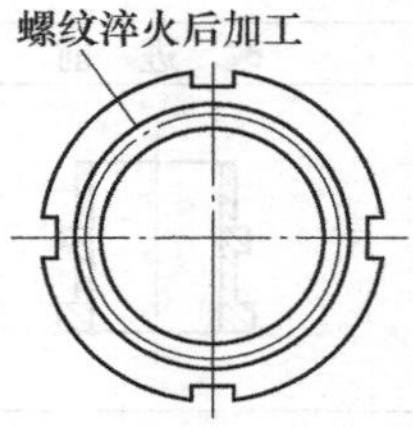 螺纹淬火后加工	锁紧螺母，要求槽口部分35～40HRC，全部加工后淬火，内螺纹产生变形。应在槽口局部高频感应加热淬火后再车内螺纹
	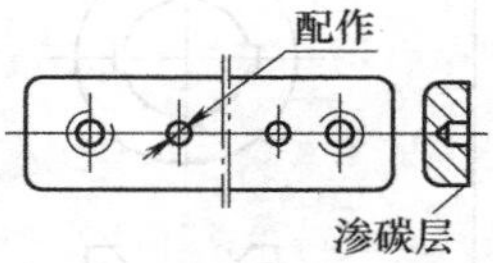 配作 渗碳层 20Cr—S—G59	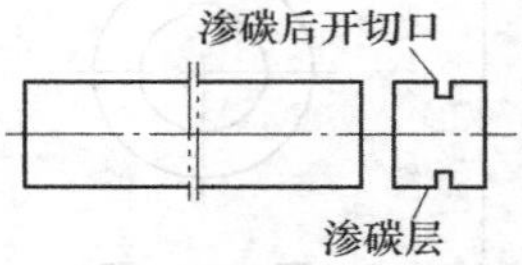 渗碳后开切口 渗碳层 两件一起下料	改进前，有配作孔的一面去掉渗碳层，形成碳层不对称，淬火后必然翘曲；改为两件一起下料，渗碳后开切口，淬火后再切成单件
	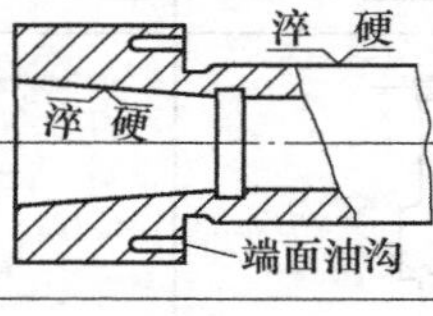 淬　硬 淬　硬 端面油沟		龙门铣床主轴的端面油沟先车出来，淬火时易开裂。改成整体淬火，外圆局部高频感应加热退火后再加工油沟
	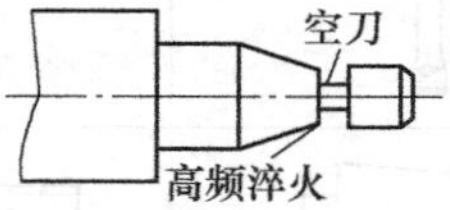 空刀 高频淬火		紧靠小直径处较深的空刀应淬火后车出
适当调整零件热处理前的加工余量，既满足热处理工艺性，又保证质量	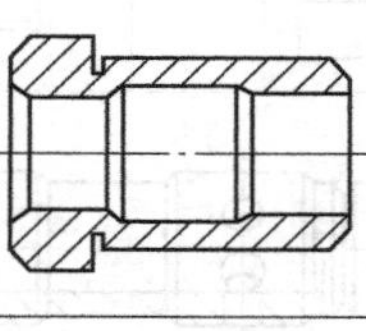		渗碳淬火后，缩孔达0.15～0.20mm，按常规留磨量淬火，变形后磨量超差。改为预先只留0.1～0.15mm磨量，淬火后磨量正合乎要求
	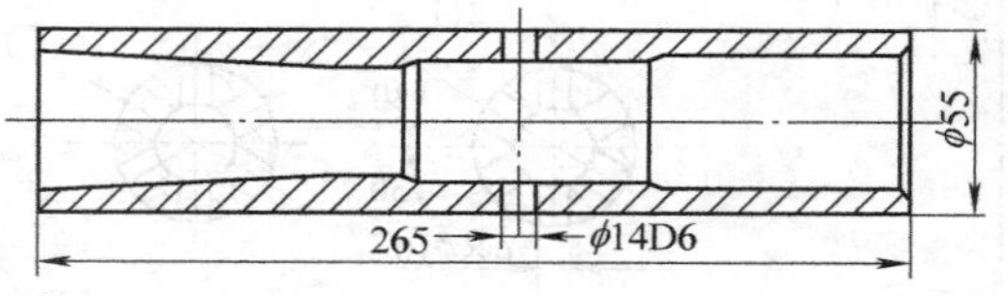 265　ϕ14D6　ϕ55		尾架顶尖套，精度要求不高。淬火后ϕ14D6孔径向缩小，使配件装不下去。在淬火前将ϕ14D6孔加工成$\phi 14^{+0.08}_{+0.12}$mm，解决了问题

（续）

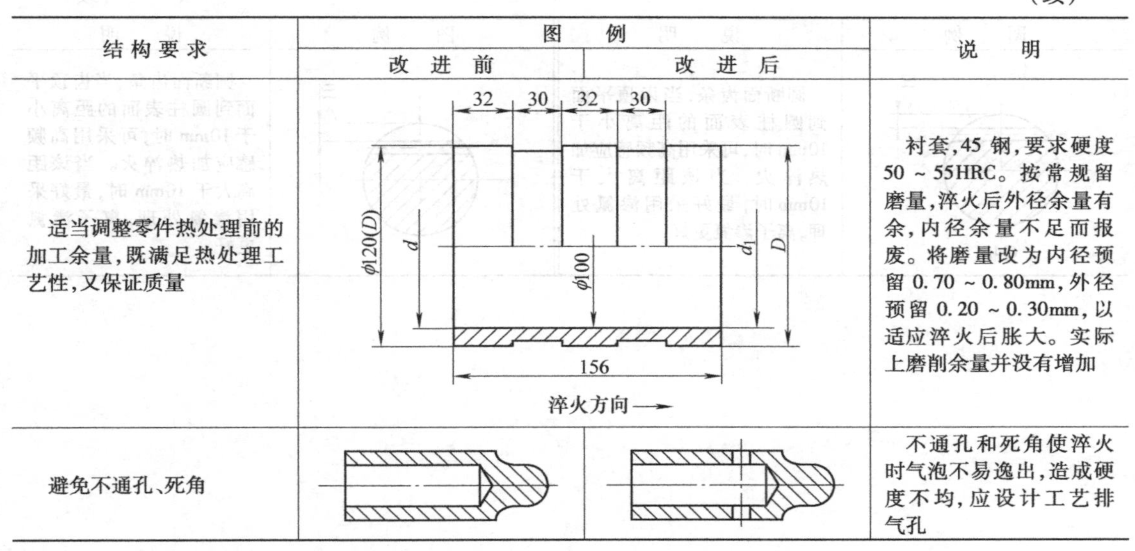

结构要求	图例 改进前	图例 改进后	说明
适当调整零件热处理前的加工余量，既满足热处理工艺性，又保证质量			衬套，45 钢，要求硬度 50 ~ 55HRC。按常规留磨量，淬火后外径余量有余，内径余量不足而报废。将磨量改为内径预留 0.70 ~ 0.80mm，外径预留 0.20 ~ 0.30mm，以适应淬火后胀大。实际上磨削余量并没有增加
避免不通孔、死角			不通孔和死角使淬火时气泡不易逸出，造成硬度不均，应设计工艺排气孔

2.6.4.3　热处理齿轮零件的结构要求（表 2-33）

表 2-33　热处理齿轮零件的结构要求

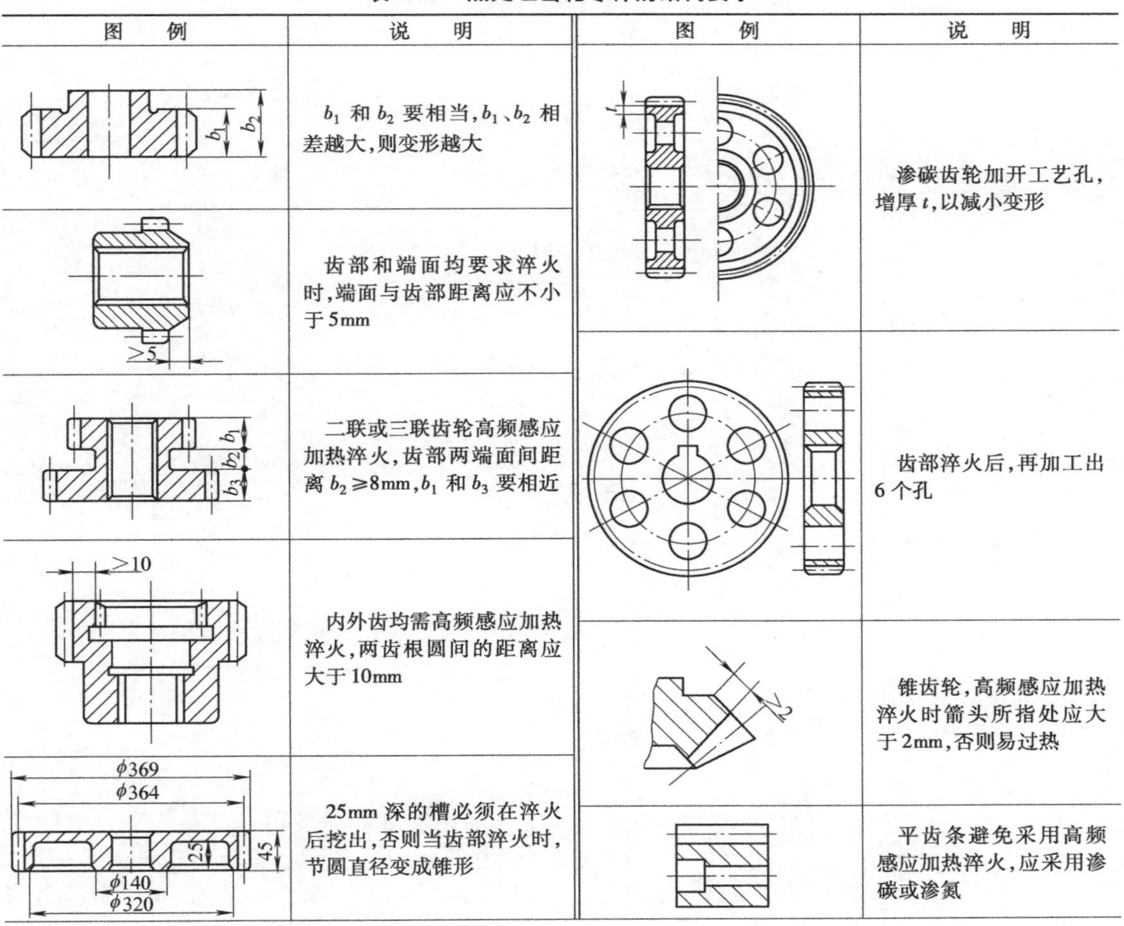

图例	说明	图例	说明
	b_1 和 b_2 要相当，b_1、b_2 相差越大，则变形越大		渗碳齿轮加开工艺孔，增厚 t，以减小变形
	齿部和端面均要求淬火时，端面与齿部距离应不小于 5mm		
	二联或三联齿轮高频感应加热淬火，齿部两端面间距离 $b_2 \geqslant 8$mm，b_1 和 b_3 要相近		齿部淬火后，再加工出 6 个孔
	内外齿均需高频感应加热淬火，两齿根圆间的距离应大于 10mm		锥齿轮，高频感应加热淬火时箭头所指处应大于 2mm，否则易过热
	25mm 深的槽必须在淬火后挖出，否则当齿部淬火时，节圆直径变成锥形		平齿条避免采用高频感应加热淬火，应采用渗碳或渗氮

（续）

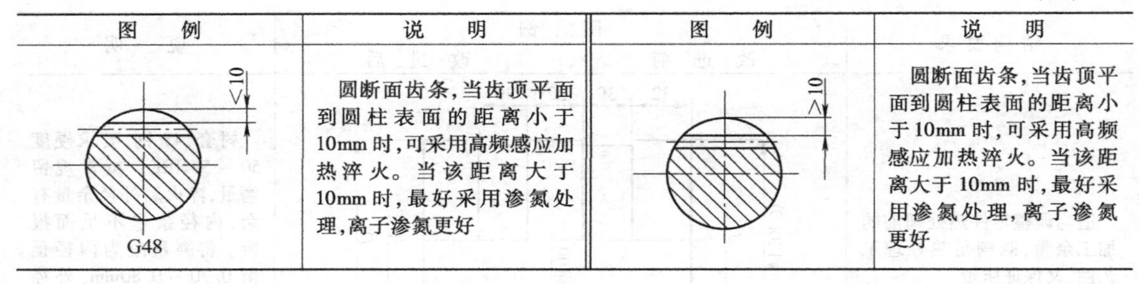

图　　例	说　　明	图　　例	说　　明
	圆断面齿条，当齿顶平面到圆柱表面的距离小于10mm时，可采用高频感应加热淬火。当该距离大于10mm时，最好采用渗氮处理，离子渗氮更好		圆断面齿条，当齿顶平面到圆柱表面的距离小于10mm时，可采用高频感应加热淬火。当该距离大于10mm时，最好采用渗氮处理，离子渗氮更好

第 3 章　机械加工工艺规程的设计

3.1　工艺规程设计要点

3.1.1　设计工艺规程的基本要求

1）工艺规程是直接指导现场生产操作的重要技术文件，应做到正确、完整、统一、清晰。
2）在充分利用本企业现有生产条件的基础上，尽可能采用国内外先进工艺技术和经验。
3）在保证产品质量的前提下，能尽量提高生产率和降低消耗。
4）设计工艺规程必须考虑安全和工业卫生措施。
5）结构特征和工艺特征相近的零件应尽量设计典型工艺规程。
6）各专业工艺规程在设计过程中应协调一致，不得相互矛盾。
7）工艺规程的幅面、格式与填写方法按 JB/T 9165.2 的规定。
8）工艺规程中所用的术语、符号、代号要符合相应标准的规定。
9）工艺规程中的计量单位应全部使用法定计量单位。
10）工艺规程的编号应按 JB/T 9166 的规定。

3.1.2　设计工艺规程的主要依据

1）产品图样及技术条件。
2）产品工艺方案。
3）产品零部件工艺路线表或车间分工明细表。
4）产品生产纲领。
5）本企业的生产条件。
6）有关工艺标准。
7）有关设备和工艺装备资料。
8）国内外同类产品的有关工艺资料。

3.2　工艺规程设计一般程序

3.2.1 零件图样分析

零件图是制订工艺规程的主要资料，在制订工艺规程时，必须首先分析零件图和部分装配图，了解产品的用途、性能及工作条件，熟悉该零件在产品中的功能，找出主要加工表面和主要技术要求。

零件的技术要求分析包括：

1）零件材料、性能及热处理要求。

2）加工表面尺寸精度。

3）主要加工表面形状精度和主要加工表面之间的相互位置精度。

4）加工表面的粗糙度及表面质量方面的要求。

5）其他要求，如毛坯、倒角、倒圆、去毛刺等。

3.2.2　定位基准选择

工件在加工时，用以确定工件对机床及刀具相对位置的表面，称为定位基准。最初工序中所用定位基准，是毛坯上未经加工的表面，称为粗基准。在其后各工序加工中所用定位基准是已加工的表面，称为精基准。

3.2.2.1　粗基准选择原则

1）选用的粗基准应便于定位、装夹和加工，并使夹具结构简单。

2）如果必须首先保证工件加工面与不加工面之间的位置精度要求，则应以该不加工面为粗基准。

3）为保证某重要表面的粗加工余量小而均匀，应选该表面为粗基准。

4）为使毛坯上多个表面的加工余量相对较为均匀，应选能使其余毛坯面至所选粗基准的位置误差得到均分的这种毛坯面为粗基准。

5）粗基准面应平整，没有浇口、冒口或飞边等缺陷，以便定位可靠。

6）粗基准一般只能使用一次（尤其主要定位基准），以免产生较大的位置误差。

3.2.2.2　精基准选择原则

1）所选定位基准应便于定位，装夹和加工，要有足够的定位精度。

2）基准统一原则。当工件以某一组精基准定位，可以比较方便地加工其余多数表面时，应在这些表面的加工各工序中，采用这同一组基准来定位的方法。这样减少工装设计和制造，避免基准转换误差，提高生产率。

3）基准重合原则。表面最后精加工需保证位置精度时，应选用设计基准为定位基准的方法，称为基准重合原则。在用基准统一原则定位，而不能保证其位置精度的那些表面的精加工时，必须采用基准重合原则。

4）自为基准原则。当有的表面精加工工序要求余量小而均匀时，可利用被加工表面本身作为定位基准的方法，称为自为基准原则。此时的位置精度要求由先行工序保证。

3.2.3　零件表面加工方法的选择

零件表面的加工，应根据这些表面的加工要求和零件的结构特点及材料性质等因素选用相应的加工方法。

在选择某一表面的加工方法时，一般总是首先选定它的最终加工方法，然后再逐一选定各有关前导工序的加工方法。

各种生产类型的主要工艺特点参见表2-1，各类表面的加工方案及适用范围参见表2-2～表2-4。

3.2.4　加工顺序的安排

3.2.4.1　加工阶段的划分

按加工性质和作用的不同，工艺过程一般可划分为三个加工阶段：

（1）粗加工阶段

主要是切除各加工表面上的大部分余量，所用精基准的精加工则在本阶段的最初工序中完成。

（2）半精加工阶段

为各主要表面的精加工做好准备（达到一定精度要求，并留有精加工余量），并完成一些次要表面的加工。

（3）精加工阶段

使各主要表面达到规定的质量要求。某些精密零件加工时还有精整（超精磨、镜面磨、研磨和超精加工等）或光整（滚压、抛光等）加工阶段。

下列情况可以不划分加工阶段，加工质量要求不高或虽然加工质量要求较高，但毛坯刚性好，精度高的零件，就可以不划分加工阶段，特别是用加工中心加工时，对于加工要求不太高的大型、重型工件，在一次装夹中完成粗加工和精加工，也往往不划分加工阶段。

划分加工阶段的作用有以下几点：

1）避免毛坯内应力重新分布而影响获得的加工精度。

2）避免粗加工时较大的夹紧力和切削力所引起的弹性变形和热变形对精加工的影响。

3）粗、精加工阶段分开，可较及时地发现毛坯的缺陷。

4）可以合理使用机床，使精密机床能较长期地保持其精度。

5）适应加工过程中安排热处理的需要。

3.2.4.2　工序的合理组合

确定加工方法以后，就要按生产类型、零件的结构特点和技术要求、机床设备等具体生产条件确定工艺过程的工序数。确定工序数有两种基本原则：

（1）工序分散原则

工序多，工艺过程长，每个工序所包含的加工内容很少，极端情况下每个工序只有一个工步。所使用的工艺设备与装备比较简单，易于调整和掌握，有利于选用合理的切削用量，减少基本时间，生产中要求设备数量多，生产面积大，但易于更换产品。

（2）工序集中原则

零件的各个表面的加工集中在少数几个工序内完成，每个工序的内容和工步都较多，有利于采用高效的专用设备和工艺装备，生产率高。使生产计划和生产组织工作得到简化，生产面积和操作工人数量减少，工件装夹次数减少，辅助时间缩短，加工表面间的位置精度易于保证。但设备、工装投资大，调整、维护复杂，生产准备工作量大，更换新产品困难。

批量小时，往往采用在通用机床上工序集中的原则；批量大时，既可按工序分散原则组织流水线生产，也可利用高生产率的专用设备按工序集中原则组织生产。

3.2.4.3 加工顺序的安排

零件加工顺序的安排原则见表3-1。

表3-1 工序安排原则

工序类别	工 序	安 排 原 则
机械加工		1）对于形状复杂、尺寸较大的毛坯或尺寸偏差较大的毛坯，应首先安排划线工序，为精基准加工提供找正基准 2）按“先基面后其他”的顺序，首先加工精基准面 3）在重要表面加工前应对精基准进行修正 4）按“先主后次、先粗后精”的顺序，对精度要求较高的各主要表面进行粗加工、半精加工和精加工 5）对于与主要表面有位置精度要求的次要表面应安排在主要表面加工之后加工 6）对于易出现废品的工序，精加工和光整加工可适当提前，一般情况主要表面的精加工和光整加工应放在最后阶段进行
热处理	退火与正火	属于毛坯预备性热处理，应安排在机械加工之前进行
	时 效	为了消除残余应力，对于尺寸大、结构复杂的铸件，需在粗加工前、后各安排一次时效处理；对于一般铸件在铸造后或粗加工后安排一次时效处理；对于精度要求高的铸件，在半精加工前、后各安排一次时效处理；对于精度高、刚度差的零件，在粗车、粗磨、半精磨后各需安排一次时效处理
	淬 火	淬火后工件硬度提高且易变形，应安排在精加工阶段的磨削加工前进行
	渗 碳	渗碳易产生变形，应安排在精加工前进行，为控制渗碳层厚度，渗碳前需要安排精加工
	渗 氮	一般安排在工艺过程的后部、该表面的最终加工之前。渗氮处理前应调质
辅助工序	中间检验	一般安排在粗加工全部结束之后，精加工之前；送往外车间加工的前后（特别是热处理前后）；花费工时较多和重要工序的前后
	特种检验	荧光检验、磁力探伤主要用于表面质量的检验，通常安排在精加工阶段。荧光检验如用于检查毛坯的裂纹，则安排在加工前
	表面处理	电镀、涂层、发蓝、氧化、阳极化等表面处理工序一般安排在工艺过程的最后进行

3.2.5 工序尺寸的确定

（1）工序尺寸确定的方法

1）对外圆和内孔等简单加工的情况，工序尺寸可由后续加工的工序尺寸加上（对被包容面）或减去（对包容面）工序余量而求得，工序公差按所用加工方法的经济精度选定。

2）当工件上的位置尺寸精度或技术要求在工艺过程中是由两个甚至更多的工序所间接保证时，需通过尺寸链计算，来确定有关工序尺寸、公差及技术要求。

3）对于同一位置尺寸方向有较多尺寸，加工时定位基准又需多次转换的工件（如轴类、套筒类等），由于工序尺寸相互联系的关系较复杂（如某些设计尺寸作为封闭环被间接保证，加工余量有误差累积），就需要从整个工艺过程的角度用工艺尺寸链作综合计算，以求出各工序尺寸、公差及技术要求。

（2）工艺尺寸链的计算及基本类型

1）尺寸链的计算参数见表3-2。

表3-2　尺寸链的计算参数

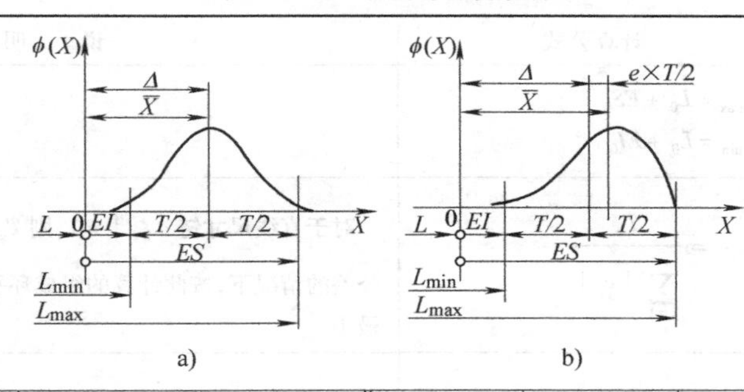

a)　　b)

序　号	符　号	含　义	序　号	符　号	含　义
1	L	基本尺寸	11	m	组成环环数
2	$L_{\max}$	最大极限尺寸	12	ξ	传递系数
3	$L_{\min}$	最小极限尺寸	13	k	相对分布系数
4	ES	上偏差	14	e	相对不对称系数
5	EI	下偏差	15	T_{av}	平均公差
6	X	实际偏差	16	T_L	极值公差
7	T	公差	17	T_S	统计公差
8	Δ	中间偏差	18	T_Q	平方公差
9	$\overline{X}$	平均偏差	19	T_E	当量公差
10	$\phi(X)$	概率密度函数			

2）尺寸链的计算公式见表3-3。

表3-3　尺寸链的计算公式表

序号	计算内容		计算公式	说　明
1	封闭环基本尺寸		$L_0=\sum\limits_{i=1}^{m}\xi_i L_i$	下角标“0”表示封闭环，“i”表示组成环及其序号。下同
2	封闭环中间偏差		$\Delta_0=\sum\limits_{i=1}^{m}\xi_i\left(\Delta_i+e_i\dfrac{T_i}{2}\right)$	当 $e_i=0$ 时，$\Delta_0=\sum\limits_{i=1}^{m}\xi_i\Delta_i$
3	封闭环公差	极值公差	$T_{0L}=\sum\limits_{i=1}^{m}\lvert\xi_i\rvert T_i$	在给定各组成环公差的情况下，按此计算的封闭环公差 T_{0L}，其公差值最大
		统计公差	$T_{0S}=\dfrac{1}{k_0}\sqrt{\sum\limits_{i-1}^{m}\xi_i^2k_i^2T_i^2}$	当 $k_0=k_i=1$ 时，得平方公差 $T_{0Q}=\sqrt{\sum\limits_{i=1}^{m}\xi_i^2T_i^2}$，在给定各组成环公差的情况下，按此计算的封闭环平方公差 T_{0Q}，其公差值最小 使 $k_0=1,k_i=k$ 时，得当量公差 $T_{0E}=k\sqrt{\sum\limits_{i=1}^{m}\xi_i^2T_i^2}$，它是统计公差 T_{0S} 的近似值。其中 $T_{0L}>T_{0S}>T_{0Q}$
4	封闭环极限偏差		$ES_0=\Delta_0+\dfrac{1}{2}T_0$ $EI_0=\Delta_0-\dfrac{1}{2}T_0$	

（续）

序号	计算内容		计算公式	说　明
5	封闭环极限尺寸		$L_{0\max} = L_0 + ES_0$ $L_{0\min} = L_0 + EI_0$	
6	组成环平均公差	极值公差	$T_{av,L} = \dfrac{T_0}{\sum_{i=1}^{m} \lvert \xi_i \rvert}$	对于直线尺寸链 $\lvert \xi_i \rvert = 1$，则 $T_{av,L} = \dfrac{T_0}{m}$。在给定封闭环公差的情况下，按此计算的组成环平均公差 $T_{av,L}$，其公差值最小
		统计公差	$T_{av,S} = \dfrac{k_0 T_0}{\sqrt{\sum_{i=1}^{m} \xi_i^2 k_i^2}}$	当 $k_0 = k_i = 1$ 时，得组成环平均平方公差 $T_{av,Q} = \dfrac{T_0}{\sqrt{\sum_{i=1}^{m} \xi_i^2}}$；直线尺寸链 $\lvert \xi_i \rvert = 1$，则 $T_{av,Q} = \dfrac{T_0}{\sqrt{m}}$在给定封闭环公差的情况下，按此计算的组成环平均平方公差 $T_{av,Q}$，其公差值最大 使 $k_0 = 1$，$k_i = k$ 时，得组成环平均当量公差 $T_{av,E} = \dfrac{T_0}{k\sqrt{\sum_{i=1}^{m} \xi_i^2}}$；直线尺寸链 $\lvert \xi_i \rvert = 1$，则 $$T_{av,E} = \dfrac{T_0}{k\sqrt{m}}$$ 它是统计公差 $T_{av,S}$ 的近似值，其中 $T_{av,L} < T_{av,S} < T_{av,Q}$
7	组成环极限偏差		$ES_i = \Delta_i + \dfrac{1}{2}T_i$ $EI_i = \Delta_i - \dfrac{1}{2}T_i$	
8	组成环极限尺寸		$L_{i\max} = L_i + ES_i$ $L_{i\min} = L_i + EI_i$	

注：1. 各组成环在其公差带内按正态分布时，封闭环亦必按正态分布；各组成环具有各自不同分布时，只要组成环数不太小（$m \geqslant 5$），各组成环分布范围相差又不太大时，封闭环也趋近正态分布。因此，通常取 $e_0 = 0$，$k_0 = 1$。

2. 当组成环环数较小（$m < 5$），各组成环又不按正态分布时，封闭环亦不同于正态分布；计算时没有参考的统计数据，可取 $e_0 = 0$，$k_0 = 1.1 \sim 1.3$。

3）工艺尺寸链的基本类型。

① 工艺尺寸换算：

a. 基准不重合时工艺尺寸的换算。表3-4所示零件是一个有孔中心距要求的轴承座，加工孔时有三种不同方案。当基准不重合时，需进行工艺尺寸换算。

b. 走刀次序与走刀方式不同时工艺尺寸的换算。如加工阶梯轴时，虽然基准不变，加工方法相同，但由于走刀次序和走刀方式不同，也要进行工艺尺寸换算（表3-5）。

c. 定程控制尺寸精度所要求的工艺尺寸换算。由于工件装夹方式不同，或者应用刀具和走刀定程方式不同，应根据加工条件进行工艺尺寸换算（表3-6）。

表3-4　基准不重合时工艺尺寸换算

加工方案	以底面 B 为基准，一次装夹，先镗 C，再以 C 为基准调整对刀，镗孔 D	以底面 B 为基准，在两台机床上分别镗两孔	上、下表面 A、B 加工后，先以底面 B 为基准加工孔 C，再以表面 A 为基准加工孔 D
简图			
工艺尺寸换算		$T_{0L}=\sum_{i=1}^{2}T_i=T_b+T_d$ $=\pm0.1\text{mm}$ 设 $T_b=T_d=T_{av,L}$ $T_{av,L}=\frac{T_{0L}}{2}=\pm0.05\text{mm}$ 加工 C 孔的工艺尺寸：$b\pm0.05\text{mm}$ 加工 D 孔的工艺尺寸：$d\pm0.05\text{mm}$	$T_{0L}=\sum_{i=1}^{3}T_i$ $=T_a+T_b+T_e$ $=\pm0.1\text{mm}$ 设 $T_a=\pm0.04\text{mm}$，则 $T_b=T_e=\pm0.03\text{mm}$ A、B 面距离尺寸：$a\pm0.04\text{mm}$ 加工 C 孔的工艺尺寸：$b\pm0.03\text{mm}$ 加工 D 孔的工艺尺寸：$e\pm0.03\text{mm}$
说明	工序尺寸与设计尺寸完全相符，不进行工艺尺寸换算	尺寸 d 在原设计图上没有，需通过工艺尺寸换算求得。由于两次装夹分别加工，为了保证孔中心距尺寸精度，需压缩原设计尺寸的公差	需计算新的工艺尺寸 e，并且根据孔中心距的公差重新确定 a、b、e 的公差

表3-5　走刀次序与走刀方式不同时的工艺尺寸换算

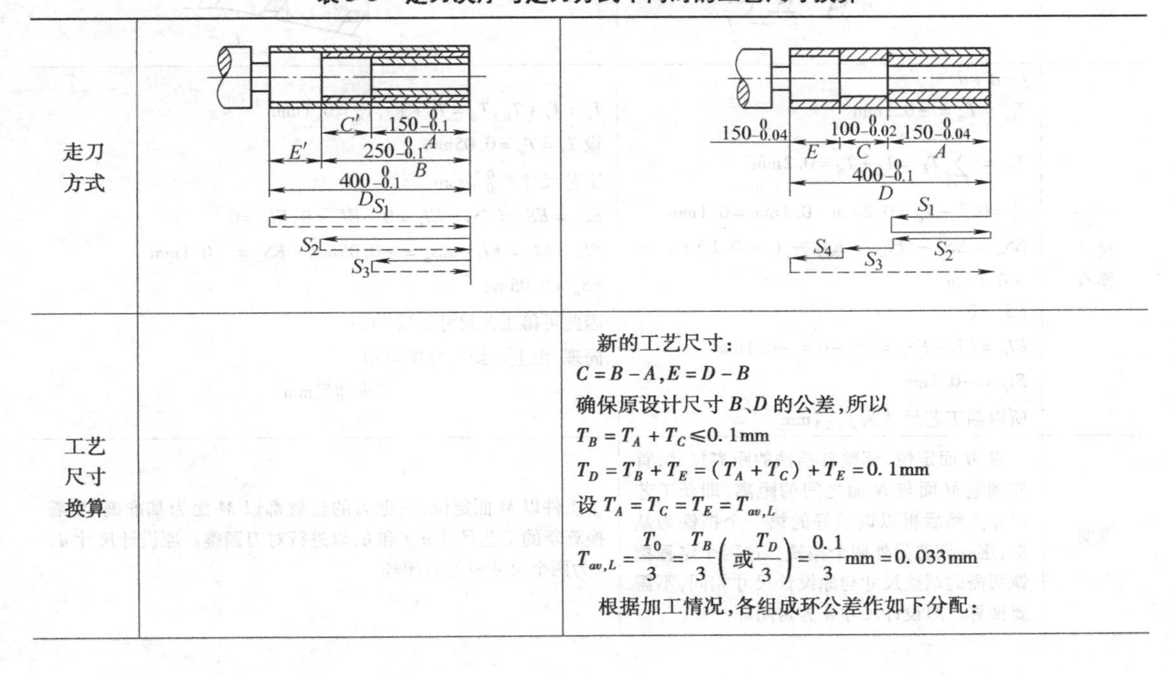

走刀方式		
工艺尺寸换算		新的工艺尺寸： $C=B-A$，$E=D-B$ 确保原设计尺寸 B、D 的公差，所以 $T_B=T_A+T_C\leqslant0.1\text{mm}$ $T_D=T_B+T_E=(T_A+T_C)+T_E=0.1\text{mm}$ 设 $T_A=T_C=T_E=T_{av,L}$ $T_{av,L}=\frac{T_0}{3}=\frac{T_B}{3}\left(或\frac{T_D}{3}\right)=\frac{0.1}{3}\text{mm}=0.033\text{mm}$ 根据加工情况，各组成环公差作如下分配：

（续）

工艺尺寸换算		$T_A = T_E = 0.04\text{mm}, T_C = 0.02\text{mm}$ $T_B = T_A + T_C = 0.06\text{mm}$ 验算各组成环的极限偏差： $ES_B = ES_A + ES_C = 0 + ES_C = 0, ES_C = 0$ $EI_B = EI_A + EI_C = -0.04\text{mm} + EI_C = -0.06\text{mm}$ $EI_C = -0.02\text{mm}$ 新工艺尺寸为 $C_{-0.02}^{\ 0}$mm 同理得 $E_{-0.04}^{\ 0}$mm
说明	走刀方式 S_1、S_2、S_3 按阶梯递增，工作行程等于空行程，刀具移动距离大，生产率低。工艺尺寸不需换算	走刀长度缩短，生产率高。但原设计尺寸 B、D 间接获得，新工艺尺寸 C、E 需经换算。为保证原设计尺寸公差，各个尺寸的制造公差有所压缩，增加了加工难度

表 3-6　定程控制尺寸精度所要求的工艺尺寸换算

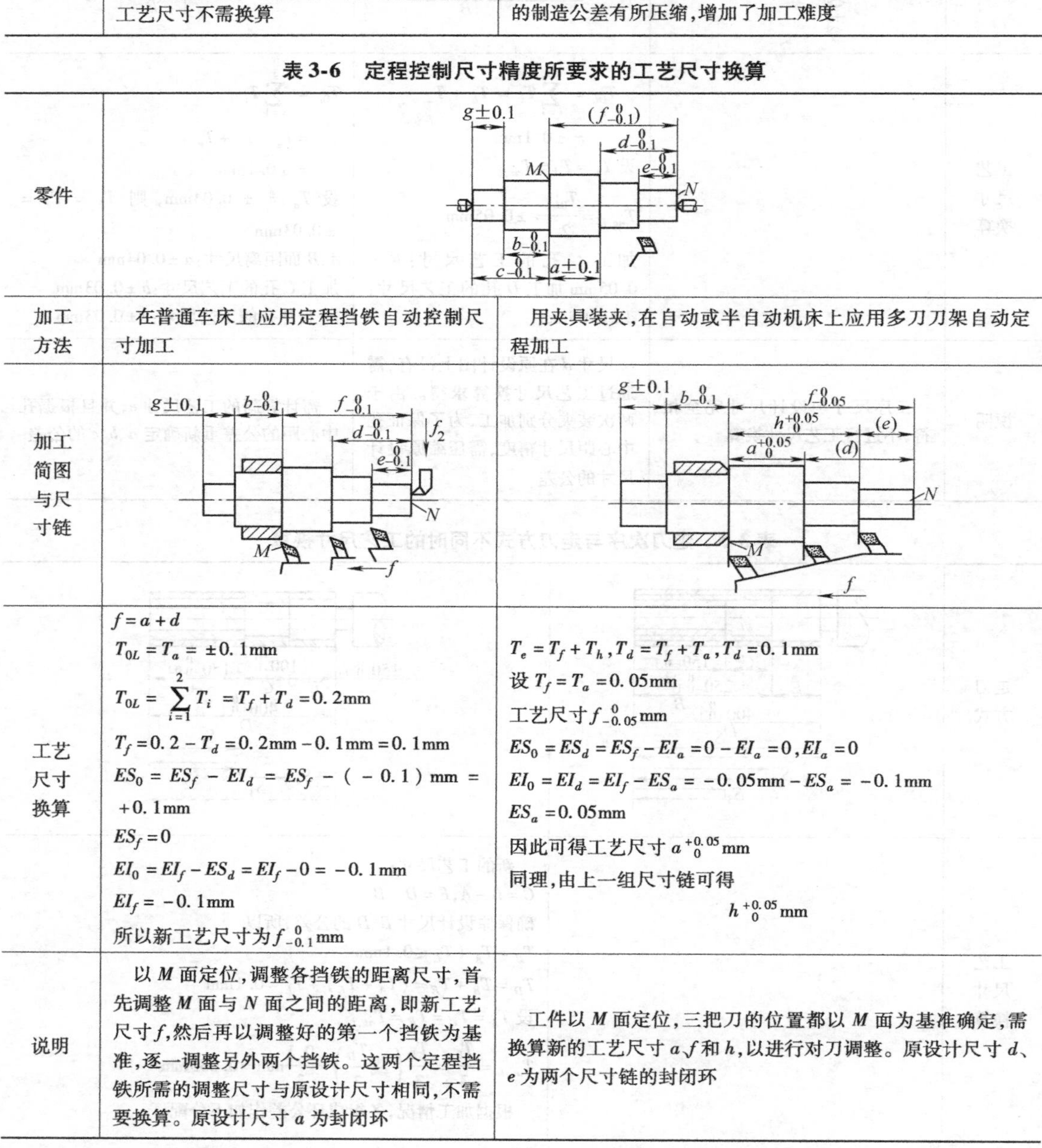

零件		
加工方法	在普通车床上应用定程挡铁自动控制尺寸加工	用夹具装夹，在自动或半自动机床上应用多刀刀架自动定程加工
加工简图与尺寸链		
工艺尺寸换算	$f = a + d$ $T_{0L} = T_a = \pm 0.1\text{mm}$ $T_{0L} = \sum_{i=1}^{2} T_i = T_f + T_d = 0.2\text{mm}$ $T_f = 0.2 - T_d = 0.2\text{mm} - 0.1\text{mm} = 0.1\text{mm}$ $ES_0 = ES_f - EI_d = ES_f - (-0.1)\text{mm} = +0.1\text{mm}$ $ES_f = 0$ $EI_0 = EI_f - ES_d = EI_f - 0 = -0.1\text{mm}$ $EI_f = -0.1\text{mm}$ 所以新工艺尺寸为 $f_{-0.1}^{\ 0}$mm	$T_e = T_f + T_h, T_d = T_f + T_a, T_d = 0.1\text{mm}$ 设 $T_f = T_a = 0.05\text{mm}$ 工艺尺寸 $f_{-0.05}^{\ 0}$mm $ES_0 = ES_d = ES_f - EI_a = 0 - EI_a = 0, EI_a = 0$ $EI_0 = EI_d = EI_f - ES_a = -0.05\text{mm} - ES_a = -0.1\text{mm}$ $ES_a = 0.05\text{mm}$ 因此可得工艺尺寸 $a_{\ 0}^{+0.05}$mm 同理，由上一组尺寸链可得 $h_{\ 0}^{+0.05}$mm
说明	以 M 面定位，调整各挡铁的距离尺寸，首先调整 M 面与 N 面之间的距离，即新工艺尺寸 f，然后再以调整好的第一个挡铁为基准，逐一调整另外两个挡铁。这两个定程挡铁所需的调整尺寸与原设计尺寸相同，不需要换算。原设计尺寸 a 为封闭环	工件以 M 面定位，三把刀的位置都以 M 面为基准确定，需换算新的工艺尺寸 a、f 和 h，以进行对刀调整。原设计尺寸 d、e 为两个尺寸链的封闭环

② 同一表面需要经过多次加工时工序尺寸的计算。加工精度要求较高、表面粗糙度值要求较小的工件表面，通常都要经过多次加工。这时各次加工的工序尺寸计算比较简单，不必列出工艺尺寸链，只需先确定各次加工的加工余量便可直接计算（对于平面加工，只有当各次加工时的基准不转换的情况下才可直接计算）。

如加工某一钢质零件上的内孔，其设计尺寸为$\phi72.5^{+0.03}_{0}$mm，表面粗糙度为Ra0.2μm。现经过扩孔、粗镗、半精镗、精镗、精磨五次加工，计算各次加工的工序尺寸及公差。

查表确定各工序的基本余量为：

精磨　0.7mm　精镗　1.3mm

半精镗　2.5mm　粗镗　4.0mm

扩孔　5.0mm　总余量　13.5mm

各工序的工序尺寸为：

精磨后　由零件图可知ϕ72.5mm

粗镗后　$\phi(72.5-0.7)\text{mm}=\phi71.8\text{mm}$

半精镗后　$\phi(71.8-1.3)\text{mm}=\phi70.5\text{mm}$

粗镗后　$\phi(70.5-2.5)\text{mm}=\phi68\text{mm}$

扩孔后　$\phi(68-4)\text{mm}=\phi64\text{mm}$

毛坯孔　$\phi(64-5)\text{mm}=\phi59\text{mm}$

各工序的公差按加工方法的经济精度确定，并标注为：

精磨　由零件图可知$\phi72.5^{+0.03}_{0}$mm

精镗　按IT7级$\phi71.8^{+0.045}_{0}$mm

半精镗　按IT10级$\phi70.5^{+0.12}_{0}$mm

粗镗　按IT11级$\phi68^{+0.19}_{0}$mm

扩孔　按IT13级$\phi64.8^{+0.46}_{0}$mm

毛坯　$\phi59^{+1}_{-2}$mm

根据计算结果可作出加工余量、工序尺寸及其公差分布图（图3-1）。

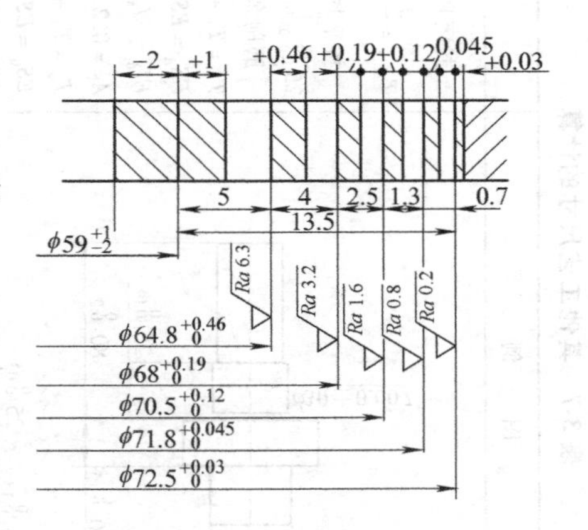

图3-1　孔的加工余量、工序尺寸及公差分布图

③ 其他类型工艺尺寸的计算见表3-7。

3.2.6　加工余量的确定

（1）基本术语

1）加工总余量（毛坯余量）。毛坯尺寸与零件图设计尺寸之差。

2）基本余量。设计时给定的余量。

3）工序间加工余量（工序余量）。相邻两工序尺寸之差。

4）工序余量公差。本工序的最大余量与最小余量之代数差的绝对值，等于本工序的公差与上工序公差之和。

5）单面加工余量。加工前后半径之差，平面余量为单面余量。

6）双面加工余量。加工前后直径之差。

表 3-7 其他工艺尺寸的计算

尺寸链类型及说明	图例	工艺尺寸计算
1. 多尺寸保证时工艺尺寸的计算 当一次切削同时获得几个尺寸时，基准面最终一次加工只能直接保证一个设计尺寸，另一些设计尺寸为间接获得尺寸。因此，宜选取精度要求较高的设计尺寸作为直接获得尺寸，精度要求不高的设计尺寸作为封闭环 图中阶梯轴，安装轴承的 $\phi30\pm0.007$mm 轴颈，要在最后进行磨削加工，同时修磨轴肩保证轴承的轴向定位。当磨削轴肩以后，可以得到三个尺寸：$25_{-0.08}^{\ 0}$ mm、$20_{-0.15}^{\ 0}$ mm 和 $80_{-0.2}^{\ 0}$ mm。其中 $25_{-0.08}^{\ 0}$mm是直接测量控制达到的，而 $20_{-0.15}^{\ 0}$mm 和 $80_{-0.2}^{\ 0}$mm 均为间接获得尺寸	$\phi30\pm0.007$ $25_{-0.08}^{\ 0}$ $20_{-0.15}^{\ 0}$ $80_{-0.2}^{\ 0}$ $20_{-0.15}^{\ 0}$ $25_{-0.03}^{\ 0}$ L_0 0.2 L_3 $20.2_{-0.09}^{-0.03}$ A_0 $24.8_{-0.06}^{\ 0}$ L_1 L_2 0.2 $78.8_{-0.14}^{-0.03}$ A_0 L_5 $80_{-0.2}^{\ 0}$ L_4	封闭环 $L_0=20_{-0.15}^{\ 0}$mm，$T_0=0.15$mm $T_{av,L}=\dfrac{0.15}{3}=0.05$mm 按平均公差确定工序尺寸公差，并压缩原设计尺寸公差，设 $L_3=25_{-0.03}^{\ 0}$mm，$L_2=24.8_{-0.06}^{\ 0}$mm，$T_1=0.06$mm 磨削余量 $A_0=25\text{mm}-24.8\text{mm}=0.2$mm $T_A=T_3+T_2=0.03\text{mm}+0.06\text{mm}=0.09$mm $ES_A=ES_3-EI_2=0-(-0.06)\text{mm}=+0.06$mm $EI_A=EI_3-ES_2=(-0.03)\text{mm}-0=-0.03$mm $A_0=0.2_{-0.03}^{+0.06}$mm $T_0=T_A+T_1=0.09\text{mm}+0.06\text{mm}=0.15$mm $ES_0=ES_1-EI_A=ES_1-(-0.03)\text{mm}=0$ $ES_1=-0.03$mm $EI_0=EI_1-ES_A=EI_1-0.06\text{mm}=-0.15$mm $EI_1=-0.09$mm L_1 的基本尺寸 $=L_0+A_0=20\text{mm}+0.2\text{mm}=20.2$mm 因此 $L_1=20.2_{-0.09}^{-0.03}$mm 即间接获得的设计尺寸 $20_{-0.15}^{\ 0}$mm，由精车轴肩尺寸 80mm 后间接获得尺寸 $20.2_{-0.09}^{-0.03}$mm 来保证 同理，应用下一个尺寸链可求得工序尺寸 L_5
2. 自由加工工序的工艺尺寸计算 对于靠火花磨削、研磨、珩磨、抛光、超精加工等以加工表面本身为基准的加工，其加工余量需在工艺过程中直接控制，即加工余量在工艺尺寸链中是组成环，而加工所得工序尺寸却是封闭环 如图所示齿轮轴的有关工序为：精车 D 面，以 D 面为基准精车 B 面，保持工序尺寸 L_1，以 B 面为基准精车 C 面，保持工序尺寸 L_2；热处理；以余量 $A=0.2\pm0.05$mm 靠磨 B 面，达到图样要求。求工序尺寸 L_1 和 L_2 由于在靠磨 B 面的工序中，出现两个间接获得的尺寸，因此，必须将并联尺寸链分解成两个单一的尺寸链解算	B C D $45_{-0.17}^{\ 0}$ $233_{-0.5}^{\ 0}$ 精车 L_1 L_2 A 精磨 L_{10} L_{20}	$L_{10}=45_{-0.17}^{\ 0}$mm，$T_{10}=0.17$mm $A=0.2\pm0.05$mm，$T_A=0.1$mm，$L_1=L_{10}+A=45.2$mm $T_{av,L}=\dfrac{0.17}{2}\text{mm}=0.085$mm $T_1=T_{10}-T_A=0.17\text{mm}-0.1\text{mm}=0.07$mm $ES_{10}=ES_1-EI_A=ES_1-(-0.05)\text{mm}=0$ $ES_1=-0.05$mm $EI_{10}=EI_1-ES_A=EI_1-(+0.05)\text{mm}=-0.17$mm $EI_1=-0.12$mm 因此工序尺寸 $L_1=45.2_{-0.12}^{-0.05}$mm 同理，可求得 $L_2=232.8_{-0.45}^{-0.05}$mm

（续）

尺寸链类型及说明	图　例	工艺尺寸计算
3. 表面处理工序工艺尺寸计算 （1）渗入类表面处理工序工艺尺寸计算　对于渗碳、渗氮、氰化等工序工艺尺寸链计算要解决的问题是，在最终加工前使渗入层达到一定深度，然后进行最终加工，要求在加工后能保证获得图样上规定的渗入层深度。此时，图样上所规定的渗入层深度，被间接保证，是尺寸链的封闭环 如图所示直径为 $120^{+0.04}_{0}$mm 的孔，需进行渗氮处理，渗氮层深度要求为 $0.3^{+0.2}_{0}$mm。其有关工艺路线为精车、渗氮、磨孔。如渗氮后磨孔的加工余量为 0.3mm（双边），则渗氮前孔的尺寸 D_1 应为 $\phi119.7$mm，终加工前的渗氮层深度为 t_1，则 D_1、D_2、t_1 及 t 组成一个尺寸链，t 为封闭环。D_1、D_2 及 A_0 组成另一个尺寸链，A_0 为封闭环	$120^{+0.04}_{0}$ a) $D_2=120^{+0.04}_{0}$　$t=0.6^{+0.4}_{0}$ $D_1=119.7^{+0.06}_{0}$　A_0　t_1 b)	A_0（双边）$=0.3$mm $D_1=D_2-A_0=120\text{mm}-0.3\text{mm}=119.7\text{mm}$，$R_1=59.85$mm 以下按半径和单边余量计算 $t_1=t+A_0=0.3\text{mm}+0.15\text{mm}=0.45$mm $T_{0L}=T_t=0.2$mm 精车工序公差 $T_1=0.03$mm 精车孔尺寸 $R_1=59.85^{+0.03}_{0}$mm $T_{t1}=T_t-T_1=0.2\text{mm}-0.03\text{mm}=0.17$mm 确定余量偏差： $T_A=T_2+T_1=0.02\text{mm}+0.03\text{mm}=0.05$mm $ES_A=ES_2-EI_1=0.02\text{mm}-0=0.02$mm $EI_A=EI_2-ES_1=0-0.03\text{mm}=-0.03$mm $A_0=0.15^{+0.02}_{-0.03}$mm 根据另一组尺寸链： $ES_t=ES_{t1}-EI_{A0}=ES_{t1}-(-0.03)\text{mm}=+0.2$mm $ES_{t1}=+0.17$mm $EI_t=EI_{t1}-ES_A$ $=EI_{t1}-(+0.02)$mm $=0$ $EI_{t1}=+0.02$mm 工艺尺寸 $t_1=0.45^{+0.17}_{+0.02}$mm
（2）镀层类表面处理工序的工艺尺寸计算　对于镀铬、镀锌、镀铜、镀镉等工序，生产中常有两种情况，一种是零件表面镀层后无需加工，另一种是零件表面镀层后尚需加工。对镀层后无需加工的情况，当生产批量较大时，可通过控制电镀工艺条件直接保证电镀层厚度，此时电镀层厚度为组成环；当单件、小批生产或镀后表面尺寸精度要求特别高时，电镀表面的最终尺寸精度通过电镀过程中不断测量来直接控制，此时电镀层厚度为封闭环。对零件镀后表面有较高的表面质量要求，需在镀后对其进行精加工，则镀前、镀后的工序尺寸和公差对镀层厚度有影响，故镀层厚度为封闭环 图中零件，使电镀层厚度控制在一定的公差范围内 $\phi30^{0}_{-0.05}$mm 是间接形成的，是尺寸链的封闭环。需确定电镀前的预加工尺寸与公差。图中尺寸链为无减环尺寸链	$\phi0.03^{+0.02}_{0}$　t　$\phi30^{0}_{-0.05}$ $\phi30^{0}_{-0.05}$　D　$\phi29.94$　D_1　$\phi0.03^{+0.02}_{0}$　t	$D_1=D-2t=30-0.06=29.94$mm $ES_D=ES_{D1}+2ES_t$ $=ES_{D1}+2(+0.02)\text{mm}=0$ $ES_{D1}=-0.04$mm $EI_D=EI_{D1}+2EI_t=EI_{D1}+2(0)$ $=-0.05$mm $EI_{D1}=-0.05$mm 因此　$D_1=29.94^{-0.04}_{-0.05}$mm $=29.9^{0}_{-0.01}$mm

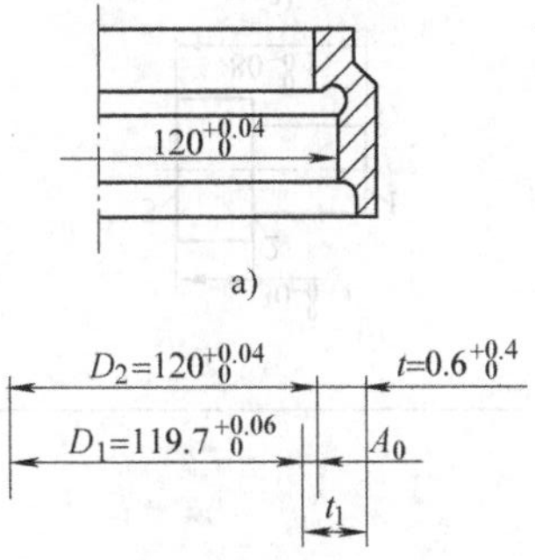

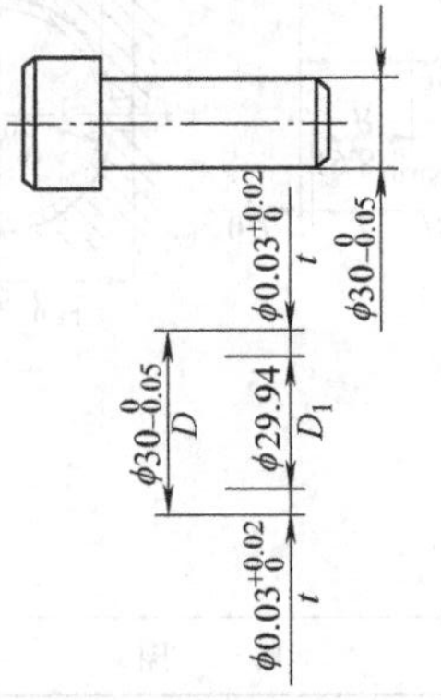

（续）

尺寸链类型及说明	图　　例	工艺尺寸计算
4. 中间工序尺寸计算 在零件的机械加工过程中，凡与前后工序尺寸有关的工序尺寸属于中间工序尺寸。 图中所示零件的加工过程为：镗孔至 $\phi 39.6^{+0.1}_{0}$mm；插键槽，工序基准为镗孔后的下母线，工序尺寸为 B；热处理；磨内孔至 $\phi 40^{+0.05}_{0}$mm，同时保证设计尺寸 $43.6^{+0.34}_{0}$mm 尺寸链图中，尺寸 $19.8^{+0.05}_{0}$mm 是前工序镗孔所得到的半径尺寸，尺寸 $20^{+0.025}_{0}$mm 是在后工序磨孔直接得到的尺寸，尺寸 B 是本工序加工中直接得到的尺寸，均为组成环。尺寸 $43.6^{+0.34}_{0}$mm 则是将在磨孔工序中间接得到的尺寸，由上述三个尺寸共同形成，故为封闭环	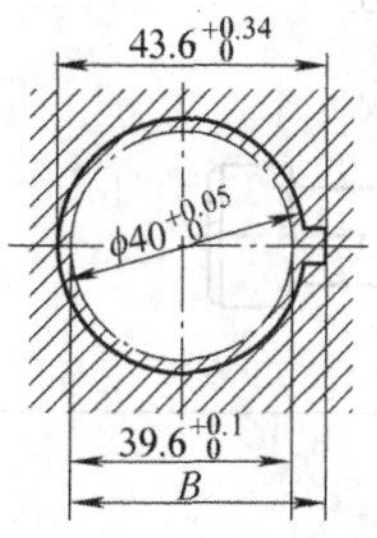 a) 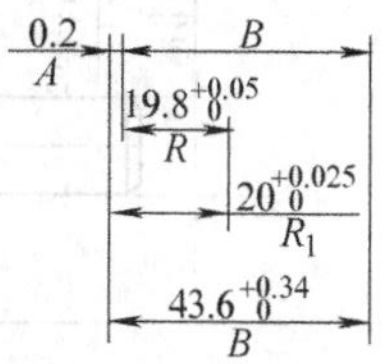 b)	$L_0 = B_1 = 43.6\text{mm}$ $T_0 = T_{B1} = 0.34\text{mm}$ $T_{av,L} = \frac{0.34}{3} \approx 0.113\text{mm}$ $R_1 = 20\text{mm}, T_{R1} = 0.025\text{mm}$ A(单边余量) $= 0.2\text{mm}$ $T_A = T_{R1} + T_R = 0.025\text{mm} + 0.05\text{mm} = 0.075\text{mm}$ $ES_A = ES_{R1} - EI_R = 0.025\text{mm} - 0 = 0.025\text{mm}$ $EI_A = EI_{R1} - ES_R = 0 - 0.05\text{mm} = -0.05\text{mm}$ $A = 0.2^{+0.025}_{-0.050}\text{mm}$ $B = B_1 - A = 43.6\text{mm} - 0.2\text{mm} = 43.4\text{mm}$ $T_B = T_{B1} - T_{R1} - T_R$ $= 0.34\text{mm} - 0.025\text{mm} - 0.05\text{mm}$ $= 0.265\text{mm}$ $ES_{B1} = ES_B + ES_A$ $= ES_B + (+0.025)\text{mm}$ $= 0.34\text{mm}$ $ES_B = 0.315\text{mm}$ $EI_{B1} = EI_B + EI_A$ $= EI_B + (-0.05)\text{mm} = 0$ $EI_B = +0.05\text{mm}$ $B = 43.4^{+0.315}_{+0.050}\text{mm} = 43.45^{+0.265}_{0}\text{mm}$
5. 精加工余量校核 当多次加工某一表面时，由于采用的工艺基准可能不相同，因此本工序余量的变动量不仅与本工序的公差及前一工序的公差有关，而且还与其他工序的公差有关。以本工序的加工余量为封闭环的工艺尺寸链中，如果组成环数目较多，由于误差累积的原因，有可能使本工序的余量过大或过小。特别是精加工余量过小可能造成废品，应进行余量校核 图中小轴加工过程为：车端面1；车肩面2（保证其间尺寸 $49.5^{+0.3}_{0}$mm）；车端面3（保证总长 $80^{0}_{-0.2}$mm）；打顶尖孔；热处理；磨肩面2（以端面3定位，保证尺寸 $30^{0}_{-0.14}$mm）。应校核磨肩面2的余量 尺寸链的封闭环为肩面磨削余量。计算结果余量最小值为零，说明有的零件肩面无余量可磨。为解决这个问题，在保持设计要求尺寸及公差不变的情况下，减小 B_2 的公差。可通过给定一量小余量值，计算 B_2 的最大值	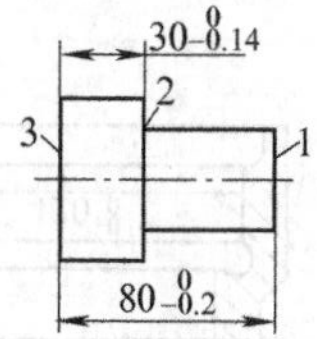 a) 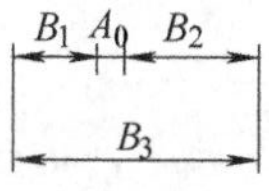 b)	$A_0 = B_3 - B_1 - B_2 = 80\text{mm} - 30\text{mm} - 49.5\text{mm} = 0.5\text{mm}$ $ES_{A0} = ES_{B3} - EI_{B1} - EI_{B2}$ $= 0 - (-0.14)\text{mm} - 0$ $= 0.14\text{mm}$ $EI_{A0} = EI_{B3} - ES_{B1} - ES_{B2}$ $= -0.2\text{mm} - 0 - (+0.3)\text{mm}$ $= -0.5\text{mm}$ $A_{0\max} = A_0 + ES_{A0} = 0.5\text{mm} + (+0.14)\text{mm}$ $= 0.64\text{mm}$（余量太大，不经济） $A_{0\min} = A_0 + EI_{A0} = 0.5\text{mm} + (-0.5)\text{mm} = 0$ 取 $A_{0\min} = 0.1\text{mm}, A_{0\max} = 0.54\text{mm}$ 则 $B_2 = 49.5^{+0.2}_{+0.1}\text{mm} = 49.6^{+0.1}_{0}\text{mm}$

（2）影响加工余量的因素（表3-8）

表3-8 影响加工余量的因素

影响因素	说明
加工前（或毛坯）的表面质量（表面缺陷层H和表面粗糙度）	1）铸件的冷硬、气孔和夹渣层，锻件和热处理件的氧化皮、脱碳层、表面裂纹等表面缺陷层，以及切削加工后的残余应力层 2）前工序加工后的表面粗糙度
前工序的尺寸公差T_a	1）前工序加工后的尺寸误差和形状误差，其总和不超过前工序的尺寸公差T_a 2）当加工一批零件时，若不考虑其他误差，本工序的加工余量不应小于T_a
前工序的形状与位置公差（如直线度、同轴度、垂直度公差等）ρ_a	1）前工序加工后产生的形状与位置误差，二者之和一般小于前工序的形状与位置公差 2）当不考虑其他误差的存在，本工序的加工余量不应小于ρ_a 3）当存在两种以上形状与位置误差时，其总误差为各误差的向量和
本工序加工时的安装误差ε_b	安装误差等于定位误差和夹紧误差的向量和

（3）最大余量、最小余量及余量公差的计算（表3-9）

表3-9 最大余量、最小余量及余量公差的计算

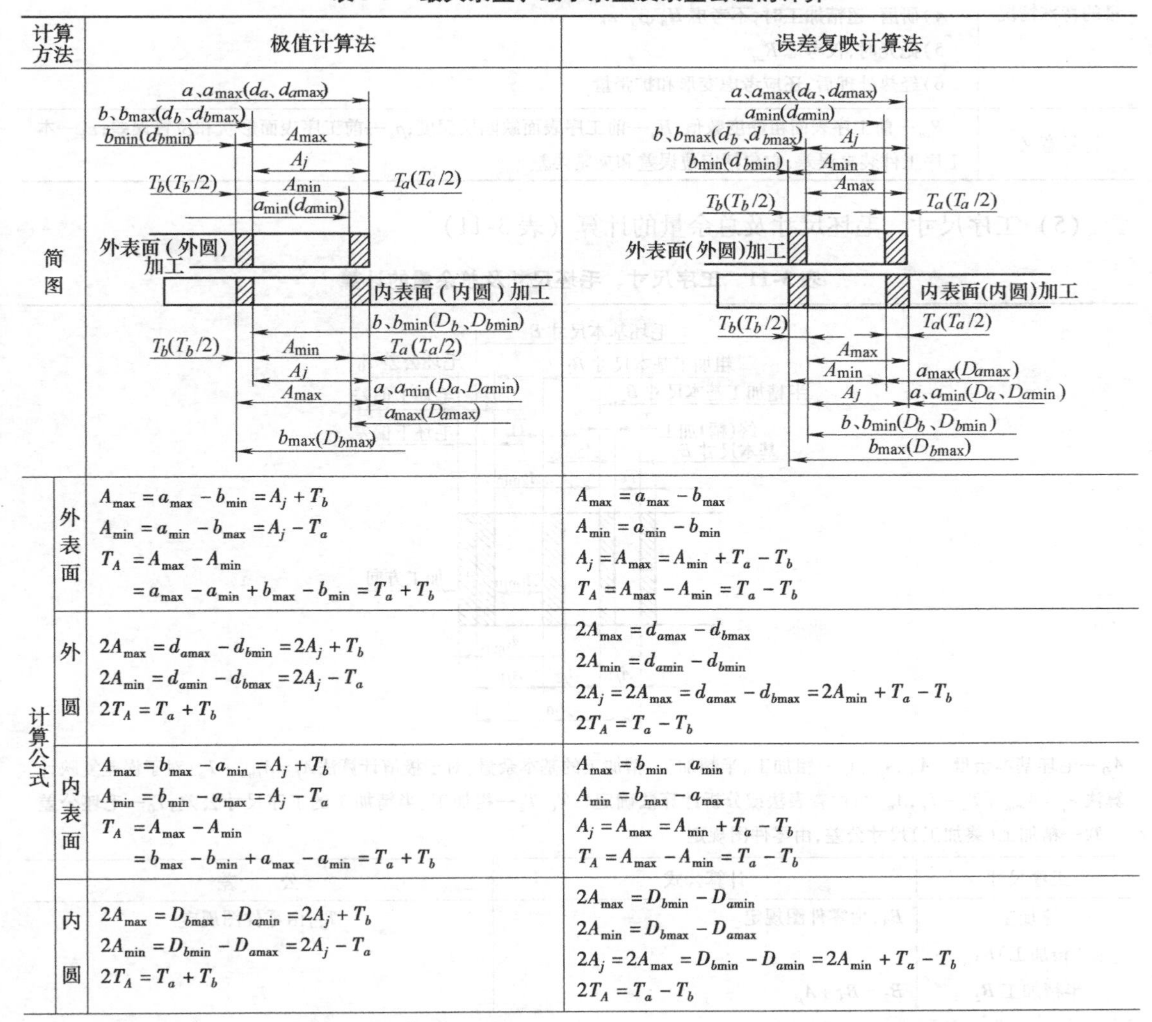

计算方法		极值计算法	误差复映计算法
简图		（见图）	（见图）
计算公式	外表面	$A_{\max}=a_{\max}-b_{\min}=A_j+T_b$ $A_{\min}=a_{\min}-b_{\max}=A_j-T_a$ $T_A=A_{\max}-A_{\min}$ $=a_{\max}-a_{\min}+b_{\max}-b_{\min}=T_a+T_b$	$A_{\max}=a_{\max}-b_{\max}$ $A_{\min}=a_{\min}-b_{\min}$ $A_j=A_{\max}=A_{\min}+T_a-T_b$ $T_A=A_{\max}-A_{\min}=T_a-T_b$
	外圆	$2A_{\max}=d_{a\max}-d_{b\min}=2A_j+T_b$ $2A_{\min}=d_{a\min}-d_{b\max}=2A_j-T_a$ $2T_A=T_a+T_b$	$2A_{\max}=d_{a\max}-d_{b\max}$ $2A_{\min}=d_{a\min}-d_{b\min}$ $2A_j=2A_{\max}=d_{a\max}-d_{b\max}=2A_{\min}+T_a-T_b$ $2T_A=T_a-T_b$
	内表面	$A_{\max}=b_{\max}-a_{\min}=A_j+T_b$ $A_{\min}=b_{\min}-a_{\max}=A_j-T_a$ $T_A=A_{\max}-A_{\min}$ $=b_{\max}-b_{\min}+a_{\max}-a_{\min}=T_a+T_b$	$A_{\max}=b_{\min}-a_{\min}$ $A_{\min}=b_{\max}-a_{\max}$ $A_j=A_{\max}=A_{\min}+T_a-T_b$ $T_A=A_{\max}-A_{\min}=T_a-T_b$
	内圆	$2A_{\max}=D_{b\max}-D_{a\min}=2A_j+T_b$ $2A_{\min}=D_{b\min}-D_{a\max}=2A_j-T_a$ $2T_A=T_a+T_b$	$2A_{\max}=D_{b\min}-D_{a\min}$ $2A_{\min}=D_{b\max}-D_{a\max}$ $2A_j=2A_{\max}=D_{b\min}-D_{a\min}=2A_{\min}+T_a-T_b$ $2T_A=T_a-T_b$

（续）

代号意义	a、d_a、D_a—前工序基本尺寸；b、d_b、D_b—本工序基本尺寸；a_{max}、d_{amax}、D_{amax}—前工序上极限尺寸；b_{max}、d_{bmax}、D_{bmax}—本工序上极限尺寸；a_{min}、d_{amin}、D_{amin}—前工序下极限尺寸；b_{min}、d_{bmin}、D_{bmin}—本工序下极限尺寸；T_a、T_b—前工序、本工序尺寸公差；A_j—基本余量；A_{max}—本工序最大单面余量；A_{min}—本工序最小单面余量；T_A—余量公差

注：1. 工序尺寸的公差。对于外表面，上极限尺寸就是基本尺寸；对于内表面，下极限尺寸就是基本尺寸。

2. 由于各工序（工步）尺寸有公差，所以加工余量有最大余量、最小余量之分，余量的变动范围亦称余量公差。

（4）用分析计算法确定最小余量（表3-10）

表3-10　用分析计算法确定最小余量

加工类型	平面加工	回转表面加工
计算公式	$A_{min}=R_{za}+H_a+\sqrt{\rho_a^2+\varepsilon_b^2}$	$2A_{min}=2(R_{za}+H_a)+2\sqrt{\rho_a^2+\varepsilon_b^2}$
计算最小余量的特殊情况	1）试切法加工平面时，不考虑ε_b 2）以被加工孔作为定位基准加工时，不考虑ρ_a 3）用拉刀及浮动铰刀、浮动镗刀加工孔时，不考虑ρ_a和ε_b 4）研磨、超精加工时，不考虑H_a、ρ_a、ε_b 5）抛光时，仅考虑R_{za} 6）经热处理后，还应考虑变形和扩张量	
符号意义	R_{za}—前工序表面粗糙度数值；H_a—前工序表面缺陷层深度；ρ_a—前工序表面形状和位置误差；ε_b—本工序工件装夹误差，它包括定位误差和夹紧误差	

（5）工序尺寸、毛坯尺寸及总余量的计算（表3-11）

表3-11　工序尺寸、毛坯尺寸及总余量的计算

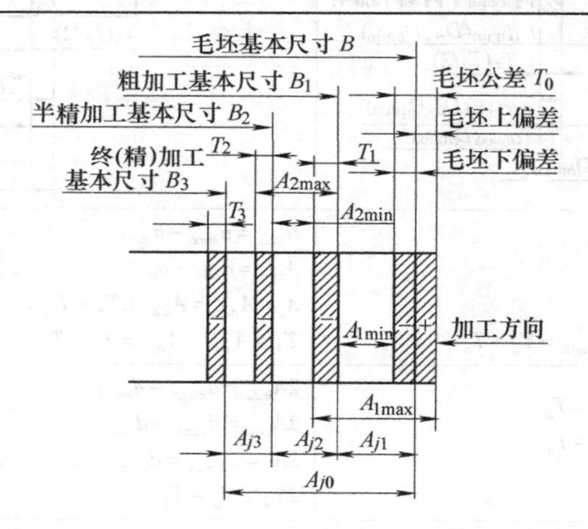

A_{j0}—毛坯基本余量　A_{j1}、A_{j2}、A_{j3}—粗加工、半精加工、精加工的基本余量，对于极值计算法$A_j=A_{min}+T_a$，对于误差复映计算法$A_j=A_{min}+T_a-T_b$，A_{min}可由查表法或分析计算法确定　T_1、T_2—粗加工、半精加工的工序尺寸公差，T_0—毛坯公差　T_3—精加工（终加工）尺寸公差，由零件图规定

工序尺寸	计算公式	公　差
终加工（精加工）B_3	B_3，由零件图规定	T_3，由零件图规定
半精加工 B_2	$B_2=B_3+A_{j3}$	T_2

（续）

工序尺寸	计算公式	公差
粗加工 B_1	$B_1 = B_2 + A_{j2} = B_3 + A_{j3} + A_{j2}$	T_1
毛坯 B_0	$B_0 = B_1 + A_{j1} = B_3 + A_{j3} + A_{j2} + A_{j1}$	T_0
加工总余量 A_{j0}		$A_{j0} = A_{j1} + A_{j2} + A_{j3}$

注：1. 计算每一工序（工步）的尺寸时，可根据表图由最终尺寸逐步向前推算，便可得到每一工序的工序尺寸，最后得到毛坯的尺寸。

2. 毛坯尺寸的偏差一般是双向的。第一道工序的基本余量是毛坯的基本尺寸与第一道工序的基本尺寸之差，不是最大余量。对于外表面加工，第一道工序的最大余量是其基本余量与毛坯尺寸上偏差之和；对于内表面加工，是其基本余量与毛坯尺寸下偏差绝对值之和。

3.2.7 工艺装备的选择

（1）机床的选择

1）机床的加工尺寸范围应与加工零件要求的尺寸相适应。

2）机床的工作精度应与工序要求的精度相适应。

3）机床的选择还应与零件的生产类型相适应。

（2）夹具的选择

在单件小批量生产中，应选用通用夹具和组合夹具，在大批量生产中，应根据工序加工要求设计制造专用夹具。

（3）刀具选择

主要依据加工表面的尺寸、工件材料、所要求的加工精度，表面粗糙度及选定的加工方法等选择刀具。一般应采用标准刀具，必要时采用组合刀具及专用刀具。

（4）量具的选择

主要依据生产类型和零件加工所要求的精度等选择量具。一般在单件、小批量生产时，采用通用量具量仪。在大批量生产中采用各种量规、量仪和专用量具等。

3.2.8 切削用量的选择

所谓合理选择切削用量，就是在已经选择好刀具材料和刀具几何角度的基础上，确定切削深度 a_p、进给量 f 和切削速度 V_C。选择切削用量的原则有以下几点：

1）在保证加工质量、降低成本和提高生产率的前提下，使 a_p、f 和 V_C 的乘积最大。当 a_p、f 和 V_C 的乘积最大时，工序的切削工时最少。切削工时 t_m 的计算公式如下：

$$t_m = \frac{l}{nf} \times \frac{A}{a_p} = \frac{lA\pi d}{1000V_C f a_p}$$

式中 l——每次进给的行程长度（mm）；

n——转速（r/min）；

A——每边加工总余量（mm）；

d——工件直径（mm）。

2）提高切削用量要受到工艺装备（机床、刀具）与技术要求（加工精度、表面质量）的限制。所以粗加工时，一般是先按刀具寿命的限制确定切削用量，之后再考虑整个工艺系统的刚性是否允许，加以调整。精加工时则主要依据零件表面粗糙度和加工精度确定切削用量。

3）根据切削用量与刀具寿命的关系可知，影响刀具寿命最小的是 a_p，其次 f，最大的是 V_C。这是因为 V_C 对切削温度的影响最大。温度降高，刀具磨损加快，寿命明显下降。所以，确定切削用量次序应是首先尽量选择较大的 a_p，其次按工艺装备与技术条件的允许选择最大的 f，最后再根据刀具寿命的允许确定 V_C，这样可在保证刀具寿命的前提下，使 a_p、f 和 V_C 的乘积最大。

3.2.9　提出有关工艺文件

1）外购工具明细表。

2）专用工艺装备明细表、专用工艺装备设计任务书。

3）企业标准（通用）工具明细表。

4）工位器具明细表。

3.2.10　劳动定额的制定（摘自 JB/T 9169.6—1998）

（1）劳动定额的制定范围

凡能计算考核工作量的工种和岗位均应制定劳动定额。

（2）劳动定额的形式

1）时间定额（工时定额）的组成：

① 单件时间（用 T_p 表示）。单件时间由以下几部分组成：

a）作业时间（用 T_B 表示）：直接用于制造产品或零、部件所消耗的时间。它又分为基本时间和辅助时间两部分，其中基本时间（用 T_b 表示）是直接用于改变生产对象的尺寸、形状、相对位置、表面状态或材料性质等工艺过程所消耗的时间，而辅助时间（用 T_a 表示）是为实现上述工艺过程必须进行各种辅助动作所消耗的时间。

b）布置工作场地时间（用 T_s 表示）：为使加工正常进行，工人照管工作场地（如润滑机床、清理切屑、收拾工具等）所需消耗的时间，一般按作业时间的2% ~7%计算。

c）休息与生理需要时间（用 T_r 表示）：工人在工作班内为恢复体力和满足生理上的需要所消耗的时间，一般按作业时间的2% ~4%计算。

若用公式表示，则

$$T_p = T_B + T_s + T_r = T_b + T_a + T_s + T_r$$

② 准备与终结时间（简称准终时间，用 T_e 表示）。工人为了生产一批产品或零、部件，进行准备和结束工作所需消耗的时间。若每批件数为 n，则分摊到每个零件上的准终时间就是 T_e/n。

③ 单件计算时间（用 T_c 表示）。

a）在成批生产中：

$$T_c = T_p + T_e/n = T_b + T_a + T_s + T_r + T_e/n$$

b）在大量生产中，由于 n 的数值大，$T_e/n \approx 0$，即可忽略不计，所以：

$$T_c = T_p = T_b + T_a + T_s + T_r$$

2）产量定额。单位时间内完成的合格品数量。

（3）制定劳动定额的基本要求

制定劳动定额应根据企业的生产技术条件，使大多数职工经过努力都可达到，部分先进职工可以超过，少数职工经过努力可以达到或接近平均先进水平。

（4）制定劳动定额的主要依据

1）产品图样和工艺规程。

2）生产类型。

3）企业的生产技术水平。

4）定额标准或有关资料。

（5）劳动定额的制定方法

1）经验估计法。由定额员、工艺人员和工人相结合，通过总结过去的经验，并参考有关的技术资料，直接估计出劳动工时定额。

2）统计分析法。对企业过去一段时期内，生产类似零件（或产品）所实际消耗的工时原始记录，进行统计分析，并结合当前具体生产条件，确定该零件（或产品）的劳动定额。

3）类推比较法。以同类产品的零件或工序的劳动定额为依据，经过对比分析，推算出该零件或工序的劳动定额。

4）技术测定法。通过对实际操作时间的测定和分析，确定劳动定额。

（6）劳动定额的修定

1）随着企业生产技术条件的不断改善，劳动定额应定期进行修定，以保持定额的平均先进水平。

2）在批量生产中，发生下列情况之一时，应及时修改劳动定额：

① 产品设计结构修改。

② 工艺方法修改。

③ 原材料或毛坯改变。

④ 设备或工艺装备改变。

⑤ 生产组织形式改变。

⑥ 生产条件改变等。

3.2.11 材料消耗工艺定额的编制（摘自 JB/T 9169.6—1998）

（1）材料消耗工艺定额编制范围

构成产品的主要材料和产品生产过程中所需的辅助材料，均应编制消耗工艺定额。

（2）编制材料消耗工艺定额的原则

应在保证产品质量及工艺要求的前提下，充分考虑经济合理地使用材料，最大限度地提高材料利用率，降低材料消耗。

（3）编制材料消耗工艺定额的依据

1）产品零件明细表和产品图样。

2）零件工艺规程。

3）有关材料标准、手册和下料标准。

（4）材料消耗工艺定额的编制方法

1）技术计算法。根据产品零件结构和工艺要求，用理论计算的方法求出零件的净重和制造过程中的工艺性损耗。

2）实际测定法。用实际称量的方法确定每个零件的材料消耗工艺定额。

3）经验统计分析法。根据类似零件材料实际消耗统计资料，经过分析对比，确定零件的材料消耗工艺定额。

（5）用技术计算法编制产品主要材料消耗工艺定额的程序

1）型材、管料和板材机械加工件和锻件材料消耗工艺定额的编制：

① 根据产品零件明细表或产品图样中的零件净重或工艺规程中的毛坯尺寸计算零件的毛坯重量。

② 确定各类零件单件材料消耗工艺定额的方法：

a. 选料法。根据材料目录中给定的材料范围及企业历年进料尺寸的规律，结合具体产品情况，选定一个最经济合理的材料尺寸，然后根据零件毛坯和下料切口尺寸，在选定尺寸的材料上排列，将最后剩余的残料（不能再利用的）分摊到零件的材料消耗工艺定额中，即得出：

$$\text{零件材料消耗工艺定额}=\text{毛坯重}+\text{下料切口质量}+\frac{\text{残料质量}}{\text{每料件数}}$$

这种方法适用于成批生产的产品。

b. 下料利用率法。先按材料规格，定出组距，经过综合套裁下料的实际测定，分别求出各种材料规格组距的下料利用率，然后用下料利用率计算零件消耗工艺定额。具体计算方法如下：

$$\text{下料利用率}=\frac{\text{一批零件毛坯质量之和}}{\text{获得该批毛坯的材料消耗总量}}\times100\%$$

$$\text{零件材料消耗工艺定额}=\frac{\text{零件毛坯质量}}{\text{下料利用率}}$$

c. 下料残料率法。先按材料规格定出组距，经过下料综合套裁的实际测定，分别求出各种材料规格组距的下料残料率，然后用下料残料率计算零件材料消耗工艺定额。具体计算方法如下：

$$\text{下料残料率}=\frac{\text{获得一批零件毛坯后剩下的残料质量之和}}{\text{获得该批零件毛坯所消耗的材料总质量}}\times100\%$$

$$\text{零件材料消耗工艺定额}=\frac{\text{零件毛坯质量}+\text{一个下料切口质量}}{1-\text{下料残料率}}$$

d. 材料综合利用率法。当同一规格的某种材料可用一种产品的多种零件或用于多种产品的零件上时，可采用更广泛的套裁，在这种情况下利用综合利用率法计算零件材料消耗工艺定额较合理，具体计算方法如下：

$$材料综合利用率 = \frac{一批零件净重之和}{该批零件消耗材料总质量} \times 100\%$$

$$零件材料消耗工艺定额 = \frac{零件净重}{材料综合利用率}$$

③ 计算零件材料利用率（K）

$$K = \frac{零件净重}{零件材料消耗工艺定额} \times 100\%$$

④ 填写产品材料消耗工艺定额明细表。

⑤ 汇总单台产品各个品种、规格的材料消耗工艺定额。

⑥ 计算单台产品材料利用率。

⑦ 填写单台产品材料消耗工艺定额汇总表。

⑧ 审核、批准。

2）铸件材料消耗工艺定额和每吨合格铸件所需金属炉料消耗工艺定额的编制：

① 铸件材料消耗工艺定额编制：

a）计算铸件毛重。

b）计算浇、冒口系统重。

c）计算金属切削率：

$$铸件金属切削率 = \frac{铸件毛重 - 净重}{毛重} \times 100\%。$$

d）填写铸件材料消耗工艺定额明细表。

e）审核、批准。

② 每吨合格铸件金属炉料消耗工艺定额编制：

a）确定金属炉料技术经济指标项目及计算公式

$$铸件成品率 = \frac{成品铸件质量}{金属炉料质量} \times 100\%$$

$$可回收率 = \frac{回炉料质量}{金属炉料质量} \times 100\%$$

$$不可回收率 = \frac{金属炉料质量 - 成品铸件质量 - 回炉料质量}{金属炉料质量} \times 100\%$$

$$炉耗率 = \frac{金属炉料质量 - 金属液质量}{金属炉料质量} \times 100\%$$

$$金属液收得率 = \frac{金属液质量}{金属炉料质量} \times 100\%$$

$$金属炉料与焦炭比 = \frac{金属炉料质量}{焦炭质量}$$

b）确定每吨合格铸件所需某种金属炉料消耗工艺定额：

$$某种金属炉料消耗工艺定额 = \frac{配料比}{铸件成品率}$$

c）填写金属炉料消耗工艺定额明细表。

d）审核、批准。

（6）材料消耗工艺定额的修改

材料消耗工艺定额经批准实施后，一般不得随意修改，若由于产品设计、工艺改变或材料质量等方面的原因，确需改变材料消耗工艺定额时，应由工艺部门填写工艺文件更改通知单，经有关部门会签和批准后方可修改。

第4章 典型零件机械加工工艺分析及工艺过程卡

4.1 轴、套类零件

4.1.1 柱塞

柱塞如图4-1所示。

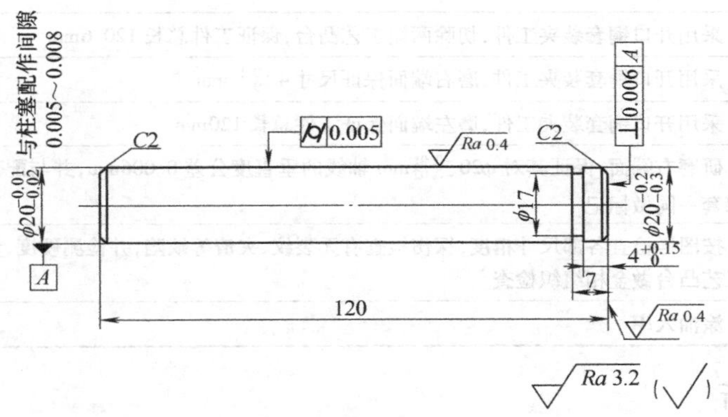

技术要求

1. 不同两点间硬度差值不超过三个数值。
2. 探伤检查不得有裂纹、夹渣等缺陷。
3. 尖角倒圆 *R*0.5 或 *C*0.5。
4. 两端不允许留中心孔。
5. 热处理 58 ~62HRC。
6. 材料 GCr15。

图4-1 柱塞

（1）零件图样分析

1）柱塞 $\phi20_{-0.02}^{-0.01}$mm 的圆柱度公差为0.005mm。

2）端面对轴线垂直度公差为0.006mm。

3）柱塞与柱塞套的配合间隙为0.005 ~0.008mm。

4）柱塞探伤检验，不允许有裂纹、夹渣等缺陷。

5）金相组织检查，应由隐晶、细小结晶马氏体和均匀分布的残留碳化物及少量残留奥氏体组成，1~3级为合格组织。

6）热处理 58 ~62HRC。

7）材料 GCr15。

（2）柱塞机械加工工艺过程卡（表4-1）

表4-1 柱塞机械加工工艺过程卡

工序号	工序名称	工序内容	工艺装备
1	下料	棒料 ϕ25mm×142mm	锯床
2	热处理	正火处理	
3	车	夹左端，车右端面，见平即可，外圆车至 ϕ20.8mm，车右端工艺凸台 ϕ8mm×10mm，钻中心孔A2.5，按图样尺寸距右端面4.5mm处切槽 ϕ17mm×3mm，倒角 $C2$	CA6140
4	车	倒头装夹 ϕ20.8mm外圆，加工另一端面，保证总长140.6mm，车端面工艺凸台 ϕ8mm×10mm，保证工件有效长度120.6mm，钻中心孔A2.5，倒角 $C2$	CA6140
5	热处理	盐浴淬火58～62HRC	盐浴炉
6	冷处理	冰冷处理（液氮或干冰）	
7	磨	修研两端中心孔	
8	精磨	两中心孔定位装夹工件，磨 $\phi20_{-0.02}^{-0.01}$mm（具体尺寸要与柱塞套配磨）保证柱塞与柱塞套的间隙0.005～0.008mm	M1432A
9	线切割	采用开口铜套装夹工件，切除两端工艺凸台，保证工件总长120.6mm	线切割机
10	磨	采用开口铜套装夹工件，磨右端面保证尺寸 $4_{0}^{+0.15}$mm	M1432A
11	磨	采用开口铜套装夹工件，磨左端面保证工件总长120mm	M1432A
12	研磨	研磨右端面，保证其对 $\phi20_{-0.02}^{-0.01}$mm轴线的垂直度公差0.006mm，并与配套的柱塞套一同做标记	
13	检验	按图样检查各部尺寸精度，探伤检查有无裂纹、夹渣等缺陷，并检测硬度，切下的工艺凸台做金相组织检查	
14	入库	涂油入库	

（3）工艺分析

1）因为柱塞的受力及耐磨性能较高，所以对材料的金相组织及化学成分都有相应的要求。w(C) 为0.95%～1.05%，w(Si) 为0.15%～0.35%，w(Mn) 为0.20%～0.40%，w(Cr)为1.3%～1.6%，w(S)≤0.02%，w(P)≤0.027%（均为质量分数）。

2）对材料进行正火处理，可消除应力，改善材料内部组织，改善加工性能。

3）由于柱塞与柱塞套为精密偶件，其配合间隙要求比较严格，在加工时应采用配作，应先完成柱塞套的加工（孔加工），再加工柱塞（外径加工）与之相配。

为了保证工件尺寸的稳定性，减小变形，淬火后必须进行冰冷处理，即零件淬火后冷却至室温。经清洗后，在有液氮和干冰（-60～-80℃）的保温箱内保温1～1.5h，冷处理后，工件在空气中恢复到室温后，立即进行回火，中间停留时间不应超过4h。

4）因零件上不准留有中心孔，所以在下料时，要考虑留有工艺凸台，两端尺寸各加长8～10mm即可。

5）因零件的圆柱度和垂直度要求较高，所以需用高精度的磨床加工。加工时零件不能过热，要有充分的切削液。最终的尺寸测量要在恒温室（20℃）中进行。

6）零件右端 ϕ17mm×3mm槽底两角一定要倒圆，因在热处理时这里应力容易集中产生裂纹。图样上虽未标注，但在技术要求中已说明。

7）圆柱度的检验，将柱塞放在标准V形块上，V形块放在标准平板上，用千分表测量。在测量长度范围内任意选取三个截面测量圆度值，并计算出圆柱度的值。另外在没有切除中心孔之前也可以用偏摆仪配合千分表测量零件圆度，并计算出圆柱度。

垂直度需用光学仪器配合检查。

4.1.2 输出轴

输出轴如图4-2所示。

（1）零件图样分析

1）两个$\phi60^{+0.024}_{+0.011}$mm的同轴度公差为$\phi0.02$mm。

2）$\phi54.4^{+0.05}_{0}$mm与$\phi60^{+0.024}_{+0.011}$mm同轴度公差为$\phi0.02$mm。

3）$\phi80^{+0.021}_{+0.002}$mm与$\phi60^{+0.024}_{+0.011}$mm同轴度公差为$\phi0.02$mm。

4）保留两端中心孔。

5）调质处理28～32HRC。

6）材料45钢。

（2）输出轴机械加工工艺过程卡（表4-2）

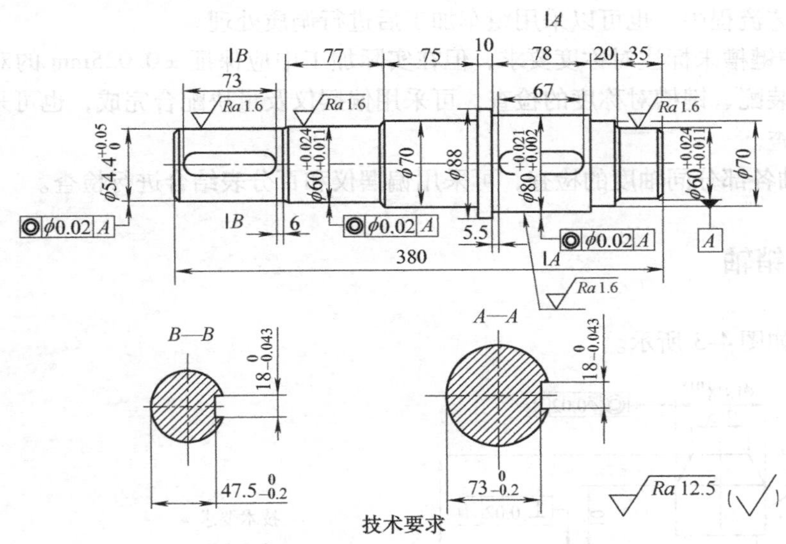

图4-2 输出轴

表4-2 输出轴机械加工工艺过程卡

工序号	工序名称	工序内容	工艺装备
1	下料	棒料ϕ90mm×400mm	锯床
2	热处理	调质处理28～32HRC	
3	车	夹左端，车右端面，见平即可。钻中心孔B2.5，粗车右端各部，ϕ88mm见圆即可，其余均留精加工余量3mm	CA6140
4	车	倒头装夹工件，车端面保证总长380mm，钻中心孔B2.5，粗车外圆各部，留精加工余量3mm，与工序3加工部分相接	CA6140

（续）

工序号	工序名称	工序内容	工艺装备
5	精车	夹左端，顶右端，精车右端各部，其中 $\phi60^{+0.024}_{+0.011}$mm×35mm、$\phi80^{+0.021}_{+0.002}$mm×78mm处分别留磨削余量0.8mm	CA6140
6	精车	倒头，一夹一顶精车另一端各部，其中 $\phi54.4^{+0.05}_{0}$mm×85mm、$\phi60^{+0.024}_{+0.011}$mm×77mm处分别留磨削余量0.8mm	CA6140
7	磨	用两顶尖装夹工件，磨削 $\phi60^{+0.024}_{+0.011}$mm两处，$\phi80^{+0.021}_{+0.002}$mm至图样要求尺寸	M1432A
8	磨	倒头，用两顶尖装夹工件，磨削 $\phi54.4^{+0.05}_{0}$mm×85mm至图样要求尺寸	M1432A
9	划线	划两处键槽线	
10	铣	铣 $18^{\ 0}_{-0.043}$mm键槽两处	X5030、组合夹具
11	检验	按图样检查各部尺寸精度	
12	入库	涂油入库	

（3）工艺分析

1）该轴的结构比较典型，代表了一般传动轴的结构形式，其加工工艺过程具有普遍性。

在加工工艺流程中，也可以采用粗车加工后进行调质处理。

2）图样中键槽未标注对称度要求，但在实际加工中应保证±0.025mm的对称度。这样便于与齿轮的装配、键槽对称度的检查，可采用偏摆仪及量块配合完成，也可采用专用对称度检具进行检查。

3）输出轴各部分同轴度的检查，可采用偏摆仪和百分表结合进行检查。

4.1.3 定位销轴

定位销轴如图4-3所示。

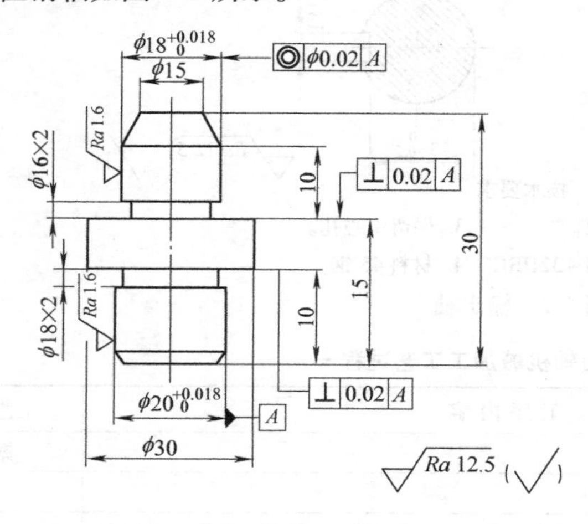

图4-3 定位销轴

（1）零件图样分析

1）图中以 $\phi 20^{+0.018}_{0}$mm 轴线为基准，尺寸 $\phi 18^{+0.018}_{0}$mm 与尺寸 $\phi 20^{+0.018}_{0}$mm 的同轴度公差要求为 $\phi 0.02$mm。

2）图中以 $\phi 20^{+0.018}_{0}$mm 轴线为基准，外径 $\phi 30$mm 的圆柱两端面与基准轴线的垂直度公差为 0.02mm。

3）工件热处理后硬度为 55～60HRC。

4）选用材料为高级优质碳素工具钢 T10A。

（2）定位销轴机械加工工艺过程卡（表 4-3）

表 4-3　定位销轴机械加工工艺过程卡

工序号	工序名称	工 序 内 容	工艺装备
1	下料	棒料 $\phi 35$mm×35mm	带锯
2	粗车	夹毛坯的一端外圆，粗车外圆尺寸至 $\phi 24$mm，长度为 8^{+1}_{0}mm，端面见平即可。继续车外圆尺寸至 $\phi 33$mm，长度为 9mm，粗糙度为 $Ra12.5\mu m$	CA6140
3	粗车	倒头夹已加工外圆 $\phi 24$mm，车另一端各部，外圆为 $\phi 21$mm，保证总长为 32mm	CA6140
4	精车	以 $\phi 21$mm 外圆定位夹紧车外圆 $\phi 24$mm 尺寸至 $\phi 20^{+0.4}_{+0.3}$mm，长度为 10mm，车退刀槽 $\phi 18$mm×2mm。车端面，保外圆 $\phi 20^{+0.4}_{+0.3}$mm 总长为 $10^{-0.3}_{-0.4}$mm。将尺寸 $\phi 33$mm 车至图样尺寸 $\phi 30$mm，钻中心孔 A2	CA6140
5	精车	以 $\phi 20^{+0.4}_{+0.3}$mm 外圆定位夹紧（垫上铜皮），车另一端外圆至 $\phi 18^{+0.4}_{+0.3}$mm。车 $\phi 30$mm 外圆处长度尺寸为 $5^{+0.8}_{+0.6}$mm，保证定位销轴总长为 30mm。车小头 $\phi 15$mm 处锥度。切退刀槽 $\phi 16$mm×2mm。钻中心孔 A2	CA6140
6	热处理	热处理 55～60HRC	
7	磨	修研两端中心孔，并以两中心孔定位装夹工件，磨削两轴径 $\phi 20^{+0.018}_{0}$mm 和 $\phi 18^{+0.018}_{0}$mm 至图样尺寸，并磨削两端面，保证垂直度	M1420
8	检验	按图样要求检验各部	偏摆仪
9	入库	涂油入库	

（3）工艺分析

1）定位销轴是在夹具体中做定位用的零件，从图中可以看出，$\phi 20^{+0.018}_{0}$mm 是用来做定位部分的，$\phi 15$mm 与 $\phi 18^{+0.018}_{0}$mm 形成的锥体是在装夹工件时起导向作用的，由于在使用中，需要反复装夹工件，所以要求定位销轴应具有较好的耐磨性，因此，应选用较好的材料 T10A 或选用 20 钢表面渗碳淬火。

2）定位销轴在单件或小批量生产时，采用普通车床加工，若批量较大，可采用专业性较强的设备加工，如转塔车床等。

3）零件除单件下料外，可采用 5 件一组连下，在车床上加工时，车一端后，用切刀切下一件，加工完一批后，再加工另一端面。

4）由于该零件有同轴度和垂直度要求，在车削工序时加工出两端中心孔，零件淬火后采用中心孔定位装夹再磨削，这样可以更好地保证零件的精度要求。

5）零件长度 L 和直径 D 的比值较小，在热处理时不易变形，所以可留有较少的磨削余量。

6）对精度要求较低的零件，可将粗、精加工合成一道工序完成。

7）同轴度和垂直度的检验可采用图4-4所示的工具检测，也可采用偏摆仪检测。

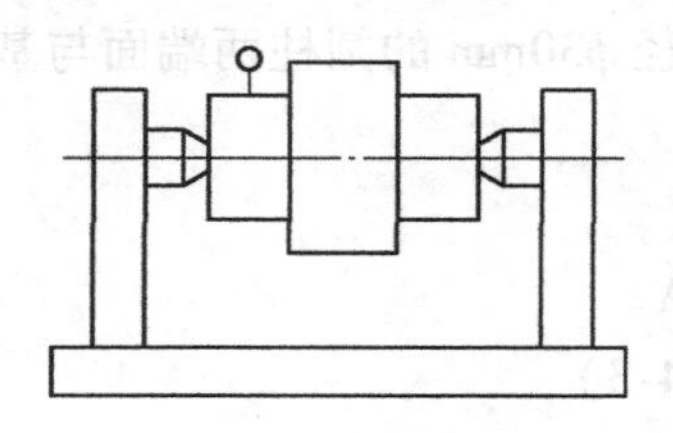

图4-4　同轴度检具

4.1.4 活塞杆

活塞杆如图4-5所示。

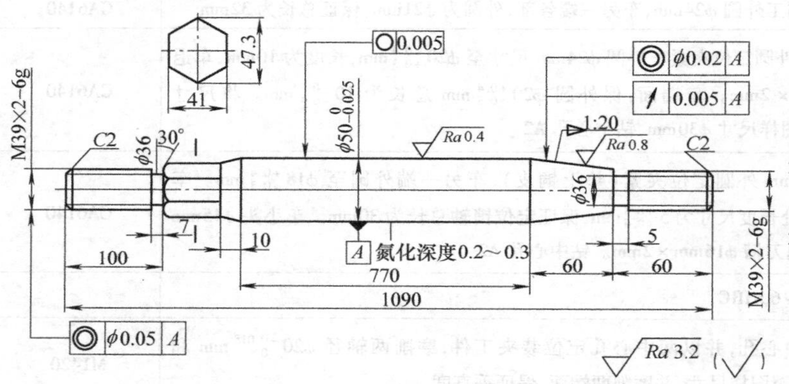

图4-5　活塞杆

（1）零件图样分析

1）$\phi50_{-0.025}^{0}$mm×770mm自身圆度公差为0.005mm。

2）左端M39×2-6g螺纹对活塞杆$\phi50_{-0.025}^{0}$mm轴线的同轴度公差为ϕ0.05mm。

3）1:20圆锥面轴线对活塞杆$50_{-0.025}^{0}$mm轴线的同轴度公差为ϕ0.02mm。

4）1:20圆锥面圆跳动公差为0.005mm。

5）1:20圆锥面涂色检查，接触面积不小于80%。

6）$\phi50_{-0.025}^{0}$mm×770mm表面渗氮，渗氮层深度0.2～0.3mm，表面硬度62～65HRC。材料38CrMoAlA是常用的渗氮处理用钢。

（2）活塞杆机械加工工艺过程卡（表4-4）

表4-4　活塞杆机械加工工艺过程卡

工序号	工序名称	工序内容	工艺装备
1	下料	棒料ϕ80mm×760mm	锯床
2	锻造	自由锻成ϕ62mm×1150mm	
3	热处理	退火	

（续）

工序号	工序名称	工 序 内 容	工艺装备
4	划线	划两端中心孔线	
5	钳工	钻两端中心孔 B2.5	
6	粗车	夹一端，顶尖顶另一端，粗车外圆至 $\phi 55$mm	CW6163
7	粗车	倒头装夹工件，顶另一端中心孔，车外圆至 $\phi 55$mm 接工序 6 加工处	CW6163
8	热处理	调质处理 28～32HRC	
9	粗车	夹一端，中心架支承另一端，切下右端 6mm 做试片，进行金相组织检查，端面车平，钻中心孔 B2.5	CW6163
10	粗车	倒头装夹工件，中心架支撑另一端，车端面，保证总长 1090mm，钻中心孔 B2.5	CW6163
11	精车	两顶尖装夹工件，车工件右端 M39×2-6g，长 60mm，直径方向留加工余量 1mm，车 $\phi 50_{-0.025}^{0}$mm×770mm 时，要使用跟刀架，保证 1:20 的锥度，并留有加工余量 1mm	CW6163
12	精车	倒头两顶尖装夹工件，车另一端（左端）各部及螺纹 M39×2-6g，长 100mm，直径方向留加工余量 1mm，六方处外径车至 $\phi 48$mm，并车六方与 $\phi 50_{-0.025}^{0}$mm 连接的锥度	CW6163
13	磨	修研两中心孔	
14	粗磨	两顶尖装夹工件，粗磨 $\phi 50_{-0.25}^{-0}$mm×770mm，留磨量 0.08～0.10mm	M1432A
15	粗磨	两顶尖装夹工件，粗磨 1:20 锥度，留磨量 0.1mm	M1432A
16	车	两顶尖装夹工件，车右端螺纹 M39×2-6g，切槽 5mm×$\phi 36$mm，倒角 $C1$	CW6163
17	车	倒头两顶尖装夹工件，车左端螺纹 M39×2-6g，切槽 7mm×$\phi 36$mm，倒角 $C2$	CW6163
18	磨	修研两中心孔	
19	半精磨	两顶尖装夹工件，半精磨 $\phi 50_{-0.025}^{0}$mm×770mm，留精磨量 0.04～0.05mm	M1432A
20	半精磨	两顶尖装夹工件，半精磨 1:20 锥度，留精磨余量 0.04～0.05mm	M1432A
21	热处理	渗氮处理 $\phi 50_{-0.025}^{0}$mm×770mm，深度为 0.25～0.35mm，渗氮时，工件应垂直吊挂，防止工件变形，另外螺纹部分和六方部分均应安装保护套	
22	铣	铣六方至图样尺寸 41mm×41mm	X5032、分度头
23	精磨	两顶尖装夹工件，精磨 $\phi 50_{-0.025}^{0}$mm×770mm 至图样尺寸	M1432A
24	精磨	两顶尖装夹工件，精磨 1:20 锥度至图样尺寸	M1432A
25	检验	按图样检验各部尺寸	
26	入库	涂油包装入库	

（3）工艺分析

1）活塞杆在正常使用中，承受交变载荷作用，$\phi 50_{-0.025}^{0}$mm×770mm 处有密封装置往复摩擦其表面，所以该处要求硬度高又耐磨。

活塞杆采用 38CrMoAlA 材料，$\phi 50_{-0.025}^{0}$mm×770mm 部分经过调质处理和表面渗氮后，心部硬度为 28～32HRC，表面渗氮层深度 0.2～0.3mm，表面硬度为 62～65HRC。这样使活塞杆既有一定的韧性，又具有较好的耐磨性。

2）活塞杆结构比较简单，但长径比很大，属于细长轴类零件，刚性较差，为了保证加工精度，在车削时要粗车、精车分开，而且粗、精车一律使用跟刀架，以减少加工时工件的变形，在加工两端螺纹时要使用中心架。

3）在选择定位基准时，为了保证零件同轴度公差及各部分的相互位置精度，所有的加工工序均采用两中心孔定位，符合基准统一原则。

4）磨削外圆表面时，工件易产生让刀、弹性变形，影响活塞杆的精度。因此，在加工时应修研中心孔，并保证中心孔的清洁，中心孔与顶尖间松紧程度要适宜，并保证良好的润滑。砂轮一般选择：磨料白刚玉（WA），粒度F60，硬度中软或中，陶瓷结合剂，另外砂轮宽度应选窄些，以减小径向磨削力，加工时注意磨削用量的选择，尤其磨削深度要小。

5）在磨削 $\phi50_{-0.025}^{0}$mm×770mm 外圆和1∶20锥度时，两道工序必须分开进行。在磨削1∶20锥度时，要先磨削试车，检查试件合格后才能正式磨削工件。

1∶20圆锥面的检查，是用标准的1∶20环规涂色检查，其接触面应不少于80%。

6）为了保证活塞杆加工精度的稳定性，在加工的全过程中不允许人工校直。

7）渗氮处理时，螺纹部分等应采取保护装置进行保护。

4.1.5　阀螺栓

阀螺栓如图4-6所示。

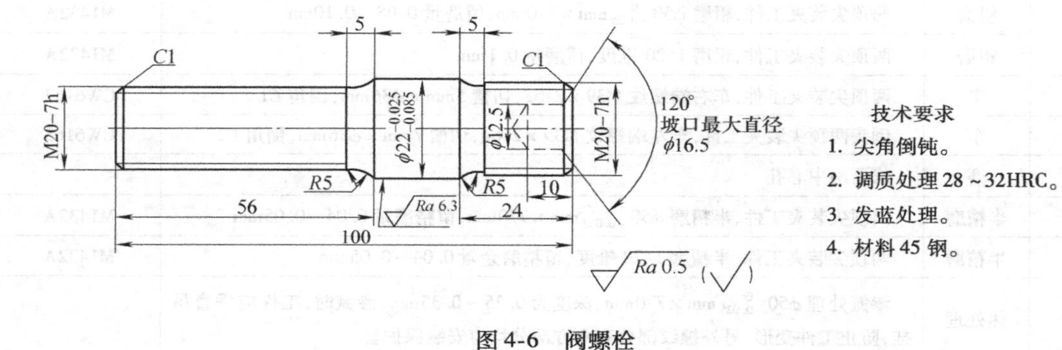

图4-6　阀螺栓

（1）零件图样分析

1）零件结构比较简单，两端均为M20-7h外螺纹。

2）定位部分外圆 $\phi22_{-0.085}^{-0.025}$mm 与两端螺纹外径过渡处为 $R5$mm。

3）右端120°锥孔，是在装配时与阀座进行铆接用。

4）热处理要求28～32HRC。

（2）阀螺栓机械加工工艺过程卡（表4-5）

（3）工艺分析

1）零件为小短轴，可直接用棒料加工。

2）阀螺栓一般多为批量生产，可采用套螺纹机加工螺纹，生产效率高。若零星修配或生产批量较少，可采用普通车床加工螺纹，相应将工序3中螺纹外径改为 $\phi19.8$～$\phi19.85$mm为宜。

3）在加工螺纹外径时，应先加工长度为56mm一端的外径及端面，以减少因切断后端面的修整，因为在加工120°坡口时，可以加工坡口端面。

4）采用M20-7H螺纹环规检验螺纹精度。

表4-5　阀螺栓机械加工工艺过程卡

工序号	工序名称	工序内容	工艺装备
1	下料	棒料 $\phi24$mm×860mm(8件连下)	锯床
2	热处理	调质处理28～32HRC	
3	车	棒料穿过主轴孔用自定心卡盘夹紧，车端面、车M20-7h外径为$\phi19.7$～$\phi19.85$mm，长56mm，倒角$C1$。车其余外圆各部，保$\phi22_{-0.085}^{-0.025}$mm，长20mm。车右端(按图样方向)M20-7h外径$\phi19.7$mm～$\phi19.85$mm，倒角$C1$。车$R5$连接圆弧。切断保证总长101mm。	CA6140
4	车	夹$\phi22_{-0.028}^{-0.025}$mm(垫上铜皮)处，套螺纹M20-7h两处(倒头一次)	CA6140或套螺纹机
5	车	自定心卡盘夹$\phi22_{-0.028}^{-0.025}$mm(垫上铜皮)，车右端面，保证总长100mm，倒角$C1$，钻右端孔$\phi12.5$mm、深10mm，倒坡口120°，控制坡口最大直径$\phi16.5$mm	CA6140
6	热处理	发蓝处理	
7	检验	按图样要求检验各部	
8	入库	入库	

4.1.6　连杆螺钉

连杆螺钉如图4-7所示。

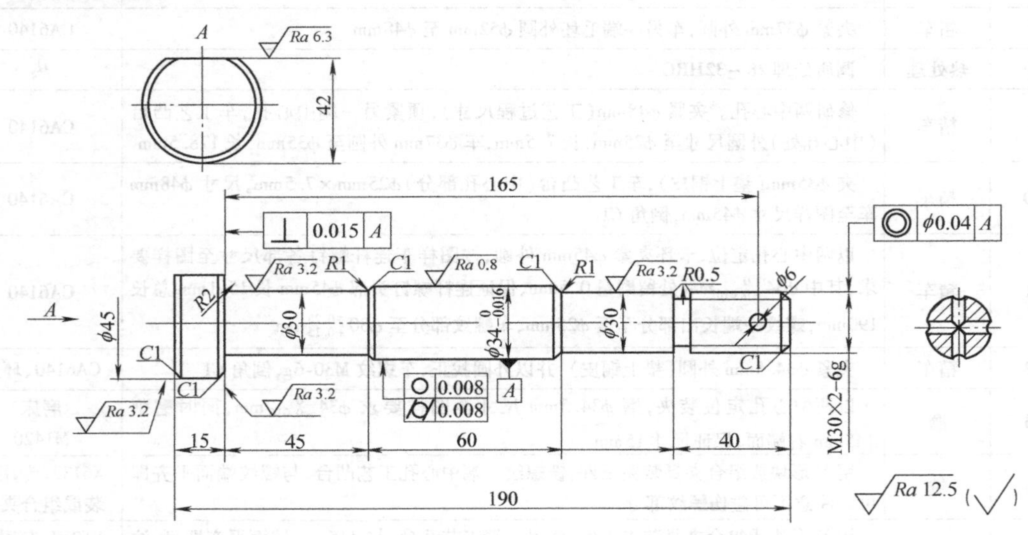

技术要求

1. 调质处理28～32HRC。
2. 磁粉检测，无裂纹、夹渣等缺陷。
3. $\phi34_{-0.016}^{0}$mm圆度公差、圆柱度公差为0.008mm。
4. 材料40Cr。

图4-7　连杆螺钉

（1）零件图样分析

1）连杆螺钉定位部分$\phi34_{-0.016}^{0}$mm的表面粗糙度值为$Ra0.8\mu m$，圆度公差为

0.008mm，圆柱度公差为0.008mm。

2）螺纹 M30×2 的精度为6g，表面粗糙度值为 $Ra3.2\mu m$。

3）螺纹头部支撑面，即靠近 $\phi30mm$ 杆径一端，对 $\phi34_{-0.016}^{\ 0}mm$ 轴线垂直度公差为0.015mm。

4）连杆螺钉螺纹部分对定位基准 $\phi34_{-0.016}^{\ 0}mm$ 轴线的同轴度公差为 $\phi0.04mm$。

5）连杆螺钉体承受交变载荷作用，不允许材料有裂纹、夹渣等影响螺纹及整体强度的缺陷存在，因此，对每一根螺钉都要进行磁粉检测。

6）调质处理28～32HRC。

7）连杆螺钉材料40Cr。

(2) 连杆螺钉机械加工工艺过程卡（表4-6）

表4-6 连杆螺钉机械加工工艺过程卡

工序号	工序名称	工序内容	工艺装备
1	下料	棒料 $\phi60mm\times125mm$	锯床
2	锻造	自由锻造成形，锻件尺寸：连杆螺钉头部为 $\phi52mm\times27mm$，杆部为 $\phi41mm\times183mm$，零件总长为210mm（留有工艺余量）	锻
3	热处理	正火处理	热
4	划线	划毛坯两端中心孔线，照顾各部分加工余量	
5	钻	钻两端中心孔A2.5，也可以在车床上加工	CA6140
6	粗车	以 $\phi52mm\times27mm$ 定位夹紧（毛坯尺寸），顶尖顶紧另一端中心孔，以毛坯外圆找正，将毛坯外圆 $\phi41mm$ 车至 $\phi37mm$，长度185mm	CA6140
7	粗车	夹紧 $\phi37mm$ 外圆，车另一端毛坯外圆 $\phi52mm$ 至 $\phi48mm$	CA6140
8	热处理	调质处理28～32HRC	热
9	精车	修研两中心孔。夹紧 $\phi48mm$（工艺过程尺寸），顶紧另一端中心孔，车工艺凸台（中心孔处）外圆尺寸至 $\phi25mm$，长7.5mm，车 $\phi37mm$ 外圆至 $\phi35mm$，长178.5mm	CA6140
10	精车	夹 $\phi35mm$（垫上铜皮），车工艺凸台（中心孔部分）$\phi25mm\times7.5mm$，尺寸 $\phi48mm$ 车至图样尺寸 $\phi45mm$，倒角 $C1$	CA6140
11	精车	以两中心孔定位，卡环夹紧 $\phi45mm$ 外圆，按图样车连杆螺钉各部尺寸至图样要求，其中 $\phi34_{-0.016}^{\ 0}mm$ 处留磨量0.5mm，保证连杆螺钉头部 $\phi45mm$ 长15.1mm 总长190mm，螺纹一端长出部分车至 $\phi25mm$，车螺纹部分至 $\phi30_{+0.15}^{+0.25}mm$	CA6140
12	精车	夹紧 $\phi34.5mm$ 外圆（垫上铜皮），并以外圆找正，车螺纹M30-6g，倒角 $C1$	CA6140、环规
13	磨	以两中心孔定位装夹，磨 $\phi34.5mm$ 尺寸至图样要求 $\phi34_{-0.016}^{\ 0}mm$，同时磨削 $\phi45mm$ 右端面，保证尺寸15mm	磨床 M1420
14	铣	用V形块或组合夹具装夹工件，铣螺纹一端中心孔工艺凸台，与螺纹端面平齐即可。注意不可碰伤螺纹部分	X6132、专用工装或组合夹具
15	铣	用V形块或组合夹具装夹工件，铣另一端工艺凸台，与 $\phi45mm$ 端面平齐即可，注意不可碰伤倒角部分	X62W、专用工装或组合夹具
16	铣	用V形块或组合夹具装夹工件，铣 $\phi45mm$ 处42mm尺寸为42±0.1mm（为以下工序中用）	X6132、专用工装或组合夹具
17	钻	用专用钻模或组合夹具装夹工件，钻2×$\phi6mm$ 孔（以42±0.1mm尺寸定位）	Z512
18	检验	按图样要求检验各部，并进行磁粉检测	专用检具、探伤机
19	入库	涂防锈油、包装入库	

（3）工艺分析

1）连杆螺钉在整个连杆组件中是非常重要的零件，其承受交变载荷作用，易产生疲劳断裂，所以本身要有较高的强度，在结构上，各变径的地方均以圆角过渡，以减少应力集中。在定位尺寸 $\phi34_{-0.016}^{\ 0}$mm 两边均为 $\phi30$mm 尺寸，主要是为了装配方便。在 $\phi45$mm 圆柱头部分铣一平面（尺寸 42mm），是为了防止在拧紧螺钉时转动。

2）毛坯材料为 40Cr 锻件，根据加工数量的不同，可以采用自由锻或模锻，锻造后要进行正火。锻造的目的是为了改善材料的性能。

下料尺寸为 $\phi60$mm×125mm，是为了保证有一定的锻造比，以防止金属烧损，并保证有足够的毛坯用料量。

3）图样要求的调质处理应安排在粗加工后进行，为了保证调质变形后的加工余量，粗加工时就留有 3mm 的加工余量。

4）连杆螺钉上不允许留有中心孔，在锻造时就留下工艺余量，两边留有 $\phi25$mm × 7.5mm 工艺凸台，中心孔钻在凸台上，中心孔为 A2.5。

5）M30×2-6g 螺纹的加工，不宜采用板牙套螺纹的方法（因为这种方法达不到精度要求）。应采用螺纹车刀，车削螺纹。

6）热处理时，要注意连杆螺钉的码放、不允许交叉放置，以减小连杆螺钉的变形。

7）为保证连杆螺钉头部支撑面（即靠近 $\phi30$mm 杆径一端）对连杆螺钉轴线的垂直度要求，在磨削 $\phi34_{-0.016}^{\ 0}$mm 外圆时，一定要用砂轮靠端面的方法，加工出支撑面来，磨削前应先修整砂轮，保证砂轮的圆角及垂直度。

8）对连杆螺钉头部支撑面（即靠近 $\phi30$mm 杆径一端）对中心线垂直度的检验，可采用专用检具配合涂色法检查（图 4-8）。专用检具与连杆螺钉 $\phi34_{-0.016}^{\ 0}$mm 相配的孔径应按工件实际公差分段配作。检验时将连杆螺钉支撑面涂色后与专用工具端面进行对研，当连杆螺钉头部支撑面与检具端面的接触面在 90% 以上时为合格。

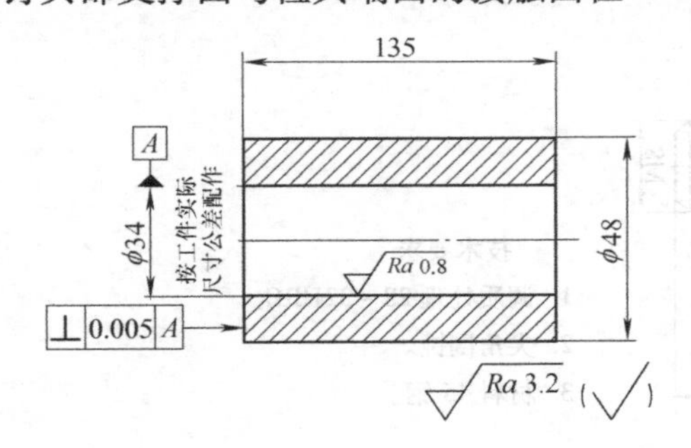

技术要求

1. $\phi34$mm 尺寸分为三个尺寸段，$\phi34_{+0.005}^{+0.013}$mm、$\phi34_{-0.010}^{+0.005}$mm、$\phi34_{-0.025}^{-0.010}$mm。
2. 热处理 56～62HRC。
3. 材料 GCr15。

图 4-8　连杆螺钉垂直度检具

9）连杆螺钉 M30×2-6g 螺纹部分对 $\phi34_{-0.016}^{\ 0}$mm 定位直径的同轴度的检验，可采用专用检具（图 4-9）和标准 V 形块配合进行。

专用检具特点是采用 1∶100 的锥度螺纹套。要求螺纹套的外径与内螺纹中心线的同轴度公差在零件同轴度误差 1/2 范围内，以消除中径加工的误差。

检查方法是先将连杆螺钉与锥度螺纹套旋合在一起，以连杆螺钉 $\phi34_{-0.016}^{\ 0}$mm 为定位基准，放在 V 形块上（V 形块放在标准平板上），然后转动连杆螺钉，同时用百分表检测锥度螺纹套外径的跳动量，其百分表读数为误差值（图 4-10）。

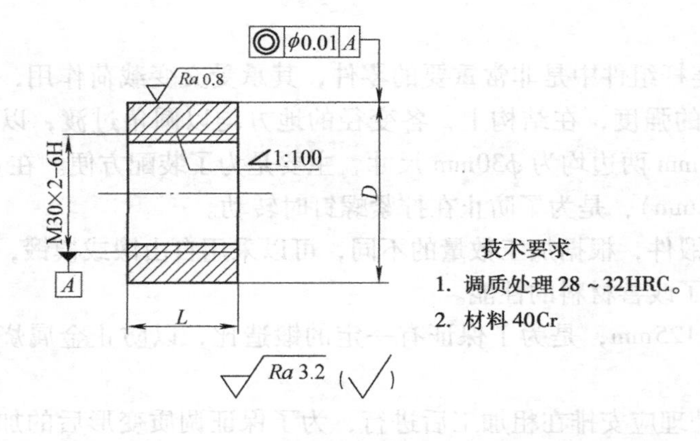

图 4-9　连杆螺钉同轴度检具

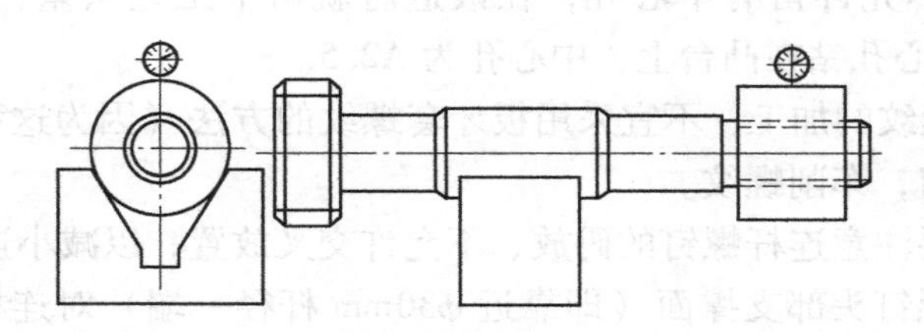

图 4-10　连杆螺钉同轴度检验方法

4.1.7　调整偏心轴

调整偏心轴如图 4-11 所示。

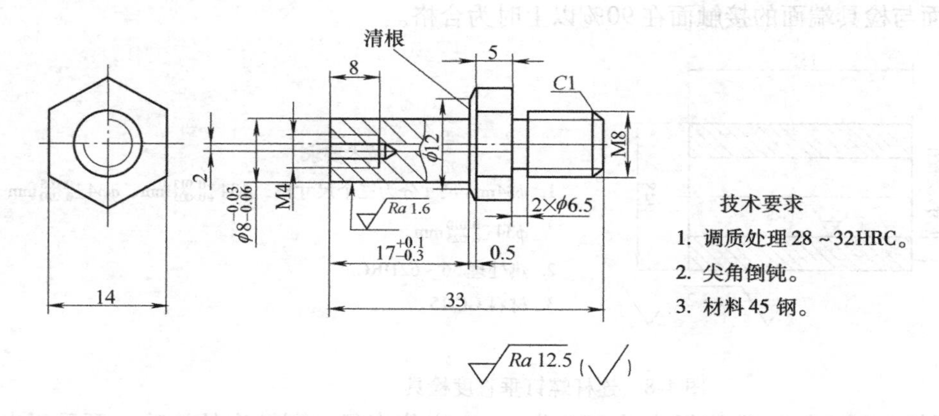

图 4-11　调整偏心轴

（1）零件图样分析

1）偏心轴 $\phi 8_{-0.06}^{-0.03}$mm 的轴线相对于螺纹 M8 的基准轴线偏心距为 2mm。

2）调质处理 28 ~ 32HRC。

（2）调整偏心轴机械加工工艺过程卡（表 4-7）

表4-7 调整偏心轴机械加工工艺过程卡

工序号	工序名称	工序内容	工艺装备
1	下料	六方钢14mm×380mm(10件连下)	锯床
2	热处理	调质处理28～32HRC	热
3	车	用自定心卡盘夹紧六方钢的一端，卡盘外长度为40mm，车端面，车螺纹外径$\phi8^{-0.05}_{-0.10}$mm及切槽2×ϕ6.5mm。保证长度为10.5mm，倒角C1，车螺纹M8。保证总长34mm切下	CA6140、螺纹环规
4	车	用自定心卡盘或单动卡盘，装夹专用车偏心工装，用M8螺纹及螺纹端面锁紧定位，车偏心部分$\phi8^{-0.03}_{-0.06}$mm，车端面，保证总长33mm及$17^{+0.1}_{+0.3}$mm，ϕ12mm×0.5mm、5mm钻M4螺纹底孔ϕ3.3mm，深12mm，攻螺纹M4，深8mm	CA6140、专用偏心工装、M4丝锥
5	检验	按图样要求检验各部尺寸	
6	入库	消防锈油、入库	

（3）工艺分析

1）调整偏心轴结构比较简单，外圆表面粗糙度值为Ra1.6μm，精度要求一般，M8为普通螺纹，主要用于在调整尺寸机构的微调上使用。

2）零件加工关键是保证偏心距2mm，因偏心轴各部分尺寸较小，偏心加工可在车床上装一偏心夹具来完成加工（图4-12）。

按工艺中规定以M8螺纹及端面为定位基准车偏心。在工装上加工一个偏心距为2mm的M8螺纹孔，将偏心工装装夹在车床自定心卡盘或单动卡盘上，按其外径找正，找正后夹紧即可。

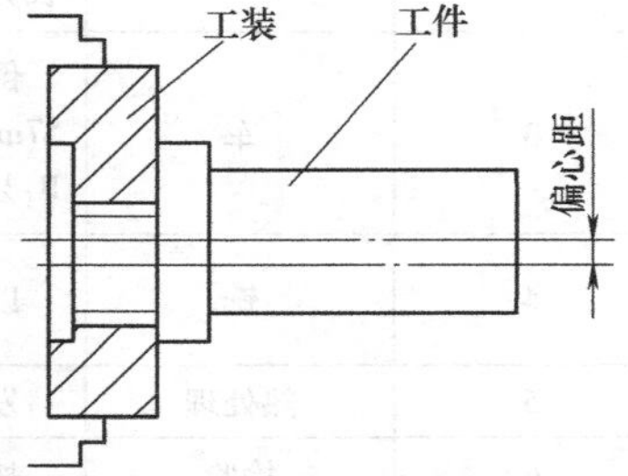

图4-12 用偏心夹具加工

3）若用棒料（圆钢）加工调整偏心轴，其加工工艺方法与用六方钢基本相同，只增加一道铣六方工序。

4.1.8 接头

接头如图4-13所示。

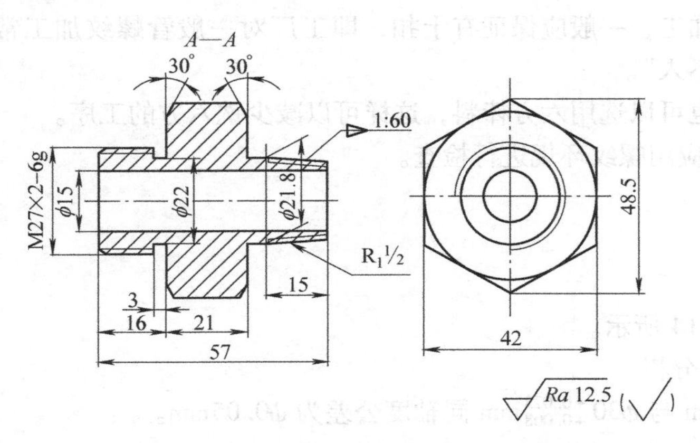

图4-13 接头

（1）零件图样分析

1）$R_1 1/2$是指55°密封管螺纹中与R_p（圆柱内螺纹）配合使用的圆锥外螺纹。其他见GB/T 7306—2000。

2）表面粗糙度全部Ra12.5μm。

3）发蓝处理。

4）零件材料Q235—A。

（2）接头机械加工工艺过程卡（表4-8）

表4-8 接头机械加工工艺过程卡

工序号	工序名称	工 序 内 容	工艺装备
1	下料	棒料ϕ50mm×340mm（五件连下）	锯床
2	车	自定心卡盘装夹工件，车一端面见平即可，钻ϕ15mm孔深60mm，车M27×2-6g螺纹外径至$\phi27_{-0.206}^{-0.026}$mm长16mm，倒六方左端面30°角，切槽3mm×ϕ22mm，车螺纹M27×2－6g倒角$C1$。切下保证总长为58mm	CA6140
3	车	倒头，自定心卡盘夹外圆，车另一端面，保证总长至图样尺寸57mm及尺寸21mm，倒六方右端面30°角。车锥螺纹外径，板牙套$R_1 1/2$管螺纹，倒角$C1$，保证锥螺纹长15mm	CA6140
4	铣	以M27×2－6g及左端面定位，夹紧工件，铣六方尺寸为42mm	X6132 专用工装
5	热处理	发蓝处理	
6	检验	按图样要求，检查各部尺寸	
7	入库	入库	

（3）工艺分析

1）接头零件多应用于水暖件、液压管路、气管路、油管路等。其结构形式较多，但加工工艺方法基本相同。这里所介绍的是其中的一种较典型结构形式，可说明接头一般加工工艺方法。

2）管螺纹的加工，一般应保证有十扣，即工厂对一般管螺纹加工常说的一句顺口溜，“五松、三紧、两不入”。

3）接头加工也可以选用六方棒料，这样可以减少铣六方的工序。

4）螺纹$R_1 1/2$应用螺纹环规进行检查。

4.1.9 惰轮轴

惰轮轴如图4-14所示。

（1）零件图样分析

1）$\phi30_{-0.04}^{-0.02}$mm与$\phi30_{+0.008}^{+0.023}$mm同轴度公差为ϕ0.05mm。

2）$\phi30_{-0.04}^{-0.02}$mm端面对基准B的垂直度公差为0.03mm。

3）菱形盘左端ϕ50mm面对基准B的垂直度公差为0.03mm。

4）菱形盘右端面对基准C的垂直度公差为0.06mm。

5）铸件不得有裂缝、疏松、缩孔等缺陷。

6）允许保留两端中心孔。

7）不加工表面涂硝化油漆。

8）去锐边毛刺。

9）正火处理，硬度229～302HRB。

10）材料QT600—3。

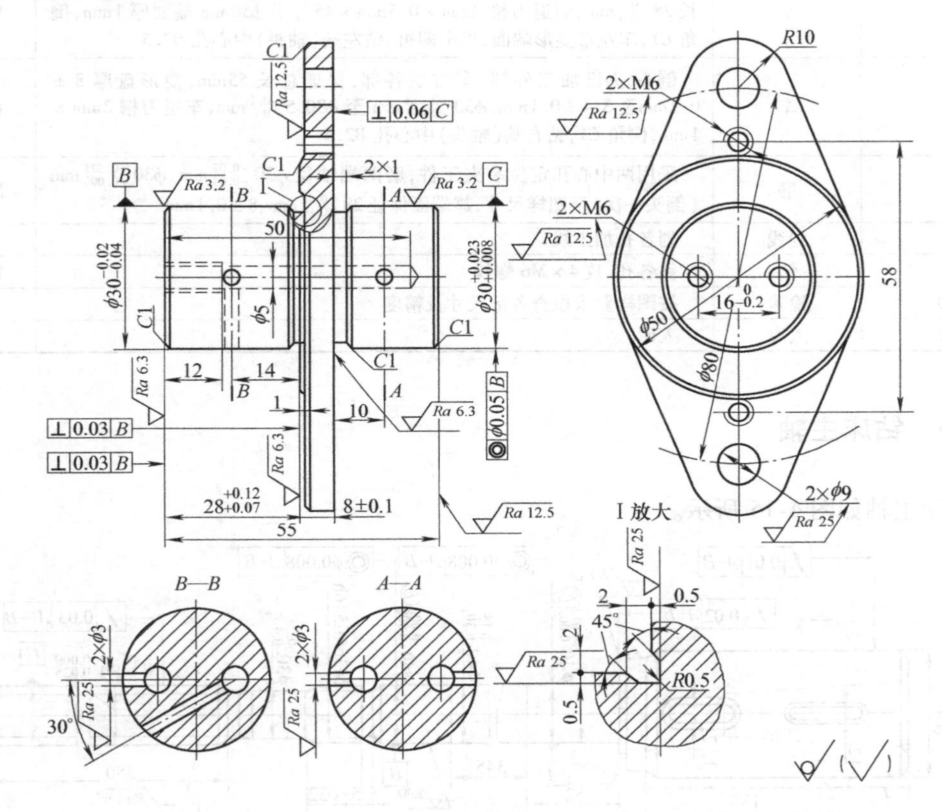

技 术 要 求

1. 铸件不得有裂缝、疏松、缩孔等缺陷。
2. 正火处理，硬度229～302HRB。
3. 允许保留两端中心孔。
4. 去锐边毛刺。
5. 不加工表面涂硝化油漆。
6. 材料QT600—3。

图4-14　惰轮轴

（2）惰轮轴机械加工工艺过程卡（表4-9）

（3）工艺分析

1）零件中间是连接用的菱形盘，两端都有凸出的轴。其中两端面对轴都有垂直度要求，轴与轴又有同轴度要求。所以工序安排在磨外圆时，采用两端中心孔定位装夹工件，同时要求靠磨端面，以保证轴与端面的垂直度及轴与轴的同轴度要求。

2）钻各孔（工序9）若采用组合夹具或专用钻模，可取消划线工序。

3）工件同轴度及垂直度的检查，可采用工件两端中心孔将工件装夹在偏摆仪上进行检测。

表4-9 惰轮轴机械加工工艺过程卡

工序号	工序名称	工 序 内 容	工艺装备
1	铸造	铸造	
2	清砂	清砂	
3	热处理	正火处理，硬度229～302HRB	
4	涂漆	不加工表面涂硝化漆	
5	车	夹右端外圆毛坯，车左端各部尺寸，$\phi30^{-0.02}_{-0.04}$mm车至$\phi30.5^{+0.1}_{0}$mm，长$28^{0}_{-0.1}$mm，切退刀槽2mm×0.5mm×45°，车$\phi50$mm端面厚1mm，倒角C1，车左端菱形端面，见平即可，钻左端（轴头）中心孔B2.5	C6132
6	车	倒头，夹已加工外圆，车右端各部，保证总长55mm，菱形盘厚8±0.1mm至8.4±0.1mm，$\phi30^{+0.023}_{+0.008}$mm至$\phi30.5^{+0.1}_{0}$mm，车退刀槽2mm×1mm，倒角C1，钻右端（轴头）中心孔B2.5	C6132
7	磨	采用两中心孔定位装夹工件，磨两端轴径$\phi30^{-0.02}_{-0.04}$mm、$\phi30^{+0.023}_{+0.008}$mm（倒头一次）至图样尺寸，靠端面保证$28^{+0.12}_{+0.07}$mm、8±0.1mm	M1412
8	划线	划各孔加工线	
9	钻	钻各孔、攻4×M6螺纹	Z3025
10	检验	按图样要求检查各部尺寸及精度	
11	入库	入库	

4.1.10 钻床主轴

钻床主轴如图4-15所示。

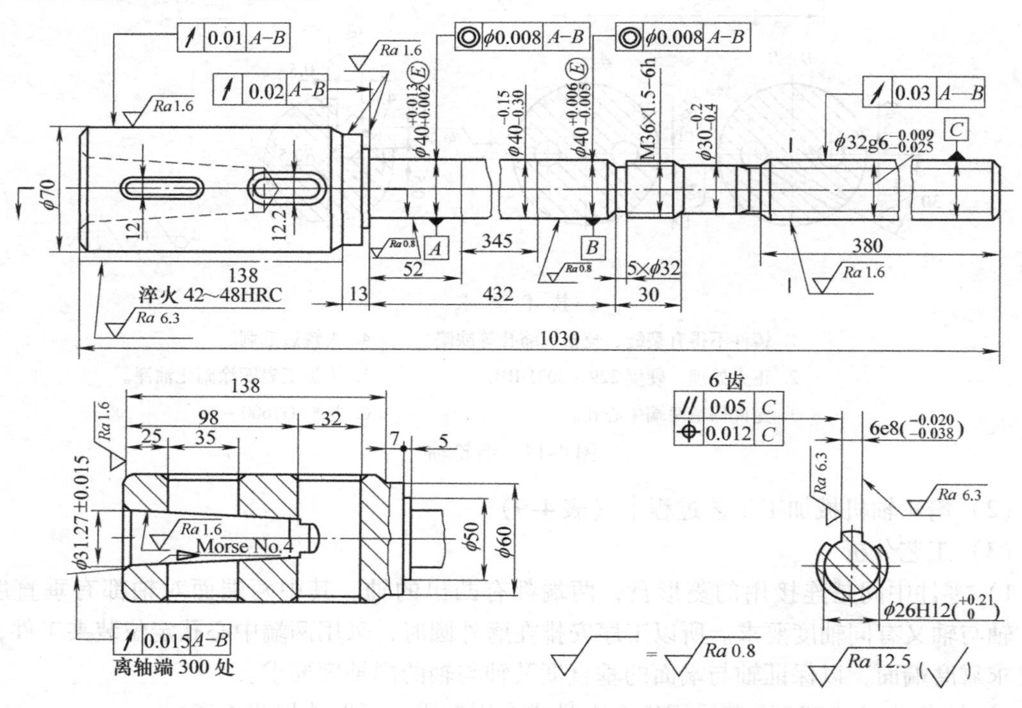

图4-15 钻床主轴

（1）零件图样分析

1）尺寸 $\phi70$mm 对公共轴线 A-B 的圆跳动公差为 0.01mm。

2）尺寸 $\phi40^{+0.013}_{+0.002}$mm 对公共轴线 A-B 的同轴度公差为 $\phi0.008$mm。

3）尺寸 $\phi40^{+0.006}_{-0.005}$mm 对公共轴线 A-B 的同轴度公差为 $\phi0.008$mm。

4）花键轴部分外圆 $\phi32^{-0.009}_{-0.025}$mm 对公共轴线 A-B 的圆跳动公差为 0.03mm。

5）花键轴花键的齿侧面对基准轴线 C 的平行度公差为 0.05mm，对称度公差为 0.012mm。

6）莫氏 4 号内圆锥孔对公共轴线 A-B 的圆跳动公差为 0.015mm。

7）$\phi40^{+0.013}_{+0.002}$mm × 52mm 的左端面对公共轴线 A-B 的圆跳动公差为 0.02mm。

8）锥孔接触面涂色检查接触面≥75%。

9）热处理先整体调质处理 28～32HRC，尺寸 $\phi70$mm × 138mm 部分淬火 42～48HRC。

（2）钻床主轴机械加工工艺过程卡（表 4-10）

表 4-10　钻床主轴机械加工工艺过程卡

工序号	工序名称	工序内容	工艺装备
1	锻造	自由锻	
2	热处理	正火	
3	划线	划端面及外形线，做为粗加工的参考尺寸线	
4	粗车	1）小端插入主轴孔，夹小端，粗车大端面，钻中心孔 A6.3 2）夹小端端部，顶大端中心孔，车大端外圆 $\phi70$mm 留加工余量 5mm 3）倒头车 $\phi32^{-0.009}_{-0.025}$mm 处至尺寸 $\phi40^{\ 0}_{-0.3}$mm 长 400mm	C6163
5	粗车	夹大端，上中心架，托 $\phi40^{\ 0}_{-0.3}$mm 处，车小端面，钻中心孔 A6.3，总长留加工余量 17mm（中心孔工艺凸台），粗车小端外圆各部留加工余量 5mm，照顾大端长 138mm，留加工余量 2mm（钻小端中心孔后，改夹大端顶小端中心孔）	C6163
6	热处理	调质处理 28～32HRC	
7	车	夹大端，顶小端，半精车小端外圆 $\phi32^{-0.009}_{-0.025}$mm 至 $\phi35^{\ 0}_{-0.2}$mm，长 400mm	C6163
8	车	夹大端，中心架托 $\phi35^{\ 0}_{-0.20}$mm 处，半精车小端面，修研中心孔。夹大端顶小端，去掉中心架，加工小端外圆各部尺寸，留加工余量 3mm	C6163
9	车	夹小端，托 $\phi40^{+0.013}_{+0.002}$mm 处，半精车 $\phi70$mm 端面和外圆，总长 1045mm（其中有工艺凸台 15mm）。外圆留加工余量 1.5mm，钻孔及精车莫氏 4 号圆锥孔，留余量 1.5～2.5mm	C6163
10	车	夹大端，顶小端，半精车小端各部外圆，留加工余量 1.5mm	C6163
11	划线	划 35mm × 12mm 及 32mm × 12.2mm 长孔线	
12	铣	用分度头夹大端顶小端，铣两长孔，至图样要求	X5032、分度头
13	热处理	对 $\phi70$mm × 138mm 处，进行局部淬火，硬度 42～48HRC	
14	精车	夹大端顶小端，精车小端各段外圆，倒角，留磨削加工余量 0.8mm	C6163
15	精车	夹小端，中心架托 $\phi40^{+0.013}_{+0.002}$mm，精车 $\phi70$mm，倒角，留磨削加工余量 0.8mm 中心架改托 $\phi70$mm 处，精车莫氏 4 号锥孔，倒角，留磨削加余量 0.3～0.5mm	C6163
16	铣	分度头夹大端、顶小端，粗铣、半精铣花键，留磨削余量 0.3mm	XA6132
17	磨	夹小端，顶大端（活顶尖），粗磨各段外圆，留精磨余量 0.4mm	M1432A

（续）

工序号	工序名称	工序内容	工艺装备
18	磨	夹小端，中心架托大端 ϕ70mm 处，粗磨锥孔，留磨削余量 0.3mm，装锥堵	M1432A
19	车	夹大端，顶小端，车螺纹 M36×1.5-6h 至图样要求	C6163
20	热处理	时效处理（消除机械加工内应力）	
21	磨	修研两端中心孔，采用两中心孔定位夹紧工件，半精磨各段外圆尺寸，留精磨余量 0.3mm	
22	磨	精磨花键至图样要求	花键轴磨床
23	磨	采用两中心孔定位装夹工件，精磨轴外圆各部尺寸至图样要求	M1432A
24	钳	取出左端（大头）锥堵	
25	磨	夹小端用中心架托 A 基准轴径 $\phi40^{+0.013}_{+0.002}$mm，以 B 基准轴径 $\phi40^{+0.006}_{-0.005}$mm 找正，精磨莫氏 4 号圆锥孔及端面至图样要求	
26	车	夹大端，托小端 $\phi30^{-0.2}_{-0.4}$mm 轴径，车掉小端工艺凸台，保证图样尺寸 1030mm	C6163
27	检验	检查各部尺寸及精度	
28	入库	涂油入库	

（3）工艺分析

1）钻床主轴结构比较复杂，又属细长轴类零件，其刚性较差。因此所有表面加工分为粗加工、半精加工和精加工三次，而且工序分得很细，这样经过多次加工以后，逐次减小了零件的变形误差。

2）安排足够的热处理工序，也是保证消除零件内应力，减少零件变形的手段。

3）为了保证支撑轴和锥孔的同轴度，加工过程中，配用锥堵使外圆和锥孔的加工能达到圆跳动公差为 0.015mm 要求。

4）在磨削莫氏 4 号锥孔时，利用基准轴径 A 做为支撑部位，用基准轴径 B 找正工件，保证了锥孔与基准轴的同轴度。

5）无论是车削还是磨削，工件夹紧力要适度，在保证工件无轴向窜动的条件下，应尽量减小夹紧力，避免工件产生弯曲变形，特别是在最后精车、精磨时，更应重视这一点。

4.1.11 铜套

铜套如图 4-16 所示。

（1）零件图样分析

1）$\phi35^{+0.041}_{+0.025}$mm 的圆柱度公差为 0.015mm。

2）$\phi35^{+0.041}_{+0.025}$mm 与 $\phi39^{+0.076}_{+0.060}$mm 的同轴度公差为 0.025mm。

3）两端面对 $\phi35^{+0.041}_{+0.025}$mm 的轴线垂直度公差为 0.05mm。

4）未注圆角为 $R0.5$。

5）零件材料 ZCuSn10Zn2。

（2）铜套机械加工工艺过程卡（表 4-11）

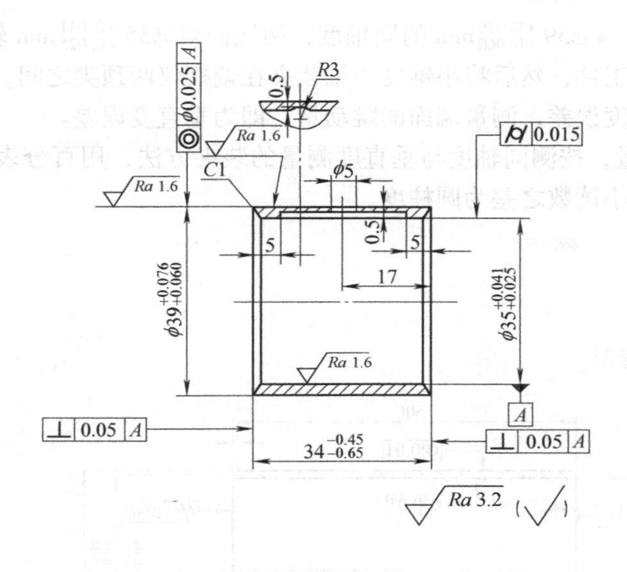

技术要求

1. 未注圆角为 R0.5。2. 材料 ZCuSn10Zn2。

图 4-16　铜套

表 4-11　铜套机械加工工艺过程卡

工序号	工序名称	工 序 内 容	工艺装备
1	下料	（棒料）ϕ45mm × 40mm	锯床
2	车	夹一端外圆，粗车外圆至 ϕ42mm，长 20mm，粗车端面见平即可，钻孔 ϕ30mm，粗车内孔至 ϕ33mm	CA6140
3	车	倒头夹 ϕ42mm 外圆，找正内孔，车外圆至 ϕ42mm，接上序 ϕ42mm，车端面保证总长 36mm	CA6140
4	精车	用专用工装装夹①工件，内孔找正，精车铜套内孔至图样尺寸 $\phi 35^{+0.041}_{+0.025}$mm，精车端面，保证总长 35mm，倒角。拉深 0.5mm，长 24mm 润滑槽	CA6140，专用工装
5	精车	用专用工装装夹②工件，内孔定位，精车铜套外圆至图样尺寸 $\phi 35^{+0.076}_{+0.060}$mm，精车另一端面并倒角，保证总长 $34^{-0.45}_{-0.65}$mm	CA6140，专用工装
6	钳	钻 ϕ5mm 油孔，孔轴线距铜套右端面 17mm。注意孔与润滑槽的相对位置。去毛刺	Z512B，组合夹具或专用钻模
7	检验	检查各部尺寸	
8	入库	入库	

① 可用开口弹性夹套装夹铜套，减少工件变形。

② 可采用可胀心轴装夹铜套。

（3）工艺分析

1）当批量生产铜套时，可采用铸造成筒形料，并多件连铸，这样可节约材料。

2）套类零件加工时，粗基准应选择在加工余量小的表面上。若采用铸造筒型料时，应根据材料的具体情况考虑加工工序的安排。

3）对于精度要求较高的铜套，当铜套压入与之相配套的零件后，采用过冲挤压方法保证最终装配尺寸及精度要求。

4）$\phi 35^{+0.041}_{+0.025}$mm 与 $\phi 39^{+0.076}_{+0.060}$mm 的同轴度，两端面对 $\phi 35^{+0.041}_{+0.025}$mm 轴线的垂直度检查，采用小锥度心轴装夹工件，然后将小锥度心轴装夹在偏摆仪两顶尖之间，用百分表测量外圆的跳动量，即为同轴度误差，测量端面的跳动量，即为垂直度误差。

5）圆柱度的测量，按测同轴度与垂直度测量的装夹方法，用百分表测量，测三个横截面，其最大读数与最小读数之差为圆柱度。

4.1.12　缸套

缸套如图4-17所示。

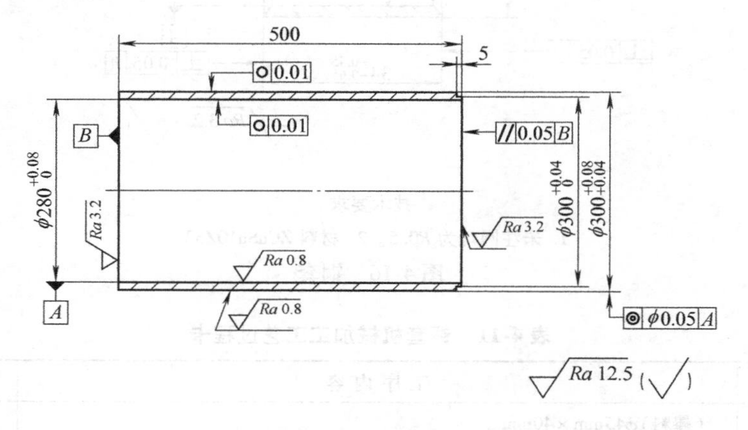

图4-17　缸套

（1）零件图样分析

1）外圆对基准 A 的同轴度公差为 $\phi 0.05$mm。

2）右端面对基准面 B 的平行度公差为 0.05mm。

3）外圆表面圆度公差为 0.01mm。

4）内圆表面圆度公差为 0.01mm。

5）正火 190～207HBW。

6）材料 QT600—3。

（2）缸套机械加工工艺过程卡（表4-12）

表4-12　缸套机械加工工艺过程卡

工序号	工序名称	工序内容	工艺装备
1	铸	铸造尺寸 φ315mm×φ265mm×515mm	
2	热处理	人工时效处理	
3	粗车	夹工件一端外圆，车内径至尺寸 φ270±1mm，车外圆至尺寸 φ310±1mm，车端面见平即可	CA6140
4	粗车	调头装夹工件外圆，车另一端内径尺寸至 φ270±1mm 接刀，车外圆至尺寸 φ310±1mm 接刀，车端面保证尺寸总长 508mm	CA6140

（续）

工序号	工序名称	工序内容	工艺装备
5	热处理	正火190～207HBW	
6	粗车	夹工件一端外圆，车内径至尺寸 $\phi275\pm0.5$mm，车外圆至 $\phi305\pm0.5$mm，车端面保证总长506mm（注：车内径和外圆时，长度应超过总长的一半）	CA6140
7	粗车	调头装夹工件外圆，车另一端内径尺寸至 $\phi275\pm0.5$mm 平滑接刀，车外圆至尺寸 $\phi305\pm0.5$mm 平滑接刀，车端面，保证工件总长504mm	CA6140
8	精车	夹工件一端外圆（注意合理的夹紧力，防止工件变形）。车内径至 $\phi279.2\pm0.05$mm；车外圆至 $\phi300.8\pm0.05$mm，（注意长度尺寸要超过250mm），车端面，保证总长尺寸502mm	CA6140
9	精车	调头装夹工件外圆，车另一端内径尺寸至 $\phi279.2\pm0.05$mm 平滑接刀，车外圆至尺寸 $\phi300.8\pm0.05$mm 平滑接刀，保证总长尺寸500.8mm	CA6140
10	磨	以外圆定位装夹工件，另一端采用中心架支承，磨内径至图样尺寸 $\phi280^{+0.08}_{0}$mm，磨端面保证工件总长500.4mm	中心架
11	磨	调头，以内孔定位装夹工件，尾座采用专用工装辅助支承，磨外圆至图样尺寸 $\phi300^{+0.08}_{+0.04}$mm，松开尾座磨端面，保证图样尺寸500mm，磨外圆 $\phi300^{+0.04}_{0}$mm，长度为5mm	专用工装
12	检验	按图样检查各部尺寸精度	
13	入库	涂油入库	

（3）工艺分析

1）缸套属于薄壁零件。由于薄壁工件的刚性差，在车削过程中受切削力和夹紧力的作用极易产生变形，影响工件尺寸精度和形状精度。因此，合理地选择装夹方法、刀具几何角度、切削用量及充分地进行冷却润滑，都是保证加工薄壁工件精度的关键。

2）零件内圆和外圆精度要求较高，加工时应粗、精分开。

3）缸套在最终使用时，是将缸套压入缸体后，再一次对内径尺寸进行重新加工。缸套端部 $\phi300^{+0.04}_{0}\text{mm}\times5\text{mm}$ 是在压入缸体时起定位和导入作用的。

4.1.13 偏心套

偏心套如图4-18所示。

（1）零件图样分析

1）偏心套为在180°方向对称偏心，偏心距为 8 ± 0.05mm。

2）$\phi120^{+0.043}_{+0.020}$mm 偏心圆中心线对中心孔的轴线的平行度公差为 $\phi0.01$mm。

3）$\phi120^{+0.043}_{+0.020}$mm 外圆圆柱度公差为0.01mm。

4）$\phi60^{+0.043}_{0}$mm 内圆圆柱度公差为0.01mm。

5）未注倒角 $C0.5$。

6）材料GCr15。

（2）偏心套机械加工工艺过程卡（表4-13）

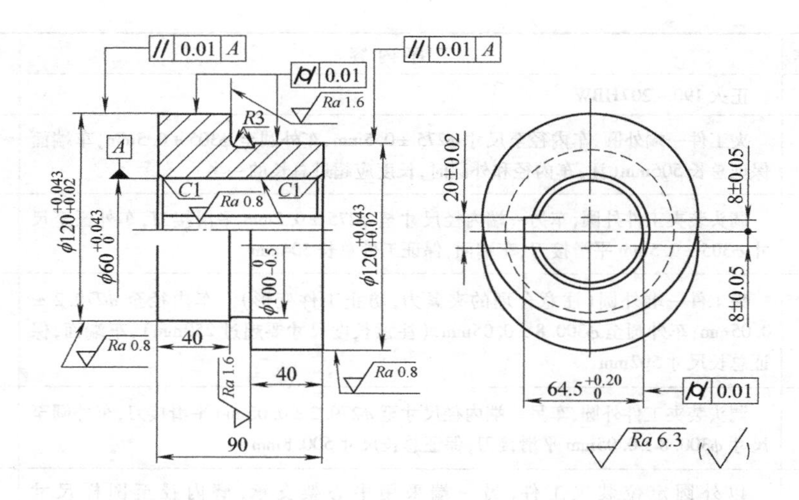

技术要求

1. 未注倒角 C0.5。2. 热处理 58～64HRC。3. 材料 GCr15。

图 4-18 偏心套

表 4-13 偏心套机械加工工艺过程卡

工序号	工序名称	工 序 内 容	工艺装备
1	下料	棒料 ϕ120mm×165mm	锯床
2	锻造	锻造尺寸 ϕ155mm×ϕ45mm×104mm	
3	热处理	正火	
4	粗车	夹毛坯外圆，粗车内孔至尺寸 ϕ55±0.05mm，粗车端面，见平即可。车外圆至 ϕ145mm，长 45mm	CA6140
5	粗车	倒头装夹，粗车外圆至 ϕ145mm，与上工序接刀，车端面，保证总长 95mm。在距端面 46mm 外车 $\phi100_{-0.5}^{0}$mm 圆至 ϕ102mm，槽宽 6mm，使槽靠外的端面距离外端面为 43mm	CA6140
6	精车	倒头，自定心卡盘夹工件外圆，找正，车内孔至尺寸 $\phi59_{-0.05}^{0}$mm，精车另一端面，保证总长 92mm，并做标记（此面为定位基准），精车 $\phi100_{0}^{+0.5}$mm 圆及两内侧端面，使槽宽为 8mm，保证槽靠外的端面距离外端面为 42mm	CA6140
7	钳	划键槽线（非标记端面）	
8	插	以有标记的端面及外圆定位，接线找正，插键槽，保证尺寸 20±0.02mm 及 $64.5_{0}^{+0.20}$mm 至尺寸 $64_{0}^{+0.15}$mm	B5020
9	钳	修锉键槽毛刺	
10	精车	以 $\phi59_{-0.05}^{0}$ mm 内孔及键槽定位，用专用偏心夹具装夹工件，车偏心 $\phi120_{+0.020}^{+0.043}$mm尺寸为 ϕ121.5mm，长 $42_{-0.5}^{-0.3}$mm	CA6140 专用工装
11	精车	以 $\phi59_{-0.05}^{0}$ mm 内孔及键槽定位，用专用偏心夹具装夹工件，车另一端 $\phi120_{+0.020}^{+0.043}$mm 尺寸至 ϕ121.5mm 长 $42_{-0.5}^{-0.3}$mm	CA6140 专用工装
12	热处理	淬火 58～64HRC	
13	热处理	冰冷处理	

（续）

工序号	工序名称	工序内容	工艺装备
14	热处理	回火	
15	磨	用专用偏心工装（或单动卡盘）装夹工件 $\phi121.5$mm 外圆处，按 $\phi59_{-0.05}^{\ 0}$mm 内孔找正，磨内孔至图样尺寸 $\phi60_{\ 0}^{+0.043}$mm	M2110A 专用工装
16	钳	修锉键槽中氧化皮	
17	磨	以 $\phi60_{\ 0}^{+0.043}$mm 内孔、键槽和一端面定位装夹工件（专用可胀心轴）。磨 $\phi120_{+0.02}^{+0.043}$mm 至图样尺寸，并靠磨此端外端面，保证偏心盘的厚度 40mm 为 41mm，并保证总长 91mm	M1432A 专用工装
18	磨	倒头，以 $\phi60_{\ 0}^{+0.043}$mm 内孔、键槽和一端面定位装夹工件（专用可胀心轴）。磨另一端 $\phi120_{+0.020}^{+0.043}$mm 至图样尺寸，并靠磨右端面，保证总长 90mm	M1432A 专用工装
19	磨	以 $\phi60_{\ 0}^{+0.043}$mm 内孔、键槽和一端面定位装夹工件（专用可胀心轴）。靠磨 $\phi100_{-0.5}^{\ 0}$mm 至图样尺寸，并靠磨两侧面保护尺寸 40mm	M1432A 专用工装
20	检验	按图样要求检查各部尺寸和精度	
21	入库	入库	

（3）工艺分析

1）该零件硬度较高，采用 GCr15 轴承钢材料，在进行热处理时，在淬火和回火之间，增加一冰冷处理工序，这样可以更好地保证工件尺寸的稳定性，减少变形。

2）为了保证工件偏心距的精度，可采用以下加工方法：

①当加工零件数量较多，精度要求较高时，一般应采用专用工装装夹工件进行加工。

因该零件的两处偏心完全一样，因此，在加工时可用同一方法，分别两次装夹即可。

②当加工零件数量较少，精度要求又不高时，可采用单动卡盘或自定心卡盘装夹工件进行加工。加工前应先划线，然后按线找正装夹，在保证偏心距的基础上，使偏心部分轴线与车床主轴旋转轴线相重合，要保证零件侧母线与车床主轴轴线平行。否则加工出零件的偏心距前后不一致。

3）在加工偏心工件时，由于旋转离心作用，会影响零件的圆度、圆柱度等公差，会造成零件壁厚不均匀等。因此，在加工时，除注意保证夹具体总体平衡外，还应注意合理选择切削用量和有效的冷却润滑。

4）当零件上键槽精度要求不高或零星加工时，可采用插削方法加工键槽。若键槽精度要求较高，零件数量又较多，应采用拉削方法加工键槽。

5）偏心距误差的检查方法如图 4-19 所示。首先将偏心套装在 1:3000（$\phi60$mm）小锥度心轴上（采用 1:3000锥度心轴主要是为了消除偏心套与心轴之间的间隙，以提高定位精度。心轴大、小端直径及心轴长度的选择，应能包容孔径的最大与最小值，并保证工件在心轴中心位置为宜）。心轴两端备有高精度的中心孔，将心轴装夹在偏摆仪两顶尖之间，将百分表触头顶在 $\phi120_{+0.020}^{+0.043}$mm 外圆上，转动心轴，百分表最大读

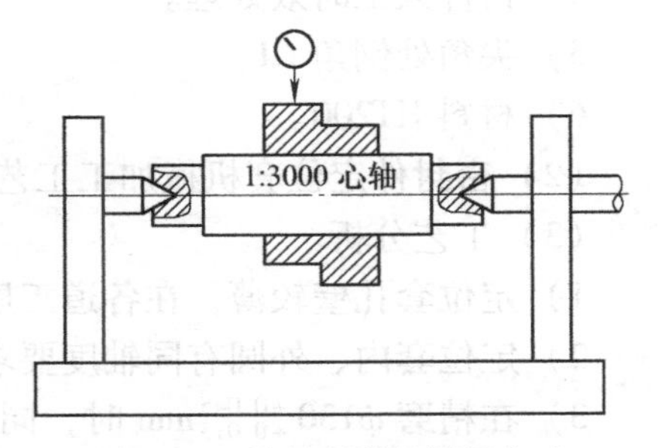

图 4-19　偏心距误差测量方法

数与最小读数之差，即为偏心距。

6）$\phi120^{+0.043}_{+0.020}$mm 偏心圆中心线对中心孔的轴线的平行度误差检查方法。同样将偏心套装在1∶3000 小锥度心轴上，然后将小锥度心轴放在两块标准 V 形块上（V 形块放在工作平板上），先用百分表找出偏心套外圆最高点，然后在相距 30mm 处，测出两最高点值，其两点误差为两轴线平行度值。

7）圆柱度的检查方法，将偏心套装在1∶3000小锥度心轴上，再将心轴装夹在偏摆仪两顶尖之间（图 4-19），将百分表触头顶在 $\phi120^{+0.043}_{+0.020}$mm 外圆上，转动心轴，测三个横截面，其百分表最大读数与最小读数之差，即为圆柱度误差。

4.1.14 密封件定位套

密封件定位套如图 4-20 所示。

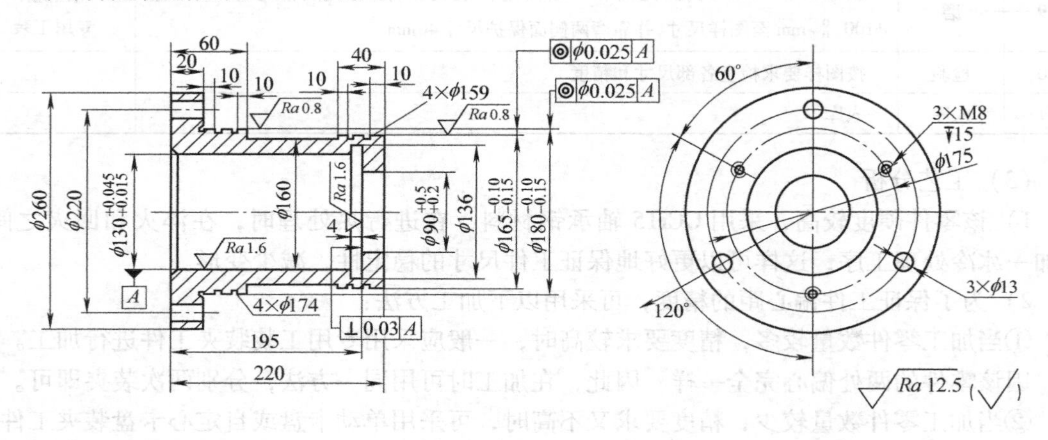

技术要求

1. 材料不能有疏松、夹渣等缺陷。2. 铸件人工时效处理。3. 尖角倒钝。4. 材料 HT200。

图 4-20 密封件定位套

（1）零件图样分析

1）$\phi165^{-0.10}_{-0.15}$mm 轴线对 $\phi130^{+0.045}_{+0.015}$mm 基准孔轴线的同轴度公差为 $\phi0.025$mm。

2）$\phi180^{-0.10}_{-0.15}$mm 轴线对 $\phi130^{+0.045}_{+0.015}$mm 基准孔轴线的同轴度公差为 $\phi0.025$mm。

3）$\phi130^{+0.045}_{+0.015}$mm 右端面对其轴线的垂直度公差为 0.03mm。

4）铸件人工时效处理。

5）尖角处倒角 $C1$。

6）材料 HT200。

（2）密封件定位套机械加工工艺过程卡（表 4-14）

（3）工艺分析

1）定位套孔壁较薄，在各道工序加工时应注意选用合理的夹紧力，以防工件变形。

2）定位套内、外圆有同轴度要求，为保证加工精度，工艺安排应粗、精加工分开。

3）在精磨 $\phi130^{+0.045}_{+0.015}$mm 时，同时靠磨 $\phi136$mm 右端面，以保证 $\phi130^{+0.045}_{+0.015}$mm 右端面对其轴线的垂直度公差 0.03mm（这种方法工厂俗称“工艺保证”）。

表4-14　密封件定位套机械加工工艺过程卡

工序号	工序名称	工序内容	工艺装备
1	铸	铸件各部留加工余量7mm	
2	清砂	清砂	
3	热处理	人工时效处理	
4	粗车	夹工件右端外圆，照顾铸件壁厚均匀，车内径各部尺寸，留加工余量5mm，车右端面，保证工件总长为226mm，法兰盘壁厚23mm，其余各部留余量5mm	CA6163
5	粗车	倒头，以内径定位装夹工件，法兰盘外圆找正，车外圆各部，留加工余量5mm	CA6163
6	精车	夹工件右端外圆，车内径至尺寸 $\phi130^{+0.8}_{+0.6}$mm，深195mm处车内槽 $\phi136$mm × 4mm，车外端面，保证工件总长222mm，车 $\phi260$mm 法兰盘厚度22mm	CA6163
7	精车	倒头，以内径定位装夹工件，精车右端外圆各部尺寸，留磨量0.8mm（注 $\phi160$mm 不留加工余量），车端面保证工件总长220mm，车内径 $\phi90^{+0.5}_{+0.2}$mm 至尺寸 $\phi90^{+0.20}_{+0.12}$mm，切各环槽至图样尺寸	CA6163
8	磨	夹工件右端外圆，内径找正，粗、精磨内径至图样尺寸 $\phi130^{+0.045}_{+0.015}$mm，靠磨 $\phi136$mm 端面，磨 $\phi90^{+0.5}_{+0.2}$mm	M1432A
9	磨	以内径定位装夹工件，磨 $\phi165^{-0.10}_{-0.15}$mm 外圆，磨 $\phi180^{-0.10}_{-0.15}$mm 外圆至图样尺寸	
10	钳	划 $\phi175$mm 中心圆上 3 × M8 孔线，划 $\phi220$mm 中心圆上 3 × $\phi13$mm 孔线	
11	钳	钻 3 × $\phi13$mm 孔，钻 3 × M8 底孔 $\phi6.7$mm、攻螺纹 M8、深15mm	Z525
12	检验	按图样检验工件各部尺寸及精度	
13	入库	涂油入库	

4）$\phi165^{-0.10}_{-0.15}$mm、$\phi180^{-0.10}_{-0.15}$mm 中心线对 $\phi130^{+0.045}_{+0.015}$mm 基准孔中心线的同轴度误差的检测方法，采用1:3000锥度心轴（图4-21）。先将工件装在锥度心轴上，再将心轴装在偏摆仪上（图4-22），将百分表触头与工件外圆最高点接触，然后转动锥度定位心轴，百分表跳动值为同轴度误差。

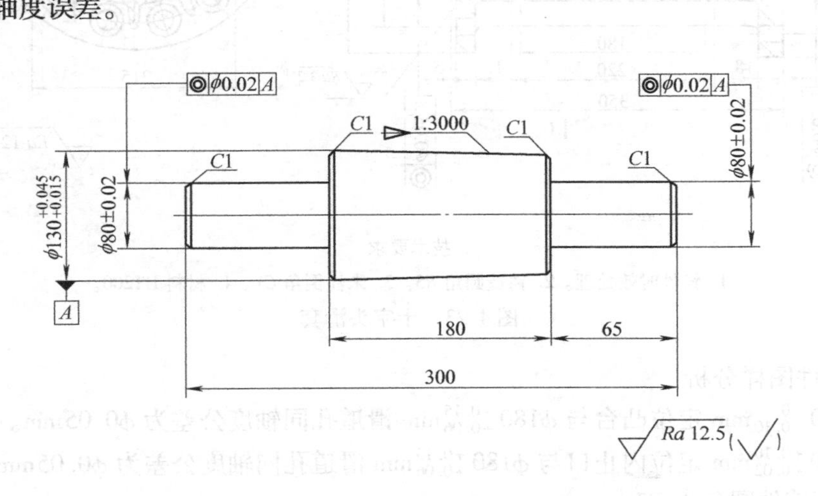

技术要求

1. 尖角倒钝。　　2. 材料HT200。

图4-21　锥度心轴

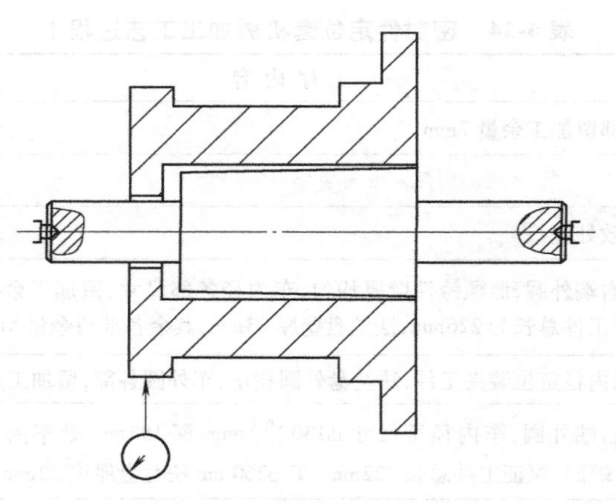

图 4-22　同轴度检验示意图

4.1.15　十字头滑套

十字头滑套如图 4-23 所示。

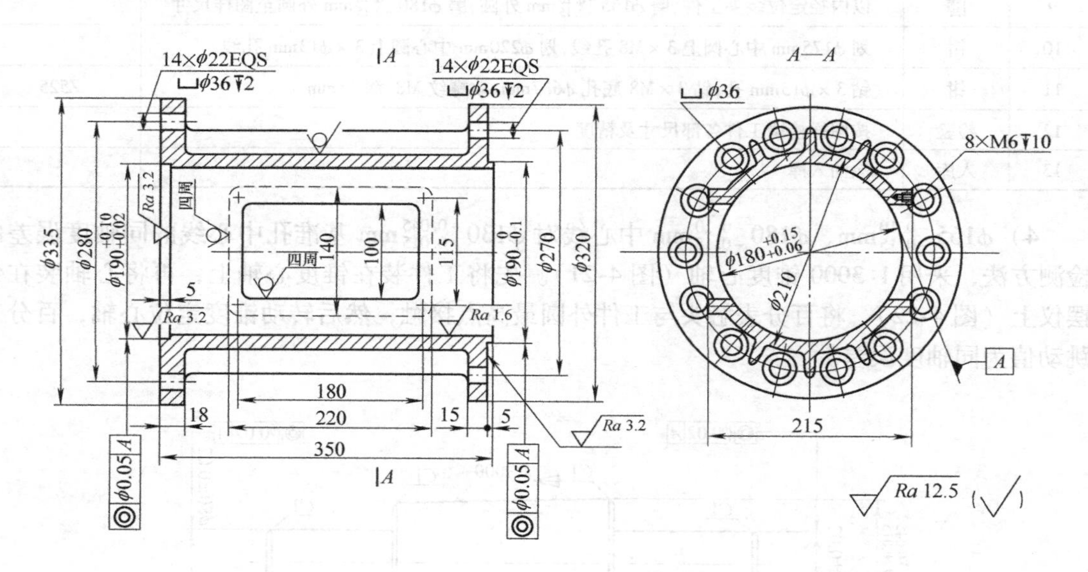

技术要求

1. 铸件时效处理。2. 铸造圆角 $R5$。3. 未注倒角 $C1$。4. 材料 HT200。

图 4-23　十字头滑套

（1）零件图样分析

1）$\phi190_{-0.10}^{\ 0}$mm 定位凸台与 $\phi180_{+0.06}^{+0.15}$mm 滑道孔同轴度公差为 $\phi0.05$mm。

2）$\phi190_{+0.02}^{+0.10}$mm 定位内止口与 $\phi180_{+0.06}^{+0.15}$mm 滑道孔同轴度公差为 $\phi0.05$mm。

3）未注铸件圆角为 $R5$。

4）铸件应人工时效处理。

5）零件材料 HT200。

（2）十字头滑套机械加工工艺过程卡（表4-15）

表4-15 十字头滑套机械加工工艺过程卡

工序号	工序名称	工序内容	工艺装备
1	铸	铸造	
2	清砂	清砂	
3	热处理	人工时效处理	
4	清砂	细清砂	
5	涂漆	非加工表面涂防锈漆	
6	划线	划十字线，划 $\phi180^{+0.15}_{+0.06}$mm 孔线，照顾壁厚均匀，划 350mm 总长加工线	
7	车	夹 $\phi335$mm（毛坯）外圆，按线找正，车右端 $\phi320$mm 至图样尺寸，车端面及 $\phi190^{0}_{-0.10}$mm 凸台，留加工余量 5mm，照顾法兰盘厚度尺寸 15mm，粗车内孔 $\phi180^{+0.15}_{+0.06}$mm 至 $\phi175$mm	CW6180
8	车	倒头，夹 $\phi320$mm 外圆，按内孔 $\phi175$mm 找正，车 $\phi335$mm 至图样尺寸，车端面及 $\phi190^{+0.10}_{+0.02}$mm 内止口，各留加工余量 5mm，照顾法兰盘厚度尺寸 18mm	CW6180
9	精车	夹 $\phi320$mm 外圆，按内孔 $\phi175$mm 找正，车 $\phi335$mm 端面及 $\phi190^{+0.10}_{+0.02}$mm × 5mm 内止口至图样尺寸，倒角 $C1$	CW6180
10	精车	倒头，以 $\phi190^{+0.10}_{+0.02}$mm × 5mm 内止口及 $\phi335$mm 端面定位压紧（专用工装）①，精车 $\phi320$mm、端面及 $\phi190^{0}_{-0.10}$mm × 5mm 凸台，保证总长 350mm。精车内孔 $\phi180^{+0.15}_{+0.06}$mm，至图样尺寸，表面粗糙度为 $Ra1.6\mu m$	CW6180 专用工装
11	划线	划两个方法兰线 215mm	
12	铣	以 $\phi190^{+0.10}_{+0.02}$mm × 5mm，内止口及 $\phi335$mm 端面定位按线找正压紧（工装）铣兰盘两侧平面（端铣），保证尺寸 215mm	X6132 专用工装或组合夹具
13	钻	以 $\phi190^{+0.10}_{+0.02}$mm × 5mm 内止口及 $\phi335$mm 端面定位，按十字中心线找正压紧，采用钻模钻右端兰盘 14 × $\phi22$mm 各孔，锪 $\phi36$mm × 2mm 平面	Z3050 专用工装
14	钻	采用钻模以 $\phi190^{0}_{-0.10}$mm 凸台及 $\phi320$mm 端面定位，按十字中心线找正压紧，钻左端兰盘 14 × $\phi22$mm 各孔，锪 $\phi36$mm 平面	Z3050 专用工装
15	钻	采用钻模，按方兰盘外形找正，钻、攻 8 × M6、深 10mm 螺纹	Z3050 专用工装
16	检验	按图样检查各部尺寸及精度	
17	入库	涂防锈油、入库	

① 专用工装加工方法见本节工艺分析。

（3）工艺分析

1）划线工序（工序6）主要是为了照顾铸件的壁厚均匀，兼顾各部分的加工量，减少铸件的废品率。

2）$\phi180^{+0.15}_{+0.06}$mm 内孔，中间部分，由两段圆弧组成，而内孔表面粗糙度要求又较高（$Ra1.6\mu m$），在加工中会出现很长一段断续切削，所以在加工时，应注意切削用量的选择及合理选用刀具的几何角度。

3）工序10精车内孔 $\phi180^{+0.15}_{+0.06}$mm，先在车床花盘上装夹一块较厚的铸铁板（此时铸铁板两平面已铣加工，并在 $\phi370$mm 圆周上钻、攻 6 × M16，作为安装十字头滑套压板用），车铸铁板端面，并车出 $\phi190^{0}_{-0.05}$mm 凸台，高度为 $4^{0}_{-0.10}$mm，作为加工内孔 $\phi180^{+0.15}_{+0.06}$mm

定位用基准。这样可以很好地保证定位凸台（工件的定位内止口）及端面与车床回转中心线的同轴度和垂直度。应该注意每换装一次工装必须要重新车削一次定位平面和凸台。

4）两个 $\phi190$mm（凸台和内止口）与 $\phi180^{+0.15}_{+0.06}$mm 孔的同轴度，主要由设备来保证，所以加工机床的精度在很大程度上决定了零件的加工精度。

同轴度的检查，可采用心轴、百分表及偏摆仪配合进行检测。

4.1.16　车床尾座套筒

车床尾座套筒如图4-24所示。

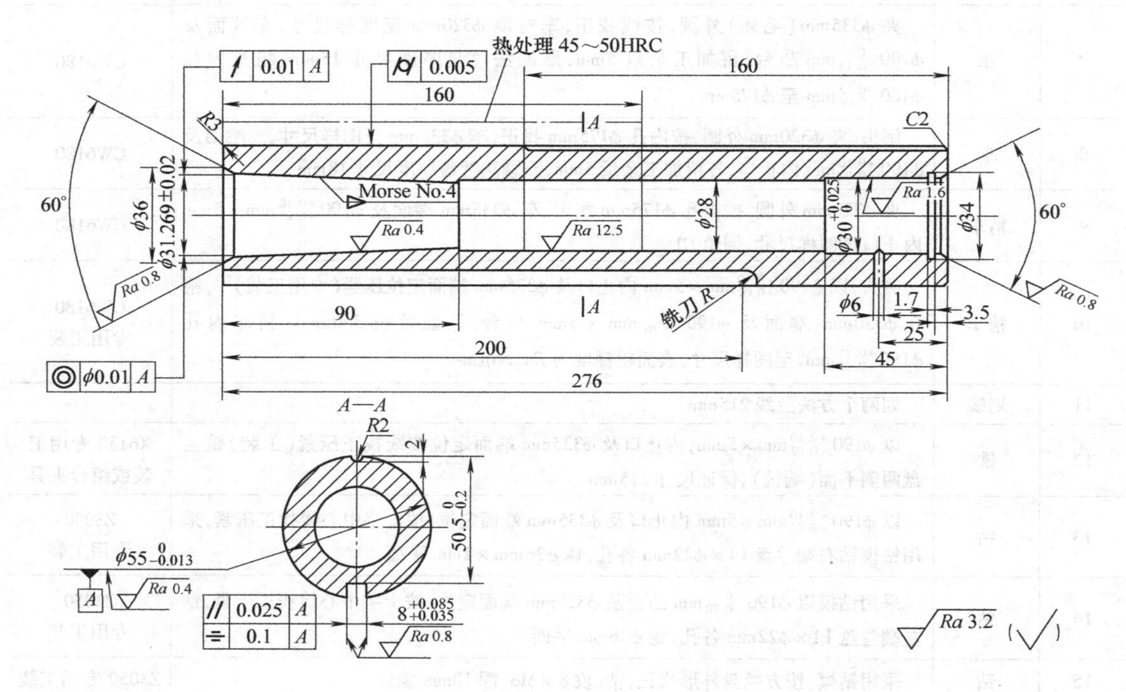

技术要求

1. 调质处理28～32HRC。2. 局部外圆及锥孔淬火45～50HRC。3. 锥孔涂色检查接触面积应大于75%。4. 未注明倒角C0.5。5. 材料45钢。

图4-24　车床尾座套筒

（1）零件图样分析

1）$\phi55^{\ 0}_{-0.013}$mm 外圆的圆柱度公差为0.005mm。

2）莫氏4号锥孔轴线与 $\phi55^{\ 0}_{-0.013}$mm 外圆轴线的同轴度公差为 $\phi0.01$mm。

3）莫氏4号锥孔轴线对 $\phi55^{\ 0}_{-0.013}$mm 外圆轴线的径向跳动公差为0.01mm。

4）键槽 $8^{+0.085}_{+0.035}$mm 对 $\phi55^{\ 0}_{-0.013}$mm 外圆轴线的平行度公差为0.025mm，对称度公差为0.1mm。

5）锥孔涂色检查其接触面积应大于75%。

6）调质处理28～32HRC。

7）局部外圆及锥孔淬火45～50HRC。

（2）车床尾座套筒机械加工工艺过程卡（表4-16）

表4-16 车床尾座套筒机械加工工艺过程卡

工序号	工序名称	工序内容	工艺装备
1	下料	棒料 ϕ80mm×165mm	锯床
2	锻造	锻造尺寸 ϕ60mm×285mm	
3	热处理	正火	
4	粗车	夹一端粗车外圆至尺寸 ϕ58mm，长200mm，车端面见平即可。钻孔 ϕ20mm，深188mm；扩孔 ϕ26mm，深188mm	CA6140
5	粗车	倒头，夹 ϕ58mm 外圆并找正，车另一端外圆至 ϕ58mm，与上序光滑接刀，车端面保证总长280mm。钻孔 ϕ23.5mm 钻通	CA6140
6	热处理	调质28～32HRC	
7	车	夹左端外圆，中心架托右端外圆，车右端面保证总长278mm，扩 ϕ26mm 孔至 ϕ28mm，深186mm，车右端头 ϕ32mm×60°内锥面	CA6140 中心架
8	半精车	采用两顶尖装夹工件，上卡箍，车外圆至 ϕ55.5±0.05mm 倒头，车另一端外圆，光滑接刀。右端倒角 $C2$，左端倒 $R3$ 圆角，保证总长276mm	CA6140
9	精车	夹左端外圆，中心架托右端外圆，找正外圆，车 $\phi30^{+0.025}_{0}$mm 孔至 $\phi29.5^{+0.05}_{0}$mm，深44.5mm，车 ϕ34mm×1.7mm 槽，保证3.5mm和1.7mm	CA6140
10	精车	倒头，夹右端外圆，中心架托左端外圆，找正外圆，车莫氏4号内锥孔，至大端尺寸为 ϕ30.5±0.05mm，车左端头 ϕ36mm×60°	CA6140
11	划线	划 $R2$×160mm 槽线，$8^{+0.085}_{+0.035}$mm×200mm 键槽线，ϕ6mm 孔线	
12	铣	以 ϕ55.5±0.05mm 外圆定位装夹铣 $R2$ 深2mm，长160mm 圆弧槽	X6132 专用工装或组合夹具
13	铣	以 ϕ55.5±0.05mm 外圆定位装夹铣键槽 $8^{+0.085}_{+0.035}$mm 长200mm，并保证 $50.5^{0}_{-0.2}$mm（注意外圆加工余量）保证键槽与 $\phi55^{0}_{-0.013}$mm 外圆轴线的平行度和对称度	X6132 专用工装或组合夹具、专用检具
14	钻	钻 ϕ6mm 孔，其中心距右端面为25mm	Z512 组合夹具
15	钳	修毛刺	
16	热处理	左端莫氏4号锥孔及160mm长的外圆部分，高频感应加热淬火45～50HRC	
17	研磨	研磨两端60°内锥面	
18	粗磨	夹右端外圆，中心架托左端外圆，找正外圆，粗磨莫氏4号锥孔，留磨余量0.2mm	M2110A 中心架
19	粗磨	采用两顶尖定位装夹工件，粗磨 $\phi55^{0}_{-0.013}$mm 外圆，留磨余量0.2mm	M1432A
20	精磨	夹右端外圆，中心架托左端外圆，找正外圆，精磨莫氏4号锥孔至图样尺寸，大端为 ϕ31.269±0.05mm，涂色检查，接触面积应大于75%。修研60°锥面	M2110A 莫氏4号锥度塞规
21	精车	夹左端外圆，中心架托右端外圆，找正外圆，精车内孔 $\phi30^{+0.035}_{0}$mm 至图样尺寸，深45±0.15mm，修研60°锥面	CA6140 中心架
22	精磨	采用两顶尖定位装夹工件，精磨外圆至图样尺寸 $\phi55^{0}_{-0.015}$mm	M1432A
23	检验	按图样检查各部尺寸及精度	
24	入库	涂油入库	

（3）工艺分析

1）在安排加工工序时，应将粗、精加工分开，以减少切削应力对加工精度的影响。并在调质处理前进行粗加工，调质处理后进行半精加工和精加工。

2）车床尾座套筒左端莫氏4号锥孔与右端ϕ28mm、ϕ30mm孔，应在进行调质处理前钻通，这样有利于加热和内部组织的转变，使工件内孔得到较好的处理。

3）精磨$\phi 55_{-0.013}^{0}$mm外圆时，以两端60°锥面定位，分两次装夹，这样有利于消除磨削应力引起工件变形。也可采用专用锥度心轴定位装夹工件，精磨$\phi 55_{-0.013}^{0}$mm外圆。

4）工序18以后，再采用中心架托夹工件外圆时，由于键槽$8_{+0.035}^{+0.085}$mm的影响，这时应配作一套筒配合中心架的装夹，以保证工件旋转平稳，不发生振动。

5）$\phi 55_{-0.013}^{0}$mm外圆的轴线是工件的测量基准，所以磨削莫氏4号锥孔时，定位基准必须采用$\phi 55_{-0.013}^{0}$mm外圆。加工时还应找正其上素线与侧素线之后进行。

6）加工$8_{+0.035}^{+0.085}$mm键槽时，应在夹具上设置对称度测量基准，在加工对刀时，可边对刀边测量，以保证键槽$8_{+0.035}^{+0.085}$mm对$\phi 55_{-0.013}^{0}$mm外圆轴线的对称度。

7）$\phi 55_{-0.013}^{0}$mm外圆的圆柱度检验，可将工件外圆放置在标准V形块上（V形块放在标准平板上），用百分表测量出外圆点的圆度值，然后再算出圆柱度值（图4-25）。也可采用偏摆仪方法，先测出工件的圆度值，然后再计算出圆柱度值。

8）$8_{+0.035}^{+0.085}$mm键槽对称度的检验，采用键槽对称度量规进行检查（图4-26）。

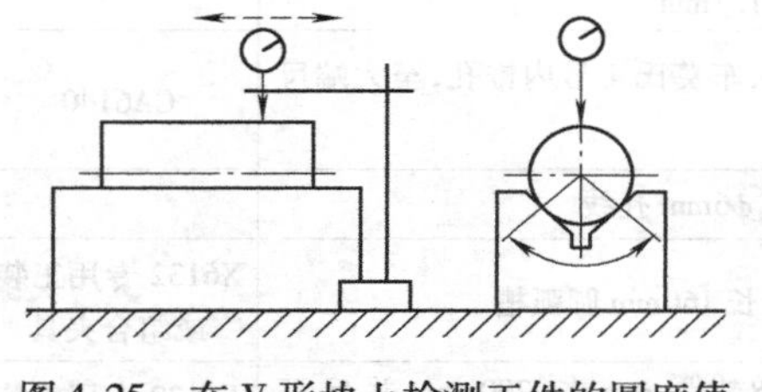

图4-25 在V形块上检测工件的圆度值

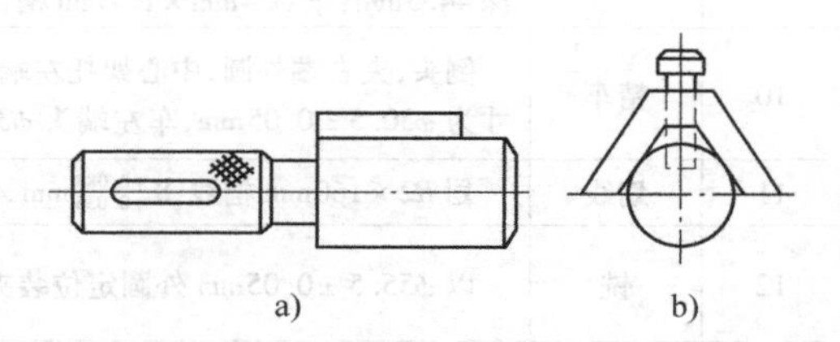

图4-26 键槽对称度量规
a）内孔键槽量规 b）外圆键槽量规

9）用标准莫氏4号锥塞规涂色检查工件的锥孔，其接触面积应大于75%。

4.1.17 活塞

活塞如图4-27所示。

（1）零件图样分析

1）活塞环槽侧面与$\phi 80_{0}^{+0.034}$mm中心线的垂直度公差为0.02mm。

2）活塞外圆$\phi 134_{-0.08}^{0}$mm与$\phi 80_{0}^{+0.034}$mm中心线的同轴度公差为0.04mm。

3）左右两端ϕ90mm内端面与$\phi 80_{0}^{+0.034}$mm中心线的垂直度公差为0.02mm。

4）由于活塞环槽与活塞环配合精度要求较高，所以活塞环槽加工精度相对要求较高。

5）活塞上环槽$8_{0}^{+0.02}$mm入口处的倒角为$C0.3$。

6）材料HT200，铸造后时效处理。

7）未注明倒角$C1$。

（2）活塞机械加工工艺过程卡（表4-17）

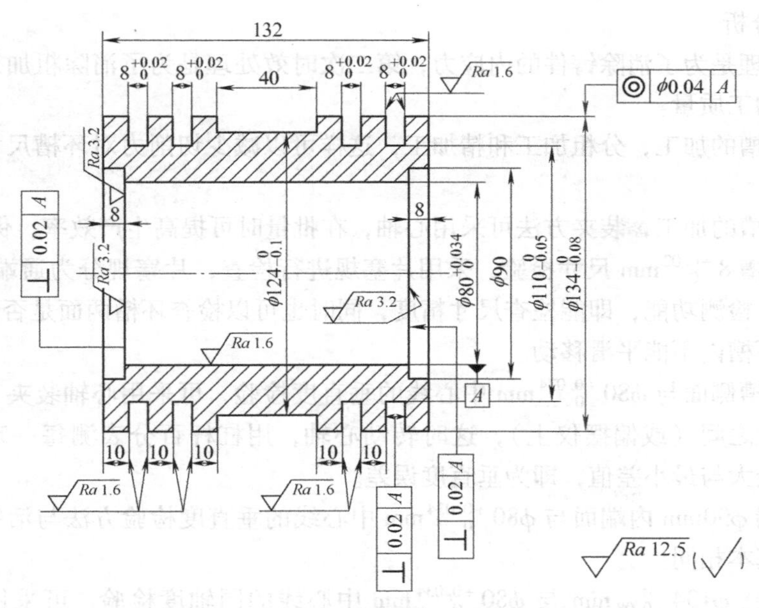

技术要求

1. 铸件时效处理。2. 未注明倒角 $C1$。3. 活塞环槽 $8^{+0.02}_{0}$mm 入口倒角 $C0.3$。4. 材料 HT200。

图 4-27　活塞

表 4-17　活塞机械加工工艺过程卡

工序号	工序名称	工 序 内 容	工艺装备
1	铸造	铸造	
2	清砂	清砂,去冒口	
3	检验	检验铸件有无缺陷	
4	热处理	时效处理	
5	粗车	夹外圆 $\phi134^{\ 0}_{-0.08}$mm(毛坯),粗车 $\phi80^{+0.034}_{\ 0}$mm 内孔至 $\phi76$mm 及端面,见平即可,粗车外圆尺寸至 138mm,长度大于 80mm	C6140
6	粗车	倒头装夹 $\phi138$mm,粗车外圆尺寸至 $\phi138$mm 光滑接刀,车端面保证尺寸总长为 135mm	C6140
7	热处理	二次时效处理	
8	检验	检验工件有无气孔,夹渣等缺陷	
9	半精车	夹 $\phi80^{+0.034}_{\ 0}$mm 内孔,半精车外圆,留量 1.5mm。按图样尺寸切槽 $8^{+0.02}_{\ 0}$mm 至 6mm,车端面照顾尺寸 10mm,车 $\phi90$mm × 8mm 凹槽,留加工余量 1mm	C6140
10	精车	倒头装夹,夹外圆并找正,精车孔至 $\phi80^{+0.034}_{\ 0}$mm 车端面,保证总长尺寸为 132.5mm。车凹槽 $\phi90$mm × 8mm,倒角 $C1.5$	C6140
11	精车	以内孔定位,倒头装夹,精车另一端面,保证总长尺寸为 132mm,精车另一凹槽 $\phi90$mm × 8mm,倒角 $C1$,精车外圆 $134^{\ 0}_{-0.08}$mm,切各槽至图样尺寸 $8^{+0.02}_{\ 0}$mm,内径 $\phi110^{\ 0}_{-0.05}$mm,保证各槽间距 10mm 及各槽入口处倒角 $C0.3$。车中间环槽 40mm × $\phi124^{\ 0}_{-0.1}$mm	
12	检验	检验各部尺寸及精度	
13	入库	入库	

（3）工艺分析

1）时效处理是为了消除铸件的内应力，第二次时效处理是为了消除粗加工和铸件残余应力。以保证加工质量。

2）活塞环槽的加工，分粗加工和精加工，这样可以减少切削力对环槽尺寸的影响，以保证加工质量。

3）活塞环槽的加工，装夹方法可采用心轴，在批量时可提高生产效率，保证质量。

4）活塞环槽 $8^{+0.02}_{0}$mm 尺寸检验，采用片塞规进行检查，片塞规分为通端和止端两种。片塞规具有综合检测功能，即能检查尺寸精度，同时也可以检查环槽两面是否平行，如不平行，片塞规在环槽内不能平滑移动。

5）活塞环槽侧面与 $\phi80^{+0.034}_{0}$mm 中心线的垂直度检验，可采用心轴装夹工件，再将心轴装夹在两顶尖之间（或偏摆仪上），这时转动心轴，用杠杆百分表测每一环槽的两个侧面，所测读数最大与最小差值，即为垂直度误差。

左、右两端 $\phi90$mm 内端面与 $\phi80^{+0.034}_{0}$mm 中心线的垂直度检验方法与活塞环槽侧面垂直度检验方法基本相同。

6）活塞外圆 $\phi134^{0}_{-0.08}$mm 与 $\phi80^{+0.034}_{0}$mm 中心线的同轴度检验，可采用心轴装夹工件，再将心轴装夹在两顶尖之间（或偏摆仪上），这时转动心轴，用百分表测出活塞外圆跳动的读数最大与最小差值，即为同轴度误差。

4.1.18　十字头

十字头如图 4-28 所示。

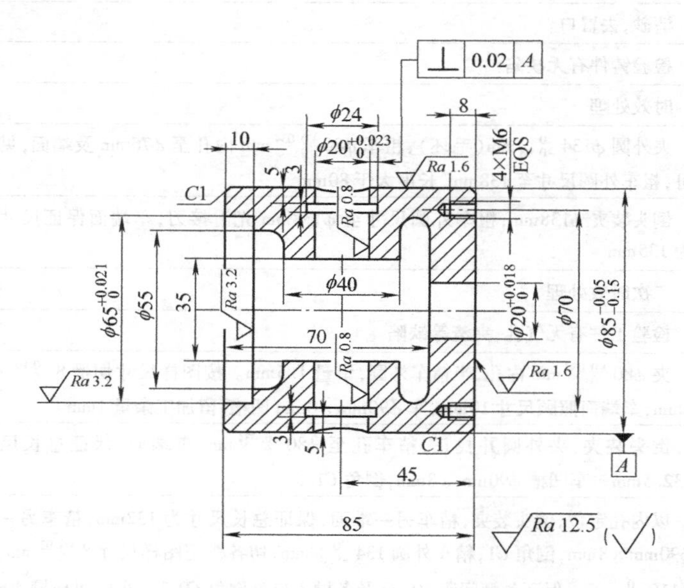

图 4-28　十字头

(1) 零件图样分析

1) 十字头销孔 $\phi20^{+0.023}_{0}$mm 中心线与十字头 $\phi85^{-0.05}_{-0.15}$mm 外圆中心线的垂直度公差为0.02mm。

2) $\phi65$mm×10mm 凹台为工艺用孔。

3) 铸件不得有气孔、夹渣、疏松等铸造缺陷。

4) 铸造圆角 $R5$。

5) 铸件时效处理。

6) 材料 HT200。

(2) 十字头机械加工工艺过程卡(表4-18)

表4-18 十字头机械加工工艺过程卡

工序号	工序名称	工序内容	工艺装备
1	铸造	铸造	
2	清砂	清砂	
3	热处理	人工时效处理	
4	细清	清除十字头内表面型砂	
5	涂漆	涂防锈漆	
6	粗车	夹右端毛坯,按35mm脐子内壁找正,车 $\phi85^{-0.05}_{-0.15}$mm 外圆至 $\phi90^{0}_{-0.10}$mm,保证长70mm,车端面。车左端工艺孔至尺寸 $\phi65^{+0.021}_{0}$mm×10mm	CA6140
7	粗车	倒头,夹外圆,按 $\phi90^{0}_{-0.10}$mm 外圆找正,车其余外圆至 $\phi90^{0}_{-0.10}$mm 光滑接刀,车端面,保证总长85.5mm。车 $\phi20^{+0.018}_{0}$mm 孔至 $\phi17.5$mm	CA6140
8	划线	划十字头销孔中心线。划销孔脐子端面线35mm	
9	粗车	以 $\phi65^{+0.021}_{0}$mm 孔及端面定位,按线找正装夹(专用工装),先钻孔 $\phi15$mm,再粗车横孔至尺寸 $\phi18$mm,车 $\phi24$mm×3mm 环槽两处,保证槽外端距外圆的距离为7.25mm,(这时外圆尺寸有5mm的加工余量)	CA6140 专用工装
10	精车	以 $\phi65^{+0.021}_{0}$mm 孔及端面定位,按 $\phi18$mm 孔找正装夹(专用工装),精车横孔 $\phi20^{+0.023}_{0}$mm 至图样尺寸(可精车,留加工余量0.06~0.10mm后,采用浮动镗刀完成最后加工)	CA6140 专用工装
11	精车	以 $\phi65^{+0.021}_{0}$mm 孔及端面定位,拉杆拉紧横孔销轴(或压紧销轴两端)(专用工装或组合夹具)装夹工件,精车外圆至尺寸 $\phi85.5$mm,车端面。车 $\phi20^{+0.018}_{0}$mm 孔至图样尺寸	CA6140 专用工装 或组合夹具
12	铣	以 $\phi85.5$mm 及右端面定位,按线找正(专用工装或组合夹具),铣横孔脐子内侧面,保证尺寸35mm,及脐子内部对称	X5030A 专用工装或组合夹具
13	钻	以 $\phi65^{+0.021}_{0}$mm 孔及端面定位、横孔定向装夹工件(组合夹具),钻4×M6底孔,深10mm,攻4个M6,深8mm	Z525 组合夹具
14	磨	以 $\phi65^{+0.021}_{0}$mm 孔及端面定位,拉杆拉紧横孔销轴(专用工装),精磨外圆 $\phi85^{-0.05}_{-0.15}$mm 至图样尺寸,靠磨右端面,保证总长尺寸85mm	M1420A 专用工装
15	检验	按图样检查各部尺寸及精度	
16	入库	涂油入库	

(3) 工艺分析

1）$\phi65^{+0.021}_{0}$mm×10mm 凹台孔是工艺定位用孔，在加工中多次使用（如工序9、工序10、工序11、工序13、工序14等）。所以该凹台孔精度的好坏，将直接影响着后面许多工序的加工质量，因此，对该工艺尺寸在加工后应进行仔细检查。

2）两脐子之间的距离尺寸35mm，在铣削加工前，应进行划线。在铣削脐子两端面时，应保证35mm尺寸对十字头轴心线的对称。

3）十字头销孔$\phi20^{+0.023}_{0}$mm中心线与十字头$\phi85^{-0.05}_{-0.15}$mm外圆中心线的垂直度检验，以十字头右端面为基准（放在平板上），$\phi20^{+0.023}_{0}$mm销孔中装入心轴，用百分表分别测出心轴两端高度值，其差即为垂直度误差。

4.1.19 飞轮

飞轮如图4-29所示。

（1）零件图样分析

1）ϕ200mm外圆与$\phi38^{+0.025}_{0}$mm内孔同轴度公差为ϕ0.05mm。

2）键槽10±0.018mm对$\phi38^{+0.025}_{0}$mm内孔中心线对称度公差为0.08mm。

3）零件加工后进行静平衡检查。

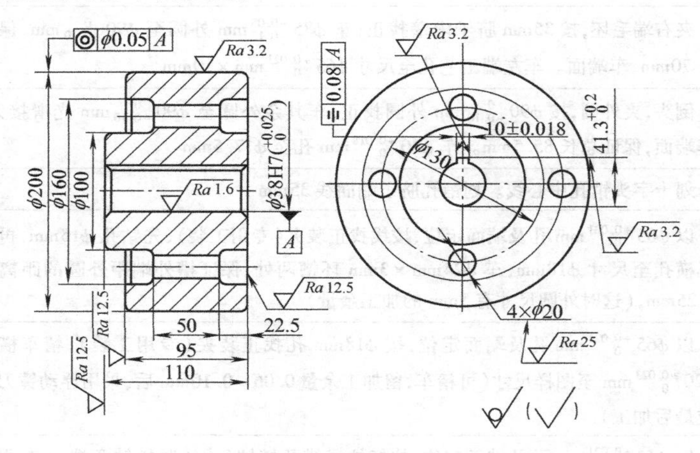

图4-29 飞轮

4）铸造后时效处理。

5）未注明铸造圆角$R5$。

6）未注倒角$C2$。

7）材料HT200。

（2）飞轮机械加工工艺过程卡（表4-19）

（3）工艺分析

1）飞轮为铸件，在加工时应照顾各部加工余量，避免加工后造成壁厚不均匀，如果铸件毛坯质量较差，应增加划线工序。

表4-19 飞轮机械加工工艺过程卡

工序号	工序名称	工 序 内 容	工艺装备
1	铸造	铸造	
2	清砂	清砂	
3	热处理	人工时效	
4	清砂	细清砂	
5	涂漆	非加工面涂防锈漆	
6	车	夹 ϕ100mm 毛坯外圆，以 ϕ200mm 外圆毛坯找正，车右端面，照顾 22.5mm，车 ϕ200mm 外圆至图样尺寸，钻车内孔 $\phi38^{+0.025}_{0}$ mm 至图样尺寸，倒角 C2	CA6140
7	车	倒头，夹 ϕ200mm 外圆，车左端大端面，保证尺寸 95mm，车 ϕ100mm 端面保证尺寸 110mm，倒角 C2	CA6140
8	划线	在 ϕ100mm 圆的端面上划 10 ±0.018mm 键槽线	
9	插	以 ϕ200mm 外圆及右端面定位，按 $\phi38^{+0.025}_{0}$ mm 内孔中心线找正，装夹工件，插 10 ±0.018mm 键槽	B5020，专用工装或组合夹具
10	钻	以 ϕ200mm 外圆及一端面定位，10 ±0.018mm 键槽定向钻 4 个 ϕ20mm 孔	Z525 专用钻模
11	钳	零件静平衡检查	专用工装
12	检验	按图样要求，检查各部尺寸及精度	
13	入库	入库	

2）零件静平衡检查，可在 $\phi38^{+0.025}_{0}$ mm 孔内装上心轴，在静平衡架上找静平衡，如果零件不平衡，可在左大端面（ϕ200mm 与 ϕ160mm 之间）上钻孔减轻重量，以最后调到平衡。

3）ϕ200mm 外圆与 $\phi38^{+0.025}_{0}$ mm 内孔同轴度检查，可用心轴装夹工件，然后在偏摆仪上或 V 形块上用百分表测出。

4）键槽 10 ±0.018mm 对 $\phi38^{+0.025}_{0}$ mm 内孔中心线的对称度检查，可采用专用检具进行检查。

4.2 曲轴、连杆和轴瓦类零件

4.2.1 单拐曲轴

单拐曲轴如图 4-30 所示。

（1）零件图样分析

1）曲轴的拐径与轴径偏心距为 120 ±0.10mm。在加工时应注意回转平衡。

2）键槽 $28^{-0.022}_{-0.074}$ mm ×176mm 对 1∶10 锥度轴线的对称度公差为 0.05mm。

3）轴径 $\phi110^{+0.025}_{+0.003}$ mm 与拐径 $\phi110^{-0.036}_{-0.071}$ mm 的圆柱度公差为 0.015mm。

4）两个轴径 $\phi110^{+0.025}_{+0.003}$ mm 的同轴度公差为 ϕ0.02mm。

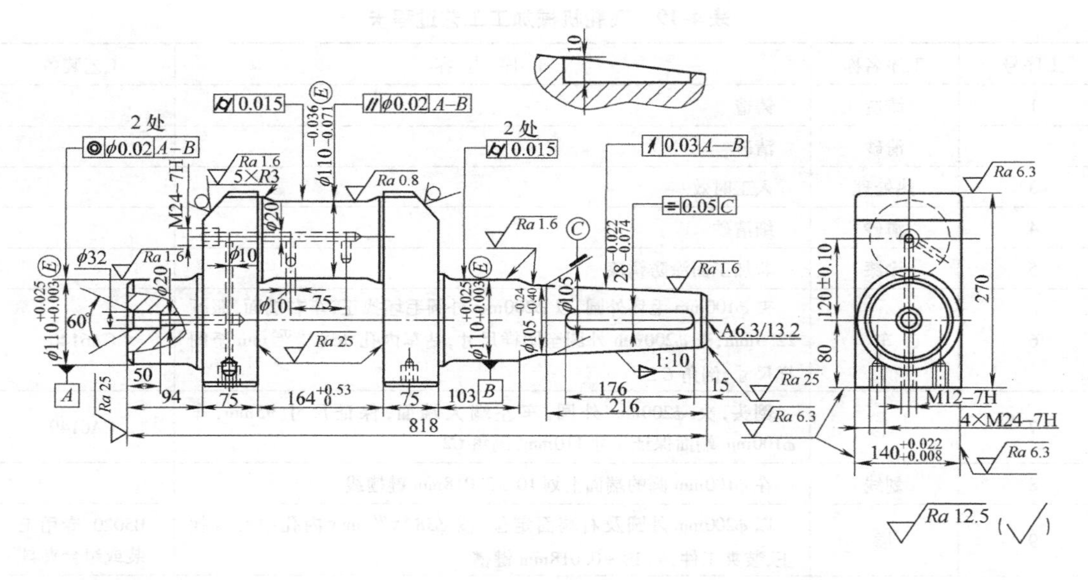

技术要求

1. 1:10 圆锥面用标准量规涂色检查，接触面不少于80%。

2. 清除油孔中的切屑。3. 其余倒角 C1。4. 材料 QT600—3。

图 4-30　单拐曲轴

5）1:10 锥度对 A—B 轴线的圆跳动公差为 0.03mm。

6）曲轴拐径 $\phi110_{-0.071}^{-0.036}$mm 的轴线对 A—B 轴线的平行度公差为 ϕ0.02mm。

7）轴径与拐径连接各处为光滑圆角。其目的是减少应力集中。

8）1:10 锥度面涂色检查，其接触面不少于 80%。

9）加工后应清除油孔中的一切杂物。

10）Ⓔ为包容原则。

11）材料 QT600—3。

（2）单拐曲轴机械加工工艺过程卡（表 4-20）

表 4-20　单拐曲轴机械加工工艺过程卡

工序号	工序名称	工序内容	工艺装备
1	铸造	铸造	
2	清砂	清砂	
3	热处理	人工时效处理	
4	清砂	细清砂	
5	涂漆	非加工表面涂红色防锈漆	
6	划线	以毛坯外形找正，划主要加工线，偏心距 120±0.10mm 及外形加工线	
7	粗铣	用V形块和辅助支承调整装夹工件后压紧，（按线找正，）铣 75mm×140mm 平面（两处）和 270mm 上、下面，留加工余量 5～6mm	X6132
8	铣	以 75mm×140mm 两平面定位夹紧，按线找正铣一侧面，留加工余量 3mm，厚度尺寸保证 149mm	X6132

（续）

工序号	工序名称	工序内容	工艺装备
9	铣	以75mm×140mm两平面定位夹紧，按线找正铣另一侧面，留加工余量3mm，保厚度尺寸为$146^{+0.5}_{0}$mm	X6132
10	检验	超声检测	超声波检测仪
11	划线	划轴两端中心孔线，照顾各部加工余量	
12	钻	工件平放在镗床工作台上，压$\phi110$mm两处，钻左端中心孔A6.3	T617A
13	粗车	夹右端（1:10锥度一边）顶左端中心孔，车左端外圆$\phi110^{+0.025}_{+0.003}$mm至$\phi125^{0}_{-0.021}$mm（工艺尺寸），车右端所有轴径至$\phi114\pm0.08$mm，粗车拐径外侧左、右端面，保证拐径外侧的对称度及尺寸为320mm（工艺尺寸）	CW6163
14	粗车	夹左端（上序加工的尺寸$\phi125^{0}_{-0.021}$mm），右端上中心架车端面，去长短保证总长尺寸818mm，钻中心孔A6.3	CW6163
15	铣	以75mm×140mm两处平面定位压紧，在左端$\phi125^{0}_{-0.021}$mm上铣键槽宽10mm、深5mm、长80mm（工艺键槽）	X52K
16	粗车	粗车拐径$\phi110^{-0.036}_{-0.071}$mm尺寸至$\phi115$mm，粗车拐径内侧面$164^{+0.53}_{0}$mm至$162\pm0.8$mm（装夹在车拐径专用工装上）	CW6163 专用车拐工装
17	精车	精车拐径$\phi110^{-0.036}_{-0.071}$mm至$\phi110.8\pm0.1$mm，车拐径内侧面$164^{+0.53}_{0}$mm至尺寸要求，车倒圆$R3$	CW6163 专用车拐工装
18	精车	夹右端$\phi114\pm0.08$mm处，顶左端中心孔，精车轴径$\phi110^{+0.025}_{+0.003}$mm至$\phi111$mm，长度尺寸至94mm保证75mm尺寸	CW6163
19	精车	夹左端（$\phi111$mm处），顶右端中心孔，精车轴径$\phi110^{+0.025}_{+0.003}$mm至$\phi111$mm，长度尺寸至103mm，其余部分车至尺寸$\phi106$mm，保证75mm尺寸	CW6163
20	粗磨	以两中心孔定位，磨右端轴径至$\phi110.6^{+0.05}_{0}$mm、轴径$\phi105^{-0.24}_{-0.40}$mm至尺寸$\phi105.6^{+0.05}_{0}$mm	M1450B
21	粗磨	以两中心孔定位，倒头装夹，磨左端轴径$\phi110^{+0.025}_{+0.003}$mm至尺寸$\phi110.6^{+0.05}_{0}$mm	M1450B
22	铣	精铣$140^{+0.022}_{+0.008}$mm左右两侧面至图样尺寸	X6132
23	铣	铣底面75mm×140mm，以两侧面定位并压紧，保证距中心高80mm，总高为270mm	X6132
24	钻	以两轴径$\phi110.6^{+0.05}_{0}$mm定位压紧，钻攻4×M24-7H螺纹孔	Z3050钻模
25	磨	以两端中心孔定位，磨拐径$\phi110^{-0.036}_{-0.071}$mm至图样尺寸，磨圆角$R3$	M8260A
26	磨	以两端中心孔定位，精磨两轴径$\phi110^{+0.025}_{+0.003}$mm至图样尺寸，磨圆角$R3$，磨$\phi105^{-0.24}_{-0.40}$mm至图样尺寸，磨圆角$R3$	M1432A
27	车	夹左端，顶右端中心孔车1:10圆锥，留磨量1.5mm	CW6130
28	磨	以两端中心孔定位，磨1:10圆锥$\phi105$mm长216mm	M1432A 1:10环规
29	检验	磁粉检测各轴径、拐径	探伤机
30	划线	划键槽线$28^{-0.022}_{-0.074}$mm×176mm	
31	铣	铣键槽，以两轴径$\phi110^{-0.036}_{-0.071}$mm定位，采用专用工装装夹，铣键槽$28^{-0.022}_{-0.074}$mm×176mm×10mm至图样尺寸	X5030A 专用工装

（续）

工序号	工序名称	工序内容	工艺装备
32	钻	钻左端 ϕ20mm 孔，孔深 136mm，扩 ϕ32mm，深 50mm，锪 60°角	T617A
33	钻	重新装夹工件，钻 ϕ10mm 油孔，及 M24-7H 底孔，M12-7H 底孔，攻 M24-7H，M12-7H 螺纹	T617A
34	钻	钻拐径 ϕ10mm 斜油孔，采用专用工装装夹	Z3032
35	钳	修油孔、倒角、清污垢	
36	检验	检查各部尺寸	
37	入库	涂油入库	

（3）工艺分析

1）在以毛坯外形找正划线时，要兼顾各部分的加工余量，以减少毛坯件的废品率。

2）曲轴在铸造时，左端 $\phi110^{+0.025}_{+0.003}$mm 要在直径方向上留出工艺尺寸量，铸造尺寸为 ϕ130mm，这样为开拐前加工出工艺键槽作准备。该工艺键槽与开拐工装配合传递转矩。

3）为保证加工精度，对所有加工的部位均应采用粗、精加工分开的原则。

4）曲轴加工应充分考虑在切削时加平衡装置。

① 车削拐径专用工装及配重装置如图 4-31 所示。

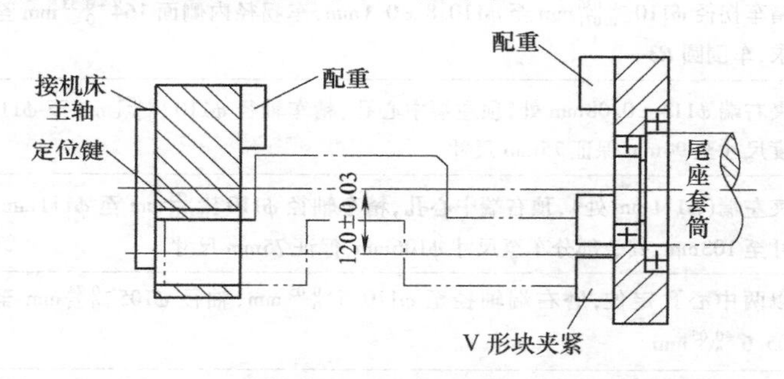

图 4-31 曲轴车削拐径专用工装及配重装置

② 粗、精车轴径、粗精磨轴径都应在曲轴拐径的对面加装配重如图 4-32 所示。

5）1∶10 锥度环规与塞规要求配套使用，环规检测曲轴锥度，塞规检测与之配套的电动机转子锥孔或联轴器锥孔，以保证配合精度。

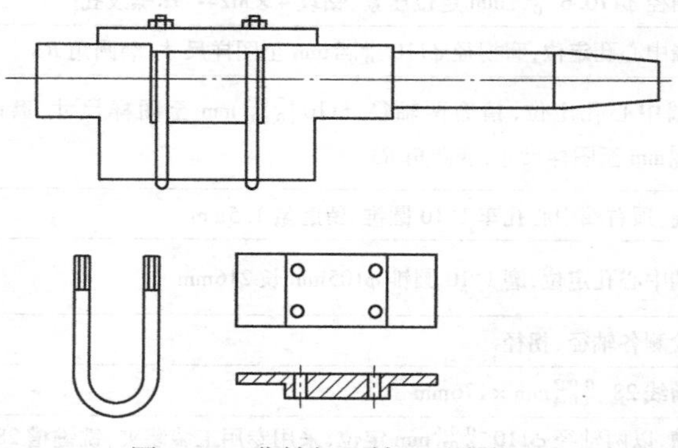

图 4-32 曲轴加工轴径平衡装置

6）曲轴偏心距 120 ±0.1mm 的检验方法如图 4-33 所示，将等高 V 形块放在工作平台上，以曲轴两轴径 $\phi110^{+0.025}_{+0.003}$mm 作为测量基准。将曲轴放在 V 形块上。首先用百分表将两轴径的最高点调整到等高（可用纸垫 V 形块的方法），并同时用高度尺测出轴径最高点实际尺寸 H_2、H_3（如两轴径均在公差范围内，这时 H_2 与 H_3 应等高）。用百分表将曲轴拐径调整到最高点位置上，同时用高度尺测出拐径最高点实际尺寸 H_1。再用外径千分尺测出拐径 ϕ_1 和轴径 ϕ_2、ϕ_3 的实际尺寸。这样在经过计算可得出偏心距的实际尺寸。

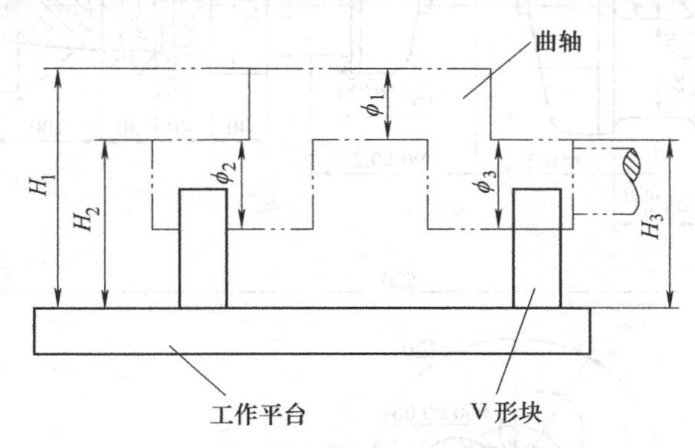

图 4-33 曲轴偏心距检测示意图

$$偏心距 = \left(H_1 - \frac{\phi_1}{2}\right) - \left(H_2 - \frac{\phi_2}{2}\right)$$

式中 H_1——曲轴拐径最高点；

$H_2(H_3)$——曲轴轴径最高点；

ϕ_1——曲轴拐径实际尺寸；

$\phi_2(\phi_3)$——曲轴轴径实际尺寸。

7）曲轴拐径轴线与轴径轴线平行度的检查，可参照图 4-33 进行。当用百分表将两轴径的最高点调整到等高后，可用百分表再测出拐径 ϕ_1 最高点两处之差（距离尽可能远些），然后通过计算可得出平行度值。

8）曲轴拐径、轴径圆度的测量，可在机床上用百分表测出。圆柱度的检测，可以在每个轴上选取 2 ~3 个截面测量，通过计算可得出圆柱度值。

4.2.2 三拐曲轴

三拐曲轴如图 4-34 所示。

（1）零件图样分析

1）$\phi55^{+0.025}_{+0.005}$mm 两轴径同轴度公差为 $\phi0.03$mm。

2）1∶20 锥度部分对 A—B 轴线同轴度公差为 $\phi0.03$mm。

3）三个拐径分别对 A—B 轴线平行度公差为 $\phi0.03$mm。

4）人工时效处理 227 ~270HBW。

5）曲轴材料为 QT600—3。

（2）三拐曲轴机械加工工艺过程卡（表 4-21）

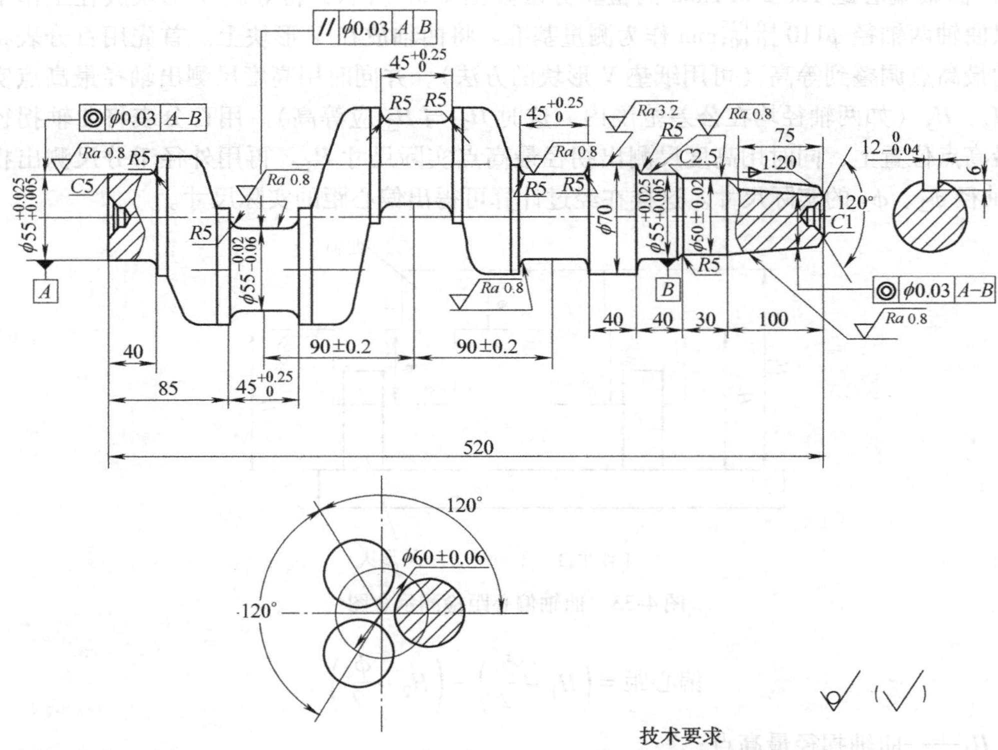

图 4-34　三拐曲轴

表 4-21　三拐曲轴机械加工工艺过程卡

工序号	工序名称	工 序 内 容	工艺装备
1	铸	铸造(左端 ϕ55mm 处铸造尺寸为 ϕ75mm)	
2	清砂	清砂	
3	热处理	人工时效处理	
4	清砂	细清砂	
5	涂漆	非加工表面涂红色防锈漆	
6	划线	按毛坯外形找正,照顾各加工面,划外形尺寸线	
7	铣	以两轴径部分定位压紧,分别铣两个端面,保证总长尺寸 520mm,钻左端中心孔 B4	X6132(端铣)
8	粗车	夹右端外圆,找正两轴径外圆,顶左端中心孔,车两轴径处,其中1:20一端(右端)尺寸为 ϕ62mm,另一端(左端)尺寸为 ϕ70mm(工艺尺寸)	CW6163
9	粗车	倒头装夹工件左端 ϕ70mm 处,中心架夹带锥一端 ϕ62mm 轴径上,钻右端中心孔 B4,粗车锥度一端各部尺寸,留加工余量 5mm(其中 ϕ70mm 车至图样尺寸)	CW6163
10	划线	在左端 ϕ70mm 轴径上划键槽线,深 5mm、宽 10mm、长 35mm(工艺用键槽),注意与靠 ϕ70mm 最近的拐在同一平面内	
11	铣	以两 ϕ70mm 定位装夹工件,铣键槽 5mm × 10mm × 35mm	X5030A
12	粗车	采用专用工装装夹工件粗车曲轴三个拐径及拐径两个侧面,(专用工装为回转夹具,可进行三等分分度)留加工余量 5mm	专用工装 CW6163

（续）

工序号	工序名称	工 序 内 容	工艺装备
13	精车	采用专用工装装夹工件，精车曲轴三个拐径及拐径的两个侧面，留磨量 0.8mm ~ 1mm	CW6163
14	精车	夹工件左端，顶右端中心孔，车工件右端各部尺寸，留加工余量 0.8 ~ 1mm，车 1∶20 锥度留加工余量 1mm	CW6163
15	精车	倒头，采用两顶尖装夹工件，车左端尺寸 $\phi 55^{+0.025}_{+0.005}$mm 至 $\phi 55^{+1}_{+0.8}$mm，倒角 $R5$	CW6163
16	检验	检查曲轴偏心距	
17	磨	以两中心孔定位装夹工件（专用工装），磨拐径三处至图样尺寸 $\phi 55^{+0.025}_{+0.005}$mm，靠磨拐径两侧及圆角 $R5$	M8240
18	磨	以两中心孔定位装夹工件，磨轴径两处 $\phi 55^{+0.025}_{+0.005}$mm 至图样尺寸，磨 $\phi 50 \pm 0.02$mm 至图样尺寸	M1432A
19	磨	夹工件左端，中心架夹右端 $\phi 55^{+0.025}_{+0.005}$mm 处，找正，磨 1∶20 锥度至图样尺寸	M1432A 锥度环规，铜皮
20	划线	划 $12^{\ 0}_{-0.04}$mm × 6mm × 75mm 键槽线	
21	铣	以两轴径定位装夹工件铣 $12^{\ 0}_{-0.04}$mm × 6mm × 75mm 键槽	X5030A
22	钳	修锉飞刺	
23	检测	磁粉检测	
24	检验	按图样检验工件各部尺寸精度	
25	入库	涂油入库	

（3）工艺分析

1）该工件为三拐曲轴，其形状复杂，加工技术要求较高。为加工三拐径，应制作专用工装（通常工厂称为分度回转夹具），其要求为，能够均分三等份（曲轴三拐径偏心距为 60 ± 0.02mm），并要保证回转平衡。

2）工件加工时应将粗、精车分开，必要时也可以将粗、精磨分开，这样有利于工件加工精度。

3）为了使用分度回转夹具加工曲轴的三个拐径，在铸造工序上有意加大曲轴左端轴径尺寸，留出工艺键槽的加工余量。

4）所有轴径及轴径线上的各部尺寸的加工均以两中心孔为定位基准，所以同轴度均由设备（工艺）来保证。如需要检查两轴径同轴度，可以用一对标准的 V 形块支撑两个 $\phi 55^{+0.025}_{+0.005}$mm 轴径，用百分表测量。

5）工件 1∶20 锥度的检查采用专用环规检查。

6）曲轴偏心距的检测可以参照单拐曲轴偏心距的检测方法进行检测。

7）三个拐径 120°均布的检查，可参看图 4-35，用一对标准 V 形块（V 形块安放在标准平台上），支撑工件两端轴径 $\phi 55^{+0.025}_{+0.005}$mm，然后调整两端使支撑处轴径的轴线与平台平行。

用高度尺测量尺寸 AA，使拐径中心和轴径中心连接在水平面的夹角为 30°，通过计算算出拐径角度误差。

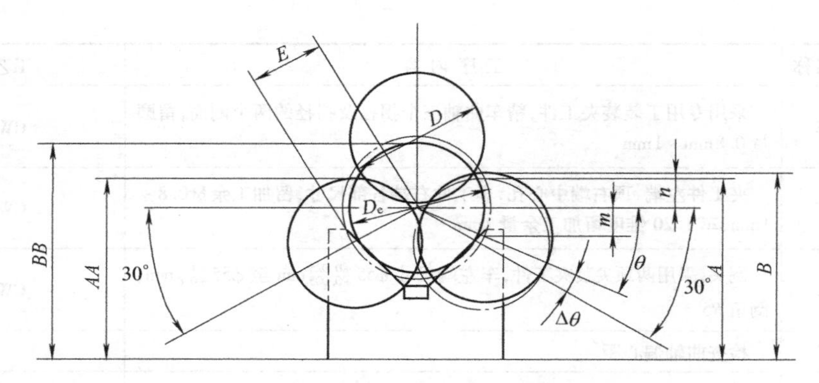

图4-35　三拐曲线120°等分检测示意图

AA 尺寸的计算方法：

$$AA = BB - \frac{D_e}{2} + \left(\frac{D}{2} - E \times \sin 30°\right) = BB - \frac{D_e}{2} + \frac{D}{2} - \frac{1}{2}E$$

式中　*AA*——标准30°位置拐径计算的理论值（各轴径、拐径尺寸均为实测值）(mm)；

BB——支承轴径外圆实际高度（mm）；

D_e——曲轴轴径实际尺寸（mm）；

D——曲轴拐径实际尺寸（mm）；

E——偏心距（mm）。

按计算出 *AA* 尺寸调整好一侧拐径位置之后，测量与之相对应的拐径高度值 *B*，若 *B* 值与 *AA* 值相等，即等分合格；若 *B* 值与 *AA* 值不相等，这时应计算出拐径中心和轴径中心连线与水平面的夹角 *θ*：

$$\sin\theta = \frac{m}{E}$$

$$m = \frac{D}{2} - n$$

$$n = B - \left(BB - \frac{D_e}{2}\right) = B - BB + \frac{D_e}{2}$$

$$m = \frac{D}{2} - \left(B - BB + \frac{D_e}{2}\right) = \frac{D}{2} - B + BB - \frac{D_e}{2}$$

$$\sin\theta = \left(\frac{D}{2} - B + BB - \frac{D_e}{2}\right) \Big/ E$$

式中　*θ*——拐径中心和支承轴中心连线与水平面的夹角；

B——实际测量尺寸；

m、*n*——为计算 *θ* 值而给出的中间变量。

$\Delta\theta = 30° - \theta$。

如果 $\Delta\theta$ 为负值，则此拐径与标准30°位置拐径夹角小于120°，反之夹角大于120°。

8）拐径轴线对轴径的轴线平行度误差，可在图4-35的基础上测出拐径外圆最高点处最长距离的两点差值，即为两轴线的平行度误差，三个拐径分别测量即可。

4.2.3 轴瓦

轴瓦如图4-36所示。

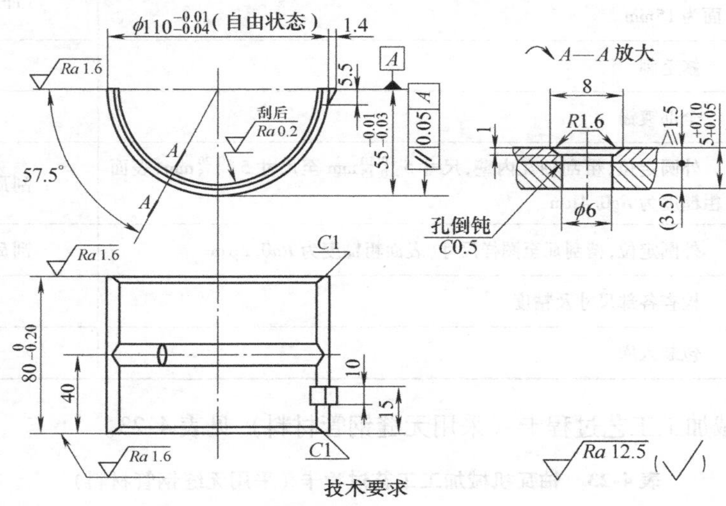

技术要求

1. 外层铁基厚3.5mm。
2. 内层巴氏合金厚不小于1.5mm。
3. 材料：外层10钢；内层巴氏合金。

图4-36 轴瓦

(1) 零件图样分析

1) $\phi110_{-0.04}^{-0.01}$mm为轴瓦在自由状态下尺寸。

2) 轴瓦上两面与最大外圆表面平行度公差为0.05mm。

3) 铁基厚度3.5mm，巴氏合金不小于1.5mm。

4) 在轴瓦的内表面开有油槽和油孔。

5) 轴瓦剖面上有定位槽，装配时与相配件组成一体。

6) 轴瓦加工常用方法有两种：一种是采用双金属材料（铁基双金属板）加工，多用于批量生产。一种是采用无缝钢管材料，后挂巴氏合金的加工方法，多用于修配或少量生产。

(2) 轴瓦机械加工工艺过程卡

1) 轴瓦机械加工工艺过程卡（采用铁基双金属板材料）见表4-22。

表4-22 轴瓦机械加工工艺过程卡（采用铁基双金属材料）

工序号	工序名称	工序内容	工艺装备
1	下料	铁基双金属板下料尺寸180mm×86mm×6mm	剪床
2	压弯	压弯成形	压力机，专用工装
3	铣	铣径向部分面，保证尺寸$55_{-0.03}^{-0.01}$mm	X5030A，专用工装
4	车	两片轴瓦合起来加工，先车一端面，倒角C1	CA6140，专用工装
5	车	倒头车另一端面，保证尺寸$80_{-0.20}^{0}$mm，倒角C1	CA6140，专用工装
6	钻	钻φ6mm油孔，孔边倒钝	台钻，专用工装

（续）

工序号	工序名称	工 序 内 容	工艺装备
7	车	两片轴瓦合起来加工，车油槽，尺寸宽8mm，深1mm	CA6140，专用工装
8	冲	冲定位槽凸台，保证尺寸宽10mm、长5.5mm、深1.4mm，一边距端面为15mm	冲床，专用工装
9	钳	修毛刺	
10	电镀	全部镀锡	电镀
11	刮瓦	外圆定位，粗刮轴瓦内壁，尺寸 $5^{+0.10}_{+0.15}$mm 至尺寸 $5^{+0.20}_{+0.15}$mm，表面粗糙度为 Ra0.4μm	刮瓦机，专用工装
12	精刮瓦	外圆定位，精刮瓦至图样尺寸，表面粗糙度为 Ra0.2μm	刮瓦机，专用工装
13	检验	检查各部尺寸及精度	
14	入库	包装入库	

2）轴瓦机械加工工艺过程卡（采用无缝钢管材料）见表4-23。

表4-23 轴瓦机械加工工艺过程卡（采用无缝钢管材料）

工序号	工序名称	工 序 内 容	工艺装备
1	下料	下料无缝钢管尺寸为 ϕ121mm×ϕ95mm×90mm	锯床
2	车	用自定心卡盘夹工件内孔，找正外圆，车外圆尺寸至 ϕ118mm	CA6140
3	铣	以外圆定位分两次装夹，采用厚1.6mm锯片铣刀将工件切开	X6132 组合夹具
4	铣	外径定位，专用工装装夹工件。粗精铣分割面保证外径至分割面距离，尺寸为58mm	X6132 专用工装
5	车	专用工装将分割开的工件合装在一起，按内椭圆的大、小径找正，车内孔至 ϕ103±0.08mm	CA6140 专用工装
6	清洗	酸洗内表面→清水清洗内表面→烘干内表面	
7	镀锡	在内表面涂助熔剂（选用50%氯化锌和50%氯化氨制成饱合溶液），镀锡	
8	车	专用工装将分割开的工件合装在一起，车内孔，使锡层在0.05～0.15mm的范围内	CA6140，专用工装
9	挂巴氏合金	专用工装将分割开的工件合装在一起，两边分割面各垫0.1mm厚的铜皮，采用离心浇铸巴氏合金，浇铸后内孔为 ϕ97mm	专用工装
10	钳	拆除工装，去掉铜皮，修整分割面	
11	焊	专用工装将分割的两片轴瓦对正合装一起，点焊两端面分割处，使之成一体	
12	车	用铜装夹轴瓦内孔车外圆至 $\phi110^{-0.01}_{-0.04}$mm	CA6140

（续）

工序号	工序名称	工 序 内 容	工艺装备
13	车	专用工装装夹轴瓦外圆粗、精车内孔至 ϕ98.5mm	CA6140，专用工装
14	车	重新装夹外圆，精车内孔，保证壁厚 $5^{+0.1}_{+0.05}$mm	CA6140，专用工装
15	车	专用工装装夹工件外圆车一端面，保证工件总长为 85mm，倒角 $C1$	CA6140，专用工装
16	车	倒头（同上序工装），车油槽宽为 8mm，深为 1mm 车端面总长至图样尺寸 $80^{\ 0}_{-0.20}$，倒角 $C1$	CA6140 专用工装
17	钳	将轴瓦分开，修毛刺	
18	钻	钻 ϕ6mm 油孔，倒钝孔边（组合夹具）	台钻
19	铣	专用工装装夹工件，铣定位槽处巴氏合金，见铁基即可（为冲压定位槽凸台做准备）	X6132
20	冲压	冲定位槽凸台，保证尺寸宽 10mm，长 5.5mm，深 1.4mm，一边距端面为 15mm	压力机，专用工装
21	钳	去毛刺、作标记	
22	检验	检查各部尺寸及精度	
23	入库	包装入库	

（3）工艺分析

1）单件小批生产，采用离心浇铸巴氏合金的方法，可保证加工质量，而且节约材料。

2）单件小批生产，毛坯留有较大的加工余量。当工件切开后，精铣分割面再对合加工时，内、外圆均变为椭圆，直径方向相差较大，因此必须留有足够的加工余量。

3）轴瓦上两面（分割面）与最大外圆表面平行度的检验，可将分开的轴瓦扣在平台上，用百分表测量轴瓦外径两端最高点，其差即为平行度误差。

4.2.4 连杆

连杆组件（图 4-37）由连杆上盖（图 4-38）、连杆体（图 4-39）及螺栓、螺母组成。

（1）零件图样分析

1）该连杆为整体模锻成形，在加工中将连杆切开后，再重新组装后镗削大头孔。其外形可不再加工。

2）连杆大头孔圆柱度公差为 0.005mm。

3）连杆大、小头孔平行度公差为 0.06mm/100mm。

4）连杆大头孔两侧面对大头孔中心线的垂直度公差为 0.1mm/100mm。

5）连杆体分割面、连杆上盖分割面对连杆螺钉孔的垂直度公差为 0.25mm/100mm。

6）连杆体分割面、连杆上盖分割面对大头孔中心线位置度公差为 0.125mm。

7）连杆体、连杆上盖对大头孔中心线的对称度公差为 0.25mm。

8）材料 45 钢。

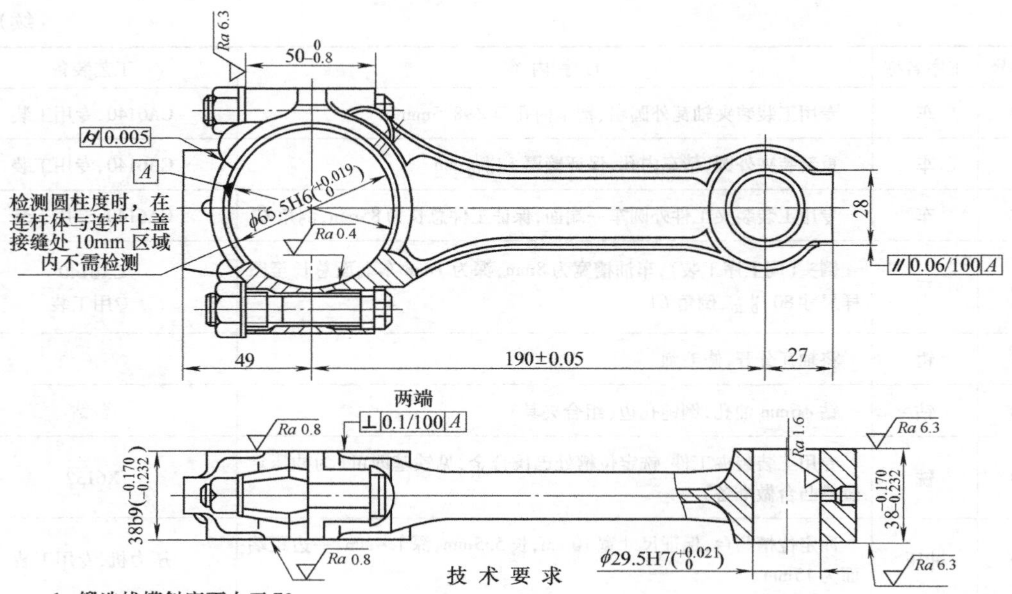

技 术 要 求

1. 锻造拔模斜度不大于7°。
2. 在连杆的全部表面上不得有裂缝、发裂、夹层、结疤、凹痕、飞边、氧化皮及锈蚀等现象。
3. 连杆上不得有因金属未充满锻模而产生的缺陷，连杆上不得焊补修整。
4. 在指定处检验硬度，硬度为226~278HRB。
5. 连杆纵向剖面上宏观组织的纤维方向应沿着连杆中心线并与连杆外廓相符，无弯曲及断裂现象。
6. 连杆成品的金相显微组织应为均匀的细晶粒结构，不允许有片状铁素体。
7. 锻件须经喷丸处理。
8. 材料45钢。

图4-37　连杆组件图

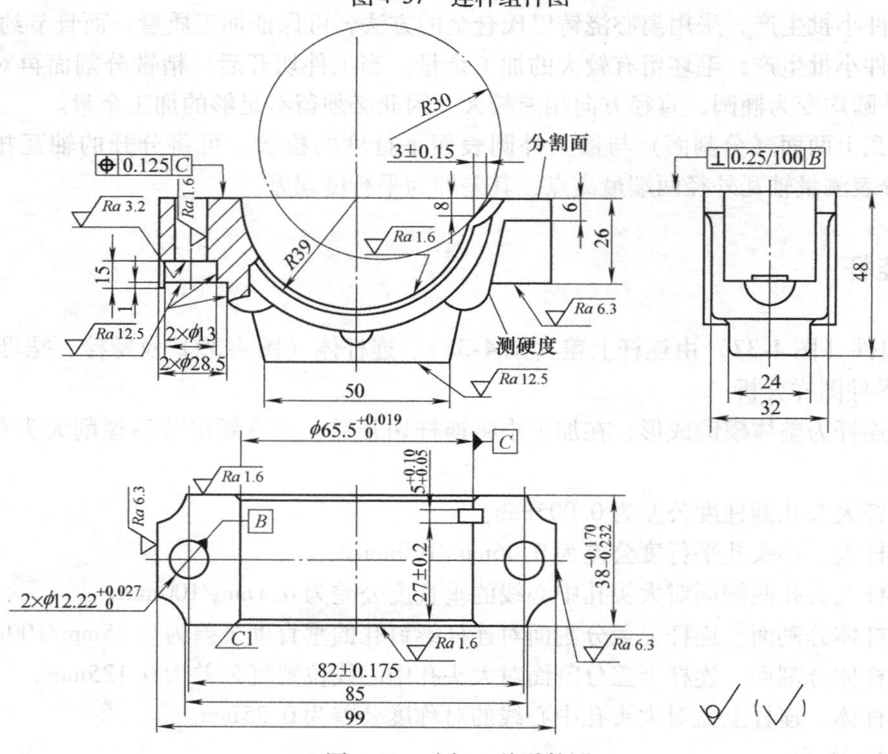

图4-38　连杆上盖零件图

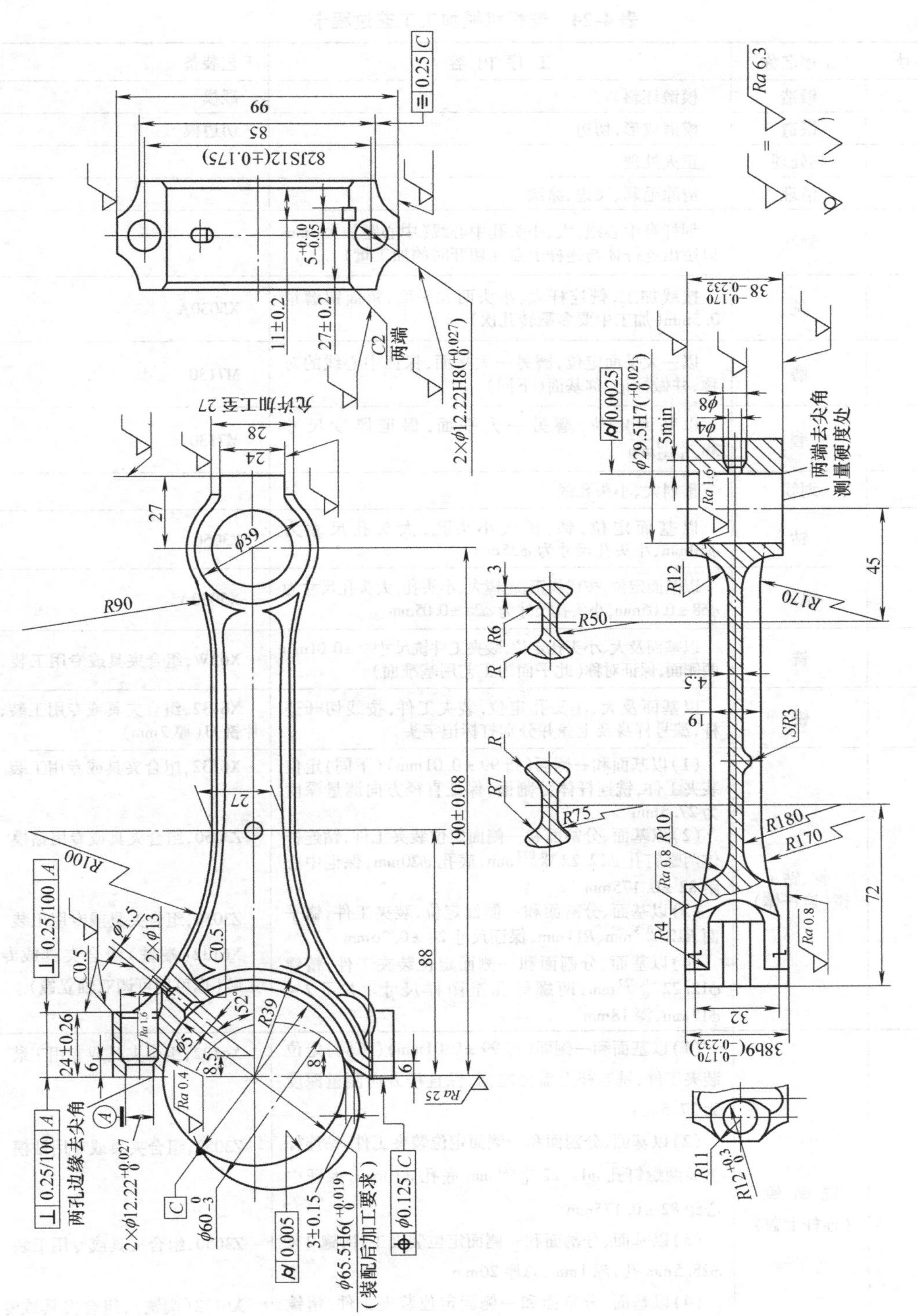
99
85
82JS12(±0.175)
11±0.2
27±0.2
两端
2×φ12.22H8($^{+0.027}_{0}$)
允许加工至27
28
24
27
φ39
R90
R100
190±0.08
88
72
45
R170
R180
R50
R75
两端去尖角
测量硬度处
两孔边缘去尖角
(装配后加工要求)
Ra 6.3

图 4-39　连杆体零件图

(2) 连杆机械加工工艺过程卡（表4-24）

表4-24　连杆机械加工工艺过程卡

工序号	工序名称	工 序 内 容	工艺装备
1	锻造	模锻坯料	锻模
2	锻造	模锻成形，切边	切边模
3	热处理	正火处理	
4	清理	清除毛刺、飞边、涂漆	
5	划线	划杆身中心线，大、小头孔中心线（中心距加大3mm以留出连杆体与连杆上盖在切开时的加工量）	
6	铣	按线加工，铣连杆大、小头两大平面，每面留磨量0.5mm（加工中要多翻转几次）	X5030A
7	磨	以一大平面定位，磨另一大平面，保证中心线的对称，并做标记，称基面（下同）	M7130
8	磨	以基面定位，磨另一大平面，保证厚度尺寸$38_{-0.232}^{-0.170}$mm	M7130
9	划线	重划大、小头孔线	
10	钻	以基面定位，钻、扩大小头孔，大头孔尺寸为ϕ50mm，小头孔尺寸为ϕ25mm	Z3050
11	粗镗	以基面定位，按线找正，粗镗大、小头孔，大头孔尺寸为ϕ58±0.05mm，小头孔尺寸为ϕ26±0.05mm	X5030A
12	铣	以基面及大、小头孔定位，装夹工件铣尺寸99±0.01mm两侧面，保证对称（此平面为工艺用基准面）	X62W，组合夹具或专用工装
13	铣	以基面及大、小头孔定位，装夹工件，按线切开连杆，编号杆身及上盖并分别打标记字头	X6132，组合夹具或专用工装，锯片铣刀（厚2mm）
14	铣、钻、镗（连杆体）	(1)以基面和一侧面（指99±0.01mm）（下同）定位装夹工件，铣连杆体分割面，保证直径方向测量深度为27.5mm (2)以基面、分割面和一侧面定位装夹工件，钻连杆体两螺钉孔$\phi12.22_{0}^{+0.027}$mm、底孔ϕ20mm，保证中心距82±0.175mm (3)以基面、分割面和一侧面定位，装夹工件，锪平面$R12_{0}^{+0.3}$mm、R11mm，保证尺寸24±0.26mm (4)以基面、分割面和一侧面定位装夹工件，精镗$\phi12.22_{0}^{+0.027}$mm，两螺钉孔至图样尺寸。扩孔2~ϕ13mm，深18mm	X6132，组合夹具或专用工装 Z3050，组合夹具或专用钻模 Z3050，组合夹具或专用工装 X6132（端铣）组合夹具或专用工装（也可用可调双轴立镗）
15	铣、钻、镗（连杆上盖）	(1)以基面和一侧面（指99±0.01mm）（下同）定位装夹工件，铣连杆上盖分割面，保直径方向测量深度为27.5mm (2)以基面、分割面和一侧面定位装夹工件，钻连杆上盖两螺钉孔$\phi12.22_{0}^{+0.027}$mm 底孔ϕ10mm，保证中心距82±0.175mm (3)以基面、分割面和一侧面定位装夹工件，锪2×ϕ28.5mm孔，深1mm，总厚26mm (4)以基面、分割面和一侧面定位装夹工件，精镗$\phi12.22_{0}^{+0.027}$mm，两螺钉孔至图样尺寸。扩孔2×ϕ13mm，深15mm，倒角	X6132，组合夹具或专用工装 Z3050，组合夹具或专用钻模 Z3050，组合夹具或专用工装 X6132（端铣），组合夹具或专用工装（也可用可调双轴立镗）

（续）

工序号	工序名称	工 序 内 容	工艺装备
16	钳	用专用连杆螺钉，将连杆体和连杆上盖组装成连杆组件，其扭紧力矩为100～120N·m	专用连杆螺钉
17	镗	以基面、一侧面及连杆体螺钉孔面定位，装夹工件，粗、精镗大、小头孔至图样尺寸，中心距为190±0.08mm	X6132（端铣），组合夹具或专用工装（也可用可调双轴镗）
18	钳	拆开连杆体与上盖	
19	铣	以基面及分割面定位，装夹工件，铣连杆上盖$5^{+0.10}_{-0.05}$mm×8mm斜槽	X6132或X5030A，组合夹具专用工装
20	铣	以基面及分割面定位装夹工件，铣连杆体$5^{+0.10}_{-0.05}$mm×8mm斜槽	X6132或X5030A，组合夹具专用工装
21	钻	钻连杆体大头油孔ϕ5mm、ϕ1.5mm，小头油孔ϕ4mm、ϕ8mm	Z3050，组合夹具或专用工装
22	钳	按规定值去重量	
23	钳	刮研螺钉孔端面	
24	检	检查各部尺寸及精度	
25	探伤	无损检测及检验硬度	
26	入库	组装入库	

（3）工艺分析

1）连杆毛坯为模锻件，外形不需要加工，但划线时要照顾毛坯尺寸，保证加工余量。如果单件生产，也可采用自由锻造毛坯，但对连杆外形要进行加工。

2）该工艺过程适用于小批连杆的生产加工。

3）铣连杆两大平面时应多翻转几次，以消除平面翘曲。

4）工序7、8磨加工，也可改为精铣。

5）单件加工连杆螺钉孔可采用钻、扩、铰方法。

6）锪连杆螺钉孔平面时，采用粗、精分开加工，以保证精度，必要时可刮研。

7）连杆大头孔圆柱度的检验，用量缸表，在大头孔内分三个断面测量其内径，每个断面测量两个方向，三个断面测量的最大值与最小值之差的一半即为圆柱度。

8）连杆体、连杆上盖对大头孔中心线的对称度的检验，采用专用检具（用一平尺安装上百分表）（图4-40）。用分割面为定位基准分别测量连杆体、连杆上盖两个半圆的半径值，其差为对称度误差。

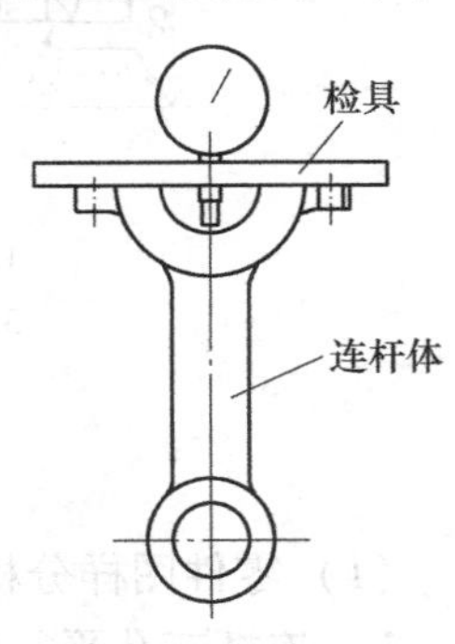

图4-40　分割面对称度检验

9）连杆大、小头孔平行度的检验，如图4-41所示，将连杆大、小头孔穿入专用心轴，在平台上用等高V形块支撑连杆大头孔心轴，测量小头孔心轴在最高位置时两端的差值，其差值的一半即为平行度误差。

10）连杆螺钉孔与分割面垂直度的检验，须制作专用垂直度检验心轴（图4-42），其检测心轴的直径公差，分三个尺寸段制作，配以不同公差的螺钉孔，检查其接触面积，一般在90%以上为合格。或配用塞尺检测，塞尺厚度的一半为垂直度误差值。

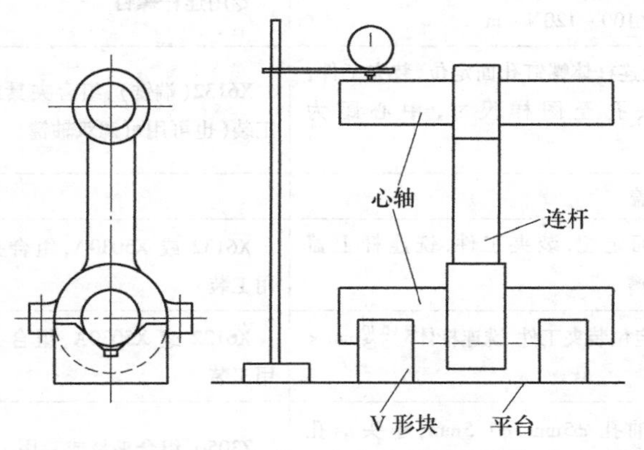

图4-41　连杆大、小头孔平行度检验

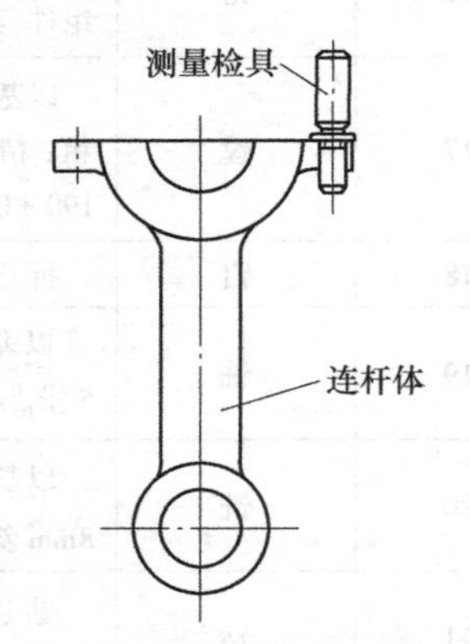

图4-42　螺钉孔与分割面垂直度检验

4.2.5　三孔连杆

三孔连杆如图4-43所示。

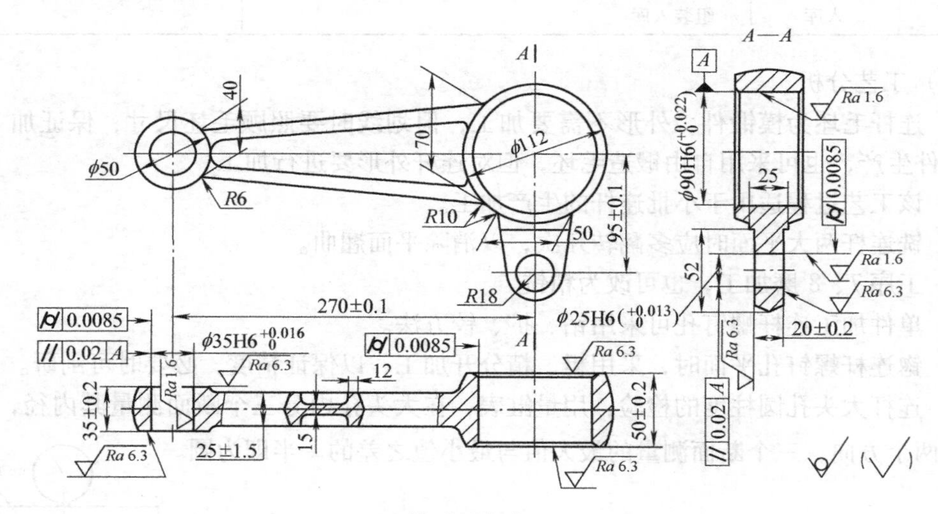

图4-43　三孔连杆

（1）零件图样分析

1）连杆三孔平行度公差均为0.02mm。

2）连杆三孔圆柱度公差均为0.0085mm。

3）连杆不得有裂纹、夹渣等缺陷。

4）连杆热处理226~271HBW。

5）未注倒角C0.5。

6）材料45钢。

（2）三孔连杆机械加工工艺过程卡（表4-25）

表4-25　三孔连杆机械加工工艺过程卡

工序号	工序名称	工序内容	工艺装备
1	锻	模锻	
2	热处理	正火处理	
3	喷砂	喷砂、去毛刺	
4	划线	划杆身十字中心线及三孔端面加工线	
5	铣	按所划加工线找正，垫平，杆身加辅助支承，压紧工件，铣平面至划线尺寸。并确定大头孔平面为以下各序加工的主基准面作标记（下称大头孔基准面）	X5030A
6	铣	以大头孔基准面为基准，小头、耳部及杆身加辅助支承，压紧工件，铣平面，大头厚为50±0.2mm，小头厚35±0.2mm	X5030A
7	铣	以大头孔基准面为基准。按大、小头中心连线找正，压紧大头，铣耳部两侧平面，保尺寸高为52mm，厚为20±0.2mm	X6132 组合夹具
8	划线	以大头毛坯孔为基准，兼顾连杆外形情况，划三孔径的加工线	
9	钻	以大头孔基准面为基准，小头及耳部端面加辅助支承后，压紧工作。钻小头孔至ϕ29mm、耳部孔至ϕ19mm	Z3050 组合夹具
10	粗镗	以大头孔基准面为基准，小头及耳部端面加辅助支承后，压紧工件。粗镗三孔，其中大头孔尺寸至ϕ88mm，小头孔尺寸至ϕ33mm耳部孔尺寸至ϕ24mm	T617A 组合夹具
11	精镗	在大头孔基准面为基准，小头及耳部端面加辅助支承后，重新装夹压紧工件。精镗三个孔至图样要求尺寸。其中大孔$\phi90H6(^{+0.022}_{0})$mm，小头孔$\phi35H6(^{+0.016}_{0})$mm，保证中心距为270±0.10mm，耳部孔$\phi25H6(^{+0.013}_{0})$mm，保证与大头孔中心距为$95^{+0.10}_{0}$mm	T617A 组合夹具
12	钳	修钝各处尖棱，去毛刺	
13	检验	检查各部尺寸及精度	
14	检验	无损检测检查零件有无裂纹、夹渣等	磁力探伤仪
15	入库	油封入库	

（3）工艺分析

1）铣平面后，立即确定大头孔一平面为以下各序加工的主基准面，这样可确保加工质量的稳定。

2）铣平面时，应保证小头孔及耳部孔平面厚度与大头孔平面厚度的对称性。

3）由于连杆三个孔平面厚度不一致，因此，加工中要注意合理布置辅助支承及合理应用。

4）连杆平面加工也可以分为粗、精两道工序，这样可更好地保证三个平面相互位置及尺寸精度。

5）粗、精镗三孔也可改用专用工装或组合夹具装夹。采用X6132端镗。

6）当加工连杆尺寸较小时，粗、精镗三孔也可采用车削加工方法（按几何原理将三个孔中心连线后，找出一公共圆心，来设计一套回转式车床夹具即可）。

7）连杆三孔平行度的检验及连杆三孔圆柱度的检验，均与上述“连杆一例”中所述方法相同。

4.3　齿轮、花键、丝杠类零件

4.3.1　圆柱齿轮

圆柱齿轮如图4-44所示。

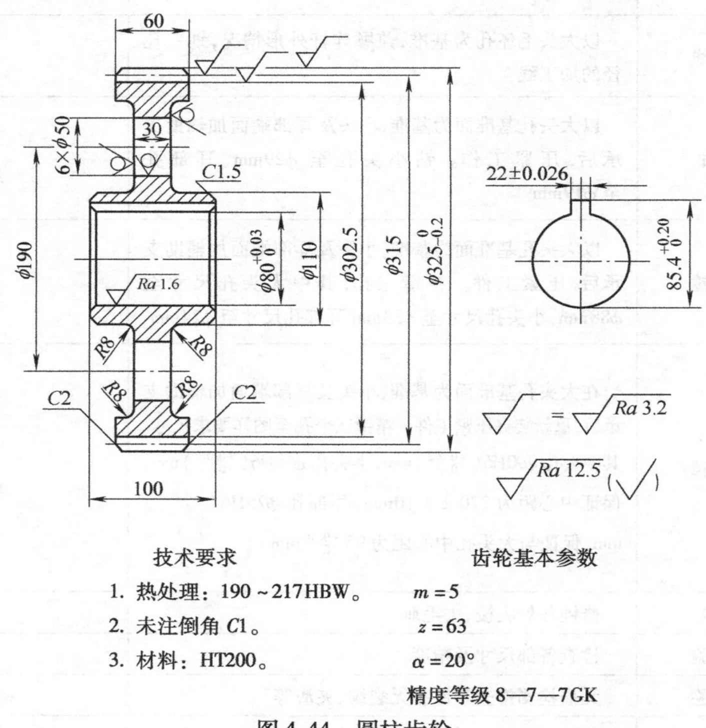

图4-44　圆柱齿轮

（1）零件图样分析

1）齿轮热处理190～217HBW。

2）齿轮精度等级8—7—7GK。

3）未注倒角$C1$。

4）齿轮材料HT200。

（2）圆柱齿轮机械加工工艺过程卡（表4-26）

表4-26 圆柱齿轮机械加工工艺过程卡

工序号	工序名称	工序内容	工艺装备
1	铸	铸造	
2	清砂	清砂	
3	热处理	人工时效处理	
4	粗车	夹工件一端外圆，按毛坯找正，按照工件各部毛坯尺寸，车内径至$\phi75\pm0.1$mm，车端面，保证距轮辐侧面尺寸38mm，齿部侧面至轮辐侧面18mm，齿轮外圆车至$\phi330$mm	CA6163
5	粗车	倒头，夹$\phi330$mm处，找正$\phi75\pm0.1$mm内径，车端面，$\phi110$mm端面距轮辐侧面为38mm，齿轮部分侧面至轮辐侧面17mm，车齿轮外圆至$\phi330$mm接刀	CA6163
6	划线	参考轮辐厚度，划各部加工线	
7	精车	夹$\phi330$mm外圆（参考划线）加工齿轮一端面各部至图样尺寸，内径加工至尺寸$\phi80^{+0.03}_{0}$mm，外圆加工至尺寸$\phi325^{0}_{-0.2}$mm	CA6163
8	精车	倒头，以$\phi325^{0}_{-0.2}$mm定位装夹工件，内径找正，车工件另一端各部至图样尺寸，保证工件总厚度尺寸100mm和60mm，外圆加工至尺寸$\phi325^{0}_{-0.2}$mm接刀	CA6163
9	划线	划22 ± 0.026mm键槽加工线	
10	插	以$\phi325^{0}_{-0.2}$mm外圆及一端面定位装夹工件，插键槽22 ± 0.026mm	B5020 组合夹具
11	滚齿	以$\phi80^{+0.03}_{0}$mm及一端面定位滚齿，$m=5$，$z=63$，$\alpha=20°$	Y315 专用心轴
12	检验	按图样检验工件各部尺寸及精度	
13	入库	涂油入库	

（3）工艺分析

1）齿轮材料（HT200）为铸铁件，应进行人工时效处理。对于精密齿轮，应进行二次时效处理，以保证加工精度。

2）若铸件尺寸铸造精度较差时，在粗加工前就应先划线，以保证均匀的加工量。

3）渐开线圆柱齿轮精度标准GB/T 10095—2008适用于平行轴传动，法向模数$m_n\geqslant1\sim40$mm，分度圆直径$d\leqslant4000$mm的渐开线圆柱齿轮及其齿轮副。

齿轮及齿轮副共有13个精度等级，其第0级精度为最高，第12级精度为最低。齿轮副中两个齿轮的精度等级一般取成相同，也允许取成不相同。

按误差的特性及它们对传动性能的主要影响，齿轮的各项公差分为三组（见表4-27）。根据使用要求的不同，允许各公差组选用不同的精度等级。但在同一公差组内，各项公差与极限偏差应保持相同的精度等级。

表4-27　齿轮的公差组（GB/T 10095.1—2008）

公　差　组	公差与极限偏差项目	误 差 特 性	对传动性能的主要影响
Ⅰ	F_i'、F_p、F_{pK}、F_i''、F_r、F_w	以齿轮一转为周期的误差	传递运动的准确性
Ⅱ	F_i'、F_i''、F_f、$\pm F_{pt}$、$\pm F_{pb}$、$F_{f\beta}$	在齿轮一周内，多次周期地重复出现的误差	传动的平稳性、噪声、振动
Ⅲ	F_β、F_b、$\pm F_{px}$	齿向线的误差	载荷分布的均匀性

4）齿坯精度直接影响齿轮齿部的加工精度，齿坯精加工后基面尺寸、几何公差，可按表4-28和表4-29的数值选取。

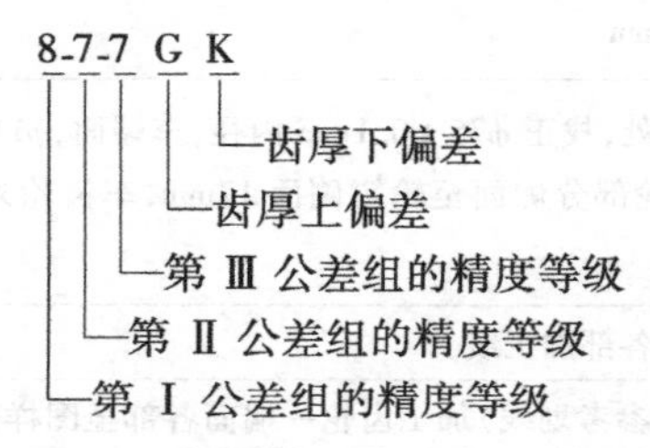

表4-28　齿坯公差

<table>
<tr><td colspan="2">齿轮精度等级[1]</td><td>1</td><td>2</td><td>3</td><td>4</td><td>5</td><td>6</td><td>7</td><td>8</td><td>9</td><td>10</td><td>11</td><td>12</td></tr>
<tr><td rowspan="2">孔</td><td>尺寸公差</td><td>IT4</td><td>IT4</td><td>IT4</td><td rowspan="2">IT4</td><td rowspan="2">IT5</td><td rowspan="2">IT6</td><td rowspan="2" colspan="2">IT7</td><td rowspan="2" colspan="2">IT8</td><td rowspan="2" colspan="2">IT8</td></tr>
<tr><td>形状公差</td><td>IT1</td><td>IT2</td><td>IT3</td></tr>
<tr><td rowspan="2">轴</td><td>尺寸公差</td><td>IT4</td><td>IT4</td><td>IT4</td><td rowspan="2">IT4</td><td rowspan="2" colspan="2">IT5</td><td rowspan="2" colspan="2">IT6</td><td rowspan="2" colspan="2">IT7</td><td rowspan="2" colspan="2">IT8</td></tr>
<tr><td>形状公差</td><td>IT1</td><td>IT2</td><td>IT3</td></tr>
<tr><td colspan="2">顶圆直径[2]</td><td colspan="2">IT6</td><td colspan="3">IT7</td><td colspan="3">IT8</td><td colspan="2">IT9</td><td colspan="2">IT11</td></tr>
<tr><td colspan="2">基准面的径向跳动[3]</td><td rowspan="2" colspan="12">见表4-29</td></tr>
<tr><td colspan="2">基准面的端面跳动</td></tr>
</table>

① 当三个公差组的精度等级不同时，按最高的精度等级确定公差值。

② 当顶圆不作测量齿厚的基准时，尺寸公差按IT11给定，但不得大于0.1mm。

③ 当以顶圆作基准面时，本栏就指顶圆的径向跳动。

表4-29　齿坯基准面径向和端面跳动公差　　（单位：μm）

分度圆直径/mm		精 度 等 级				
大于	到	1和2	3和4	5和6	7和8	9到12
—	125	2.8	7	11	18	28
125	400	3.6	9	14	22	36
400	800	5.0	12	20	32	50
800	1600	7.0	18	28	45	71
1600	2500	10.0	25	40	63	100
2500	4000	16.0	40	63	100	160

5）齿轮加工方法主要有成形法和展成法两种，可根据所要加工的齿轮精度要求不同选用不同的加工方法（表4-30）。

表4-30 齿轮加工方法及加工精度

加工方法	加工精度	表面粗糙度 $Ra/\mu m$	加工方法	加工精度	表面粗糙度 $Ra/\mu m$
盘状成形铣刀铣齿	9级	2.5~10	插齿加工	6~8级	1.25~5
指状成形铣刀铣齿	9级	2.5~10	剃齿加工	6~7级	0.32~1.25
滚齿加工	6~9级	1.25~5	磨齿加工	4~7级	0.16~0.63

6）圆柱齿轮检测常用方法有三种：公法线长度的测量方法；分度圆弦齿厚的测量方法；固定弦齿厚的测量。

4.3.2 机床主轴箱齿轮

机床主轴箱齿轮（镶铜套）如图4-45所示。

（1）零件图样分析

1）齿轮材料与所镶铜套材料不同，分别为45钢和ZQSn6-6-3（旧牌号）。

2）齿轮左端面 A，与 ϕ25H7 内孔中心线轴向圆跳动公差为0.05mm。

3）齿轮右端面 B，与 ϕ25H7 内孔中心线轴向圆跳动公差为0.03mm。

4）齿部高频感应加热淬火44~48HRC。

5）齿轮精度等级为6FH。

（2）机床主轴箱齿轮机械加工工艺过程卡（表4-31）

（3）工艺分析

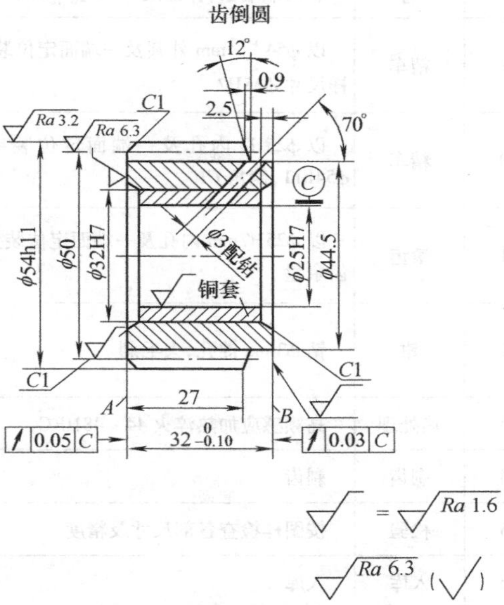

技术要求
1. 材料45钢；铜套材料 ZQSn6-6-3。
2. 齿部高频感应加热淬火44~48HRC。
齿轮基本参数
$m=2$
$z=25$
$\alpha=20°$
精等等级6FH

图4-45 机床主轴箱齿轮

1）齿轮根据其结构、精度等级及生产批量的不同，机械加工工艺过程也不相同，但基本工艺路线大致相同，即毛坯制造及热处理—齿坯加工—齿形加工—齿部淬火—精基准修正—齿形精加工。

表4-31 机床主轴箱齿轮机械加工工艺过程卡

工序号	工序名称	工序内容	工艺装备
1	下料	棒料	锯床
2	锻	毛坯锻造尺寸 ϕ62mm×40mm	
3	热处理	正火	
4	车	夹一端外圆，找正工件，照顾各部加工量，车另一端端面，钻孔 ϕ28mm	CA6140

（续）

工序号	工序名称	工 序 内 容	工艺装备
5	车	倒头，夹外圆，按内孔表面找正，车另一端面保证总长32.6mm，车内孔尺寸至ϕ32H7mm，倒角$C1$	CA6140
6	车	以ϕ32H7mm内孔及一端面定位装夹工件，车外形各部尺寸，ϕ44.5mm×5.3mm，ϕ54h11车至$\phi 54^{+0.1}_{0}$mm倒角	CA6140专用心轴
7	钳	压入相配的铜套	
8	磨	磨两端端面，保证尺寸$32^{0}_{-0.10}$mm	M7132
9	精车	以$\phi 54^{+0.1}_{0}$mm外圆及一端面定位装夹工件，精车（铜套）内孔至图样尺寸ϕ25H7	CA6140 专用工装
10	精车	以ϕ25H7内孔及一端面定位装夹工件，精车外圆至图样尺寸ϕ54h11，倒角$C1$	CA6140 专用工装
11	滚齿	以ϕ25H7mm内孔及一端面定位装夹工件，滚齿$m=2$，$z=25$，留剃齿余量	Y3213 专用工装
12	钳	钻ϕ3mm油孔，去毛刺	Z406 组合夹具
13	热处理	高频感应加热淬火44～48HRC	
14	剃齿	剃齿	YA4232
15	检验	按图样检查各部尺寸及精度	
16	入库	入库	

2）该例齿轮特点是内孔镶铜套，应先分别加工齿圈内孔和相配的铜套，过盈配合将铜套压入齿圈内，再进行各序精加工。

3）该例齿轮精度要求较高（6FH），工序安排滚齿后应留有一定剃齿或磨齿的加工余量，再进行最后的精加工。

4.3.3　齿轮轴

齿轮轴如图4-46所示。

（1）零件图样分析

1）$\phi60k6(^{+0.021}_{+0.002})$mm、$\phi141.78^{0}_{-0.063}$mm、$\phi60k6(^{+0.021}_{+0.002})$mm三处轴径外圆对公共轴线$A$—$B$径向圆跳动公差为0.025mm。

2）18N9$(^{0}_{-0.043})$mm键槽对$\phi65r6(^{+0.060}_{+0.041})$mm轴线的对称度公差为0.02mm。

3）齿轮轴材料40Cr。

4）热处理：调质处理28～32HRC。

（2）齿轮轴机械加工工艺过程卡（表4-32）

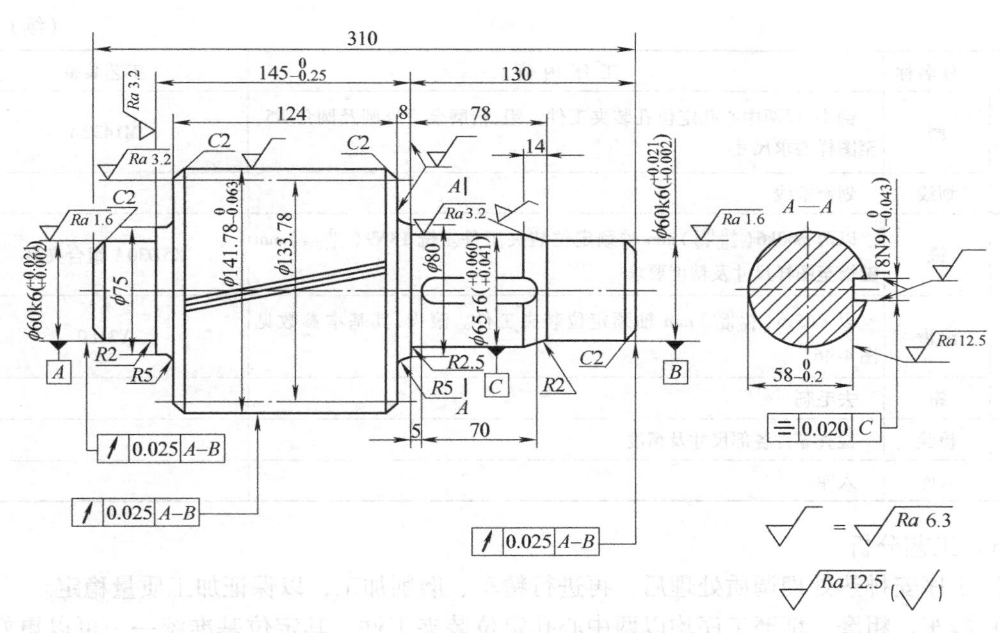

技术要求

1. 材料40Cr。
2. 热处理28～32HRC。

齿轮基本参数

$m_n=4$　$\beta=9°22'$（左旋）

$z=33$　精度等级8—8—7FH

$\alpha=20°$

图4-46　齿轮轴

表4-32　齿轮轴机械加工工艺过程卡

工序号	工序名称	工 序 内 容	工艺装备
1	下料	棒料尺寸 ϕ120mm×300mm	锯床
2	锻	锻造尺寸分别为 ϕ85mm×55mm，ϕ150mm×135mm，ϕ87mm×135mm	
3	热处理	正火处理	
4	粗车	夹一端车，另一端及端面（见平即可），车外圆，直径与长度均留加工余量5mm	CA6140
5	粗车	倒头装夹，车另一端端面及余下外径各部，直径与长度均留加工余量5mm，保证总长尺寸为315mm	CA6140
6	热处理	调质处理28～32HRC	
7	精车	夹一端，车端面，保证总长尺寸312.5mm，钻中心孔B6.3	CA6140
8	精车	倒头装夹，车端面，保证总长尺寸310mm，钻中心孔B6.3	CA6140
9	精车	以两中心孔定位装夹工件，精车右端各部尺寸，其直径方向留磨量0.6mm，倒角C2.3	CA6140
10	精车	倒头，以两中心孔定位装夹工件，精车余下各部尺寸，其直径方向留磨量0.6mm，倒角C2.3	CA6140
11	磨	以两中心孔定位装夹工件。粗、精磨各部及圆角R2至图样要求尺寸	M1432A

（续）

工序号	工序名称	工 序 内 容	工艺装备
12	磨	倒头，以两中心孔定位孔装夹工件。粗、精磨余下外圆及圆角 $R5$，至图样要求尺寸	M1432A
13	划线	划键槽线	
14	铣	以两 $\phi60k6(^{+0.021}_{+0.002})$mm 轴颈定位装夹工件。铣 $18N9(^{0}_{-0.043})$mm 键槽至图样尺寸及精度要求	X5D30A 组合夹具
15	滚齿	以 $\phi65r6(^{+0.060}_{+0.041})$mm 轴颈定位装夹工件。滚齿、其基本参数见图 4-46	Y3180
16	钳	去毛刺	
17	检验	检查零件各部尺寸及精度	
18	入库	入库	

（3）工艺分析

1）工序安排热处理调质处理后，再进行精车、磨削加工，以保证加工质量稳定。

2）精车、粗磨、精磨工序均以两中心孔定位装夹工件，其定位基准统一，可以更好保证零件的加工质量。

3）以工件两中心孔为定位基准，在偏摆仪上检查，$\phi60^{+0.021}_{+0.002}$mm，$\phi141.78^{0}_{-0.063}$mm，$\phi60^{+0.021}_{+0.002}$mm 三处轴径外圆对公共轴线 $A—B$ 的圆跳动 0.025mm。

4）工序 14 对组合夹具应要求备有键槽对称度检查基准，可供加工对刀及加工后检查使用。

4.3.4 二联齿轮

二联齿轮如图 4-47 所示。

（1）零件图样分析

1）两齿圈径向圆跳动公差为 0.08mm。

2）齿部高频感应加热淬火 45 ~52HRC。

3）两个齿轮的精度等级均为 8GK。

4）齿轮材料 45 钢。

（2）二联齿轮机械加工工艺过程卡（表 4-33）

（3）工艺分析

1）齿轮齿坯的加工分粗加工、半精加工、精加工，其目的是为保证齿坯的加工精度，为保证加工齿轮的精度奠定基础。

2）6 ±0.015mm 键槽，其宽度小，键槽又较长，加工时要防止出现歪斜，因此应减小吃刀量及进给量。

3）齿圈径向跳动公差 0.08mm 的检验，可将齿轮装在 1:3000 小锥度心轴上，心轴两端各有高精度的中心孔，将心轴装夹在偏摆仪两顶尖之间。将百分表触头顶在齿轮外圆上，转动心轴，这时百分表最大读数与最小读数之差，即为径向跳动公差。

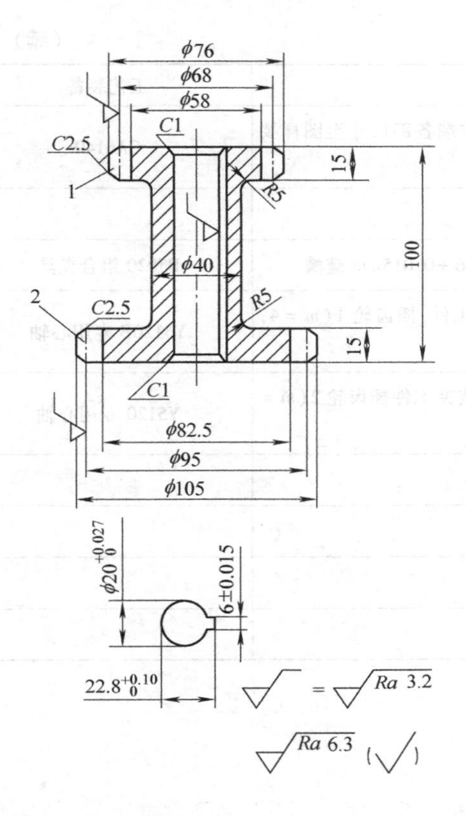

技 术 要 求

1. 齿部热处理45～52HRC。
2. 未注明倒角C1。
3. 齿圈径向跳动公差为0.08mm。
4. 材料45钢。

齿轮基本参数

齿轮编号	1	2
模数 m	4	5
齿数 z	17	19
压力角 α	20°	20°
精度等级	8GK	8GK

图4-47 二联齿轮

表4-33 二联齿轮机械加工工艺过程卡

工序号	工序名称	工 序 内 容	工艺装备
1	下料	棒料、尺寸φ75mm×100mm	锯床
2	锻	锻造尺寸，各单边留加工余量7mm	
3	热处理	正火处理	
4	粗车	夹工件一端，粗车右端各部尺寸及端面，端面见平即可，外圆各部留加工余量3～4mm，钻孔φ16mm	CA6140
5	粗车	倒头，夹工件已加工外圆，并按外圆找正，加工左端各部，车端面，保证总长103mm，其余各部留加工余量3～4mm	CA6140
6	热处理	调质处理28～32HRC	
7	半精车	夹左端，外圆找正，半精车右端各部，车端面保证尺寸15mm车至17mm，其余各部留加工余量1.5mm	CA6140
8	半精车	倒头，夹工件已加工外圆找正，车端面保证总长102mm，齿轮部分尺寸15mm，车至17mm，其余各部留加工余量1.5mm	CA6140
9	精车	夹工件左端，车右端各部尺寸，至图样尺寸，保证总长101mm，精车内径至$\phi 20^{+0.027}_{0}$mm（可采用铰孔）	CA6140

（续）

工序号	工序名称	工 序 内 容	工艺装备
10	精车	倒头，夹工件右端，按精加工外圆找正，车左端各部尺寸至图样要求，ϕ40mm 处平滑接刀	CA6140
11	划线	划 6 ±0.015mm 键槽线	
12	插	以 ϕ105mm 外圆及大端面定位装夹工件，插 6 ±0.015mm 键槽	B5020 组合夹具
13	插齿	以 ϕ20 ±0.015mm 内孔及端面定位，装夹工件，插齿轮 1（$m=4$；$z=17$）	Y5120B 专用心轴
14	插齿	倒头，以 ϕ20 ±0.015mm 内孔及端面定位，装夹工件插齿轮 2（$m=5$；$z=19$）	Y5120 专用心轴
15	钳	修锉毛刺	
16	热处理	齿部高频感应加热淬火 45 ~52HRC	
17	检验	按图样检查工件各部尺寸及精度	
18	入库	入库	

4.3.5　齿圈

齿圈如图 4-48 所示。

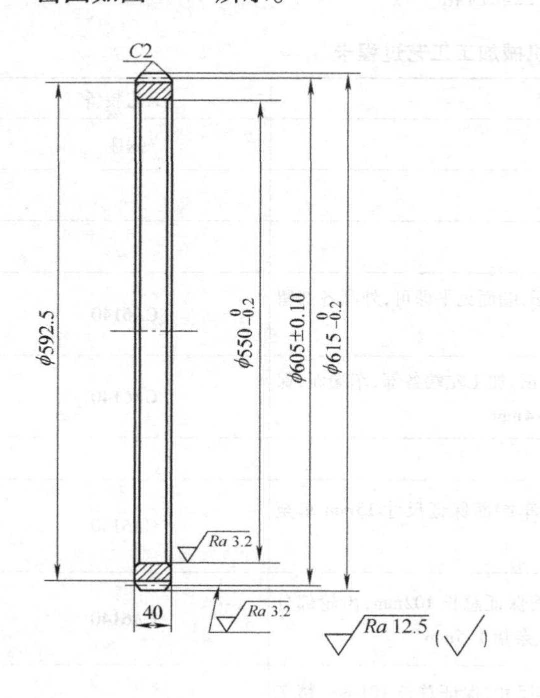

技 术 要 求

1. 齿圈径向跳动公差 0.08mm。
2. 未注倒角 C1。
3. 材料 ZG310—570。

齿轮基本参数

模数（m）=5　齿数（z）=121

压力角（α）=20°　精度等级 9HM

图 4-48　齿圈

（1）零件图样分析

1）齿圈径向跳动公差为0.08mm。

2）齿轮精度等级9HM。

3）齿圈热处理207～241HRB。

4）未注倒角$C1$。

5）材料ZG310—570。

（2）齿圈机械加工工艺过程卡（表4-34）

表4-34　齿圈机械加工工艺过程卡

工序号	工序名称	工 序 内 容	工艺装备
1	铸	铸造	
2	清砂	清砂	
3	热处理	回火207～241HRB	
4	粗车	夹外圆，粗车内孔尺寸至$\phi545\pm1$mm，车端面，见平即可	CA6163
5	粗车	以$\phi545\pm1$mm内孔（工艺尺寸）及一端面定位装夹工件，粗车外圆至$\phi620\pm1$mm，车端面，保证厚度尺寸45mm	CA6163
6	精车	以$\phi620\pm1$mm外圆及一端面定位装夹工件，精车内孔至图样尺寸$\phi550_{-0.2}^{0}$mm，车端面，保证总厚为42.5mm，倒内角$C1$	CA6163 专用工装
7	精车	倒头，以$\phi550_{-0.2}^{0}$mm及一端面定位装夹工件，精车外圆至图样尺寸$\phi615_{-0.2}^{0}$mm车端面，保证厚度尺寸40 ± 0.2mm，各部倒角$C1$	CA6163 专用心轴
8	检验	按图样要求，检查齿坯各部尺寸及精度	
9	滚齿	以$\phi550_{-0.2}^{0}$mm内孔及一端面定位装夹工件，滚齿（$m=5$，$z=121$）	Y3180 专用心轴
10	钳工	去毛刺，尖角倒钝	
11	检验	按图样要求检查工件各部尺寸及精度	
12	入库	涂油入库	

（3）工艺分析

1）齿圈的直径和壁厚的比值较大，容易产生变形，为了减小孔径的变形和平面的翘曲，在加工过程中应增大夹紧面的面积，建议精车时采用专用工装进行装夹工件。

2）齿圈的变形，在装配后会有一定程度的校正，在加工检验时，对内孔圆度要求不高可以免除检验要求。

3）齿圈内、外径在自由状态下检验时，应多测量几点，在不同位置时都应该在公差范围之内。

4）齿圈径向跳动公差的检查，可参考“二联齿轮”一例中工艺分析中3）进行。

4.3.6　齿条

齿条如图 4-49 所示。

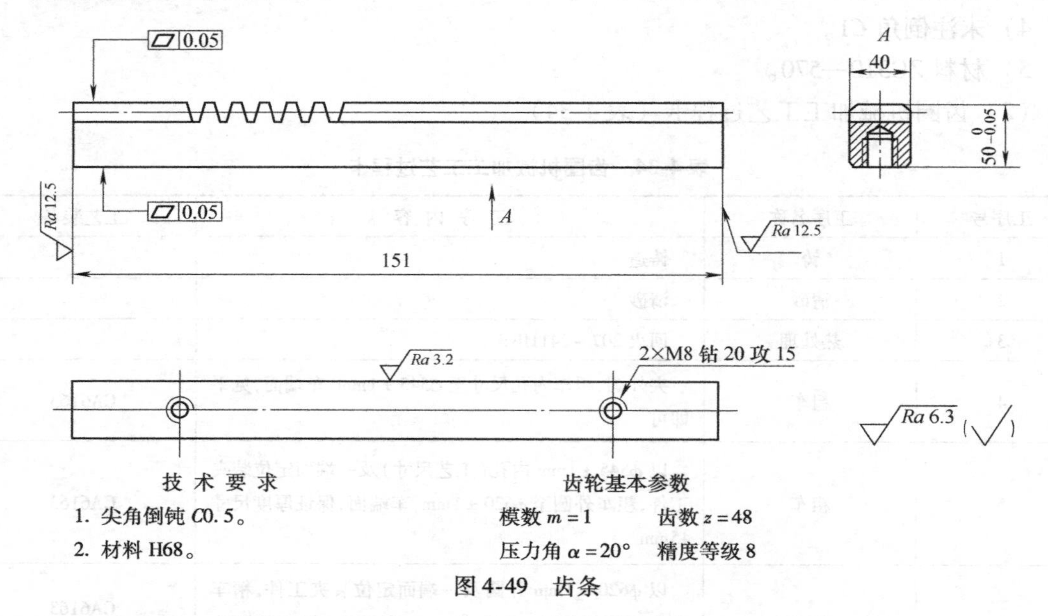

图 4-49　齿条

(1) 零件图样分析

1) 齿顶平面的平面度公差为 0.05mm。

2) 齿条底面（A 面）的平面度公差为 0.05mm。

3) 齿条精度等级 8。

4) 尖角倒钝 C0.5。

5) 材料 H68。

(2) 齿条机械加工工艺过程卡（表 4-35）

表 4-35　齿条机械加工工艺过程卡

工序号	工序名称	工 序 内 容	工艺装备
1	下料	棒料尺寸为 ϕ70mm×155mm	锯床
2	粗铣	机用平口台虎钳装夹工件，粗铣四面，保证尺寸为 43mm×53mm（图样尺寸为 40mm×50$^{0}_{-0.05}$mm），注意：第一面铣平后，工件转 90°将已加工面靠在固定钳口一侧，重新夹固工件，再铣第二面，这样依次将四平面铣完，可保证平面之间的垂直度要求	X5030A 机用平口台虎钳
3	铣	机用平口台虎钳装夹工件，端铣齿条两端端面，保证总长尺寸 151mm	X6132 机用平口台虎钳
4	精铣	机用平口台虎钳装夹工件，精铣四面至图样尺寸 40mm×50$^{0}_{-0.05}$mm（按工序 2 的方法操作）	X5030A 机用平口台虎钳

(续)

工序号	工序名称	工 序 内 容	工艺装备
5	检验	检查齿坯尺寸、平面度要求及六面垂直度	
6	铣齿	以 A 面为定位基准,一侧面找正,机用平口台虎钳装夹工件,铣齿条($m=1$, $z=48$),注意保证一端尺寸3.14mm	X6132 机用平口台虎钳
7	划线	划2×M8螺纹孔线	
8	钻	以齿面定位,机用平口台虎钳装夹工件,钻、攻2×M8螺纹	Z512 机用平口台虎钳
9	钳	修毛刺	
10	检验	按图样检查工件各部尺寸及精度	
11	入库	入库	

(3)工艺分析

1)齿坯要经过粗铣、精铣等工序的保证工件的加工精度要求。

2)单件或数量较小时,齿条上的孔,加工时可采用划线的方法或组合夹具进行加工。

3)齿条平面度的检查,可将工件放在平台上,用百分表来检查。

4)齿条六个平面的垂直度检查,可用直角尺及塞尺检查。

4.3.7 锥齿轮

锥齿轮如图4-50所示。

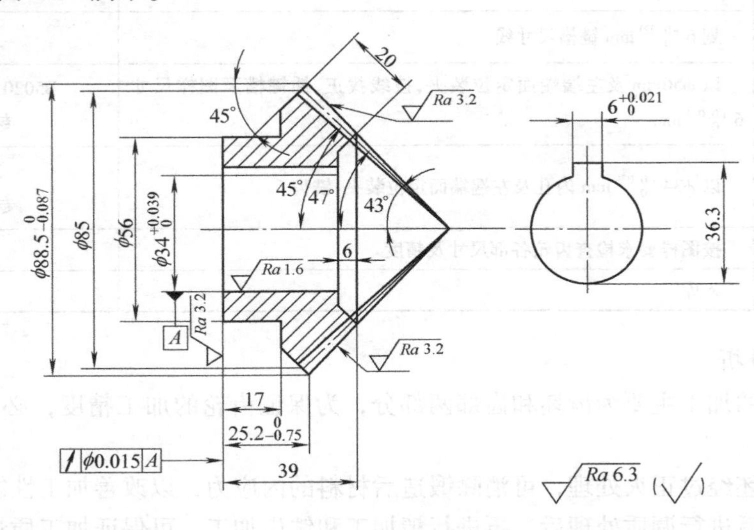

图4-50 锥齿轮

（1）零件图样分析

1）齿轮端面对 $\phi34^{+0.039}_{0}$mm 内孔中心线的圆跳动公差为 $\phi0.015$mm。

2）热处理，调质处理 28 ~ 32HRC。

3）齿轮精度等级 10α。

4）材料 45 钢。

（2）锥齿轮机械加工工艺过程卡（表 4-36）

表 4-36　锥齿轮机械加工工艺过程卡

工序号	工序名称	工 序 内 容	工艺装备
1	下料	棒料 $\phi80$mm × 65mm	锯床
2	锻造	自由锻、锻造尺寸为 $\phi95$mm × 46mm	
3	热处理	正火	
4	粗车	夹一端，车另一端（先加工齿轮左端），车端面，车 $\phi56$mm，长 17mm 均留余量 5mm，钻 $\phi28$mm 通孔	CA6140
5	粗车	倒头夹 $\phi56$mm（工艺尺寸 $\phi61$mm）粗车右端各部均留余量 5mm	CA6140
6	热处理	调质处理 28 ~ 32HRC	
7	精车	夹左端 $\phi56$mm（工艺尺寸 $\phi61$mm）精车右端各部尺寸至图样要求，精车内孔至 $\phi34^{+0.039}_{0}$mm	CA6140
8	精车	专用工装（可胀心轴）装夹工件，精车左端各部尺寸至图样要求	CA6140 专用工装
9	划线	划 $6^{+0.021}_{0}$mm 键槽尺寸线	
10	插键槽	以 $\phi56$mm 及左端端面定位装夹，按线找正，插键槽至图样尺寸 $6^{+0.021}_{0}$mm	B5020 组合夹具或 专用工装
11	铣齿	以 $\phi34^{+0.039}_{0}$mm 内孔及左端端面定位装夹，铣齿	X6132 专用心轴
12	检验	按图样要求检查齿轮各部尺寸及精度	
13	入库	入库	

（3）工艺分析

1）该工件的加工主要为齿坯和齿部两部分，为保证齿轮的加工精度，必须首先保证齿坯的加工精度。

2）锻造毛坯经过正火处理，可消除锻造后材料的内应力，以改善加工性能。

3）粗加工后进行调质处理后，再进行精加工和铣齿加工，可保证加工质量的稳定。

4）工序 10 插键槽，对组合夹具或专用工装，应要求备有键槽对称度检查基准，可供加工时对刀及加工后检查使用。

5）齿轮端面对 $\phi34^{+0.039}_{0}$mm 内孔中心线的圆跳动公差，可将锥齿轮装在 $\phi34^{+0.039}_{0}$mm 专用心轴上，采用偏摆仪进行检查。

4.3.8 锥齿轮轴

锥齿轮轴如图4-51所示。

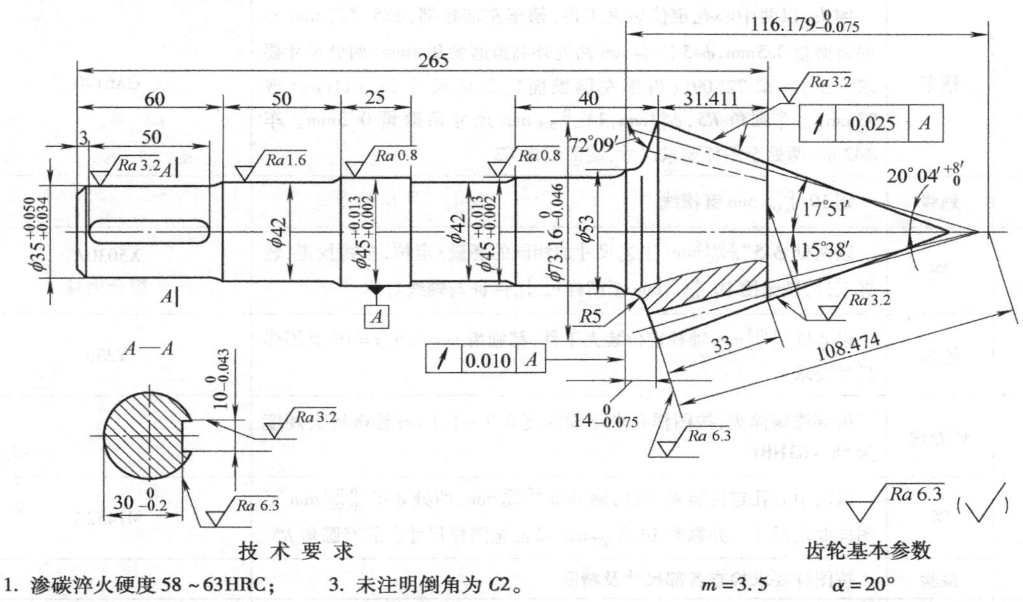

图4-51 锥齿轮轴

(1) 零件图样分析

1) 齿轮轮齿外表面对中心线的圆跳动公差为0.025mm。

2) $\phi 45^{+0.013}_{+0.002}$mm 右端面对中心线的圆跳动公差为0.010mm。

3) 渗碳淬火硬度58~63HRC;渗碳深度0.7~1.1mm。

4) 齿轮精度等级8GK。

5) 材料20CrMnTi。

(2) 锥齿轮轴机械加工工艺过程卡(表4-37)

表4-37 锥齿轮轴机械加工工艺过程卡

工序号	工序名称	工序内容	工艺装备
1	下料	棒料 φ80mm×200mm	锯床
2	锻造	锻造尺寸为 φ55mm×230mm+φ85mm×52mm	
3	热处理	正火	
4	粗车	夹 φ55mm×230mm 一端,粗车右端,车端面,见平即可,车外圆至 φ76mm,长48mm,钻中心孔 A5/10.6	CA6140
5	粗车	倒头,夹 φ76mm 外圆(中间工艺尺寸)并按外圆找正,车左端,车端面,保总长265mm,车外圆至 φ48mm 与 φ76mm 接刀,钻中心孔 A5/10.6	CA6140

（续）

工序号	工序名称	工 序 内 容	工艺装备
6	精车	以两中心孔定位装夹工件，精车右端齿轮部分锥面保角度20°04′，大端外圆尺寸$\phi73.16_{-0.046}^{0}$mm	CA6140
7	精车	倒头，以两中心孔定位装夹工件，精车左端各部，$\phi35_{+0.034}^{+0.050}$mm外圆留磨量0.5mm，$\phi45_{+0.002}^{+0.013}$mm两处外圆留磨量0.5mm（两处尺寸要求一致）。车72°09′（齿部左侧锥面），保证尺寸31.411mm（或33mm）。车圆角$R5$，$\phi53$mm，$14_{-0.075}^{0}$mm尺寸留磨量0.3mm。车$\phi42$mm两处至图样要求尺寸，端部倒角$C2$	CA6140
8	划线	划$10_{-0.043}^{0}$mm键槽线	
9	铣	以两处$\phi45_{+0.002}^{+0.013}$mm（工艺尺寸加相同的磨量）定位，按线找正，装夹工件，铣键槽$10_{-0.043}^{0}$mm至图样尺寸，保证与轴线对称	X5030A 组合夹具
10	刨齿	以$\phi45_{+0.002}^{+0.013}$mm轴径定位装夹工件，精刨齿$m=3.5$，$z=19$至图样尺寸要求	Y236
11	热处理	齿部渗碳淬火，按图样要求渗碳深度0.7～1.1mm渗碳淬火硬度为58～63HRC	
12	磨	以两中心孔定位装夹工件，磨$\phi35_{+0.034}^{+0.050}$mm，两处$\phi45_{+0.002}^{+0.013}$mm至图样要求尺寸。并靠磨$14_{-0.075}^{0}$mm端面至图样尺寸。靠磨圆角$R5$	M1432A
13	检验	按图样要求检查各部尺寸及精度	
14	入库	入库	

（3）工艺分析

1）该齿轮精度较低，所以工序安排在刨齿渗碳淬火后，不再进行磨齿，如果齿轮精度要求高于7级，应增加磨齿工序，因在渗碳淬火后，有产生齿部变形的可能。

2）未标注轴径各处$R2$，在磨削时加工。$\phi45_{+0.002}^{+0.013}$mm轴径右端面，靠磨后（工厂俗称“一刀下”）可保证右端面圆跳动公差。

3）齿轮轮齿外表面对轴心线的圆跳动；$\phi45_{+0.002}^{+0.013}$mm右端面对轴心线的圆跳动的检查，可采用两中心孔定位装夹在偏摆仪上进行检测。

4）锥齿轮的锥角可用游标万能角度尺或专用样板进行检查。

4.3.9 矩形齿花键轴

矩形齿花键轴如图4-52所示。

（1）零件图样分析

1）该零件既是花键轴又是阶梯轴，其加工精度要求又较高，所以零件两中心孔是设计和工艺基准。

2）矩形花键轴花键两端面对公共轴线的圆跳动公差为0.03mm。

3）花键外圆对公共轴线圆跳动公差为0.04mm。

4）$\phi25_{0}^{+0.03}$mm外圆（两处）对公共轴线圆跳动公差为0.04mm。

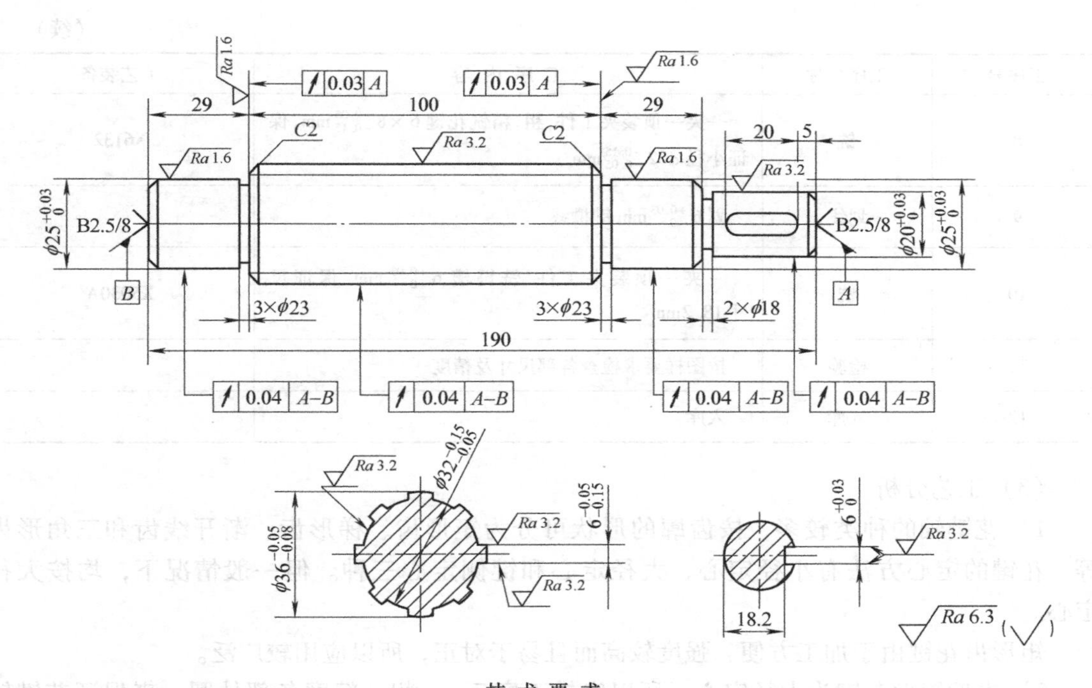

图4-52 矩形齿花键轴

5）$\phi20^{+0.03}_{0}$mm外圆对公共轴线圆跳动公差为0.04mm。

6）材料45钢。

7）热处理28～32HRC。

(2) 矩形齿花键轴机械加工工艺过程卡（表4-38）

表4-38 矩形齿花键轴机械加工工艺过程卡

工序号	工序名称	工 序 内 容	工艺装备
1	下料	棒料ϕ40mm×200mm	锯床
2	热处理	调质处理28～32HRC	
3	粗车	夹一端，车端面，见平即可。钻中心孔B2.5/8	CA6140
4	粗车	倒头装夹工件，车端面，保证总长190mm，钻中心孔B2.5/8	CA6140
5	粗车	以两中心孔定位装夹工件，粗车外圆各部，留加工余量2mm，长度方向各留加工余量2mm	CA6140
6	精车	以两中心孔定位装夹工件，精车各部尺寸，留磨削余量0.4mm。车槽3mm×ϕ23mm（两处），车槽2mm×ϕ18mm，倒角C2.2和C0.7	CA6140
7	磨	以两中心孔定位装夹工件，粗、精磨外圆各部至图样尺寸，磨花键部分两端面保证尺寸100mm	M1432A

（续）

工序号	工序名称	工 序 内 容	工艺装备
8	铣	一夹一顶装夹工件，粗、精铣花键 $6\times8_{-0.15}^{-0.05}$mm，保证小径 $\phi32_{-0.05}^{-0.15}$mm	X6132
9	划线	划 $6_{0}^{+0.03}$mm 键槽线	
10	铣	一夹一顶装夹工件，铣键槽 $6_{0}^{+0.03}$mm，保证尺寸 18.2mm	X5030A
11	检验	按图样要求检查各部尺寸及精度	
12	入库	入库	

（3）工艺分析

1）花键轴的种类较多，按齿廓的形状可分为矩形齿、梯形齿、渐开线齿和三角形齿等。花键的定心方法有小径定心、大径定心和键侧定心三种。但一般情况下，均按大径定心。

矩形齿花键由于加工方便、强度较高而且易于对正，所以应用较广泛。

2）本例矩形花键为大径定心，所以安排工序7——粗、精磨各部外圆，来保证花键轴大径尺寸 $\phi36_{-0.08}^{-0.05}$mm。

3）为确保花键轴各部外圆的位置及形状精度要求，在各工序中均以两中心孔为定位基准，装夹工件。

4）花键轴可以在专用的花键铣床上，采用滚切法进行加工。这种方法有较高的生产率和加工精度，但在没有专用的花键铣床时，也可以用普通卧式铣床进行铣削加工。

5）矩形齿花键轴花键两端面圆跳动公差、花键外圆、两处 $\phi25_{0}^{+0.03}$mm 外圆和 $\phi20_{0}^{+0.03}$mm 外圆对公共轴线的圆跳动公差的检查，可以两中心孔定位，将工件装夹在偏摆仪上，用百分表进行检查。

6）外花键在单件小批生产时，其等分精度由分度头精度保证，键宽、大径和小径尺寸可用游标卡尺或千分尺测定，必要时可用百分表检查花键键侧的对称度。在成批或大批量生产中，可采用综合量规进行检查。

4.3.10　矩形齿花键套

矩形齿花键套如图 4-53 所示。

（1）零件图样分析

1）$\phi70\pm0.021$mm 与花键套内孔的同轴度公差为 $\phi0.03$mm。

2）$\phi120$mm 右端面与花键套内孔中心线的垂直度公差为 0.04mm。

3）热处理 28 ~32HRC。

4）未注倒角 $C1$。

5）材料 45 钢。

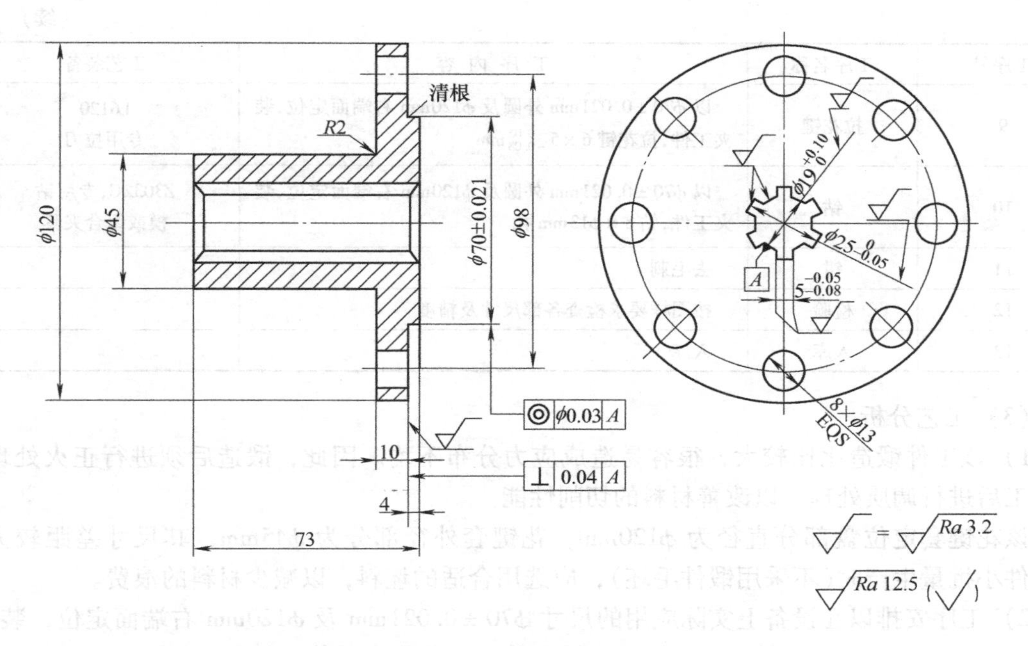

技术要求：1. 热处理 28～32HRC。 2. 未注倒角 C1。 3. 材料45钢。

图4-53 矩形齿花键套

(2) 矩形齿花键套机械加工工艺过程卡（表4-39）

表4-39 矩形齿花键套机械加工工艺过程卡

工序号	工序名称	工序内容	工艺装备
1	下料	棒料 ϕ80mm×90mm	锯床
2	锻造	自由锻，锻造尺寸为 ϕ50mm×63mm+ϕ125mm×18mm	
3	热处理	正火处理	
4	粗车	夹 ϕ45mm 毛坯上一端外圆，车 ϕ120mm 外圆及端面，直径方向留加工余量3mm，长度方向留加工余量3mm。钻孔 ϕ15mm	CA6140
5	粗车	倒头，夹 ϕ120mm 外圆（实际工艺尺寸 ϕ123mm），并以大端面定位，车 ϕ45mm 处毛坯外圆及端面，直径方向留加工余量3mm，总长留加工余量3mm	CA6140
6	热处理	调质处理 28～32HRC	
7	精车	以 ϕ120mm 外圆及右端面定位，装夹工件，车 ϕ45mm 外圆及 ϕ120mm 左侧面至图样尺寸，车内孔，留加工余量1.2mm	CA6140
8	精车	倒头，夹 ϕ45mm 外圆找正 ϕ120mm 外圆左侧面，车 ϕ120mm 外圆及右端各部至图样尺寸，精车内孔至 $\phi19^{+0.10}_{0}$mm	CA6140

（续）

工序号	工序名称	工 序 内 容	工艺装备
9	拉花键	以 $\phi70 \pm 0.021$mm 外圆及 $\phi120$mm 右端面定位，装夹工件，拉花键 $6\times5^{-0.05}_{-0.08}$mm	L6120 专用拉刀
10	钻	以 $\phi70 \pm 0.021$mm 外圆及 $\phi120$mm 右端面定位，装夹工件，钻 $8\times\phi13$mm 孔	Z3032C，专用钻模或组合夹具
11	钳	去毛刺	
12	检验	按图样要求检查各部尺寸及精度	
13	入库	入库	

（3）工艺分析

1）该工件锻造比比较大，很容易造成应力分布不均。因此，锻造后须进行正火处理，粗加工后进行调质处理，以改善材料的切削性能。

该花键套定位盘部分直径为 $\phi120$mm，花键套外径部分为 $\phi45$mm，其尺寸差距较大，在单件小批量生产时（不采用锻件毛坯），应选用合适的坯料，以减少材料的浪费。

2）工序安排以在设备上实际应用的尺寸 $\phi70 \pm 0.021$mm 及 $\phi120$mm 右端面定位，装夹工件，进行花键套的拉削加工，达到了设计基准、工艺基准及使用的统一。

3）该矩形齿花键套为大径定心，宜采用拉削加工。

4）$\phi70 \pm 0.021$mm 与花键套内孔的同轴度检查；$\phi120$mm 右端面与花键套内孔的垂直检查，可采用 $\phi19^{+0.10}_{0}$mm 孔配装心轴后，在偏摆仪上用百分表检查同轴度及垂直度。

5）花键套键宽、大径和小径尺寸及等分精度的检查，可采用综合量规进行检查。

4.3.11　丝杠

丝杠如图4-54所示。

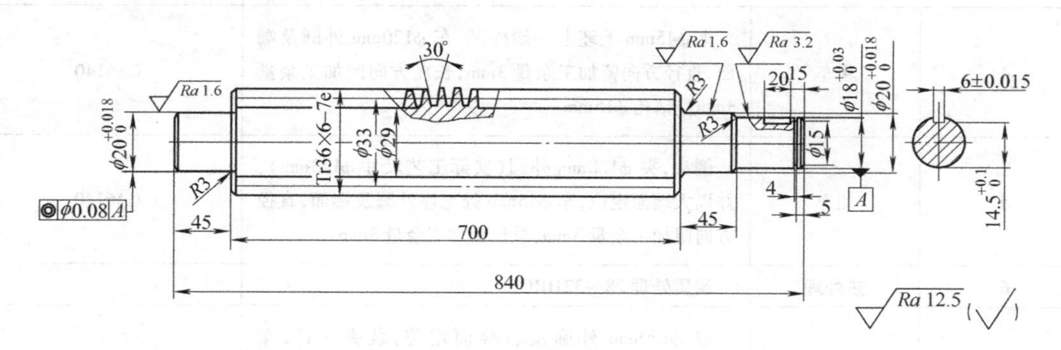

技 术 要 求

1. 热处理：调质处理 28～32HRC。　2. 未注倒角 C1。　3. 材料 45 钢。

图4-54　丝杠

（1）零件图样分析

1）丝杠为梯形螺纹 Tr36×6－7e。

2）两端 $\phi20^{+0.018}_{0}$mm 轴线同轴度公差为 $\phi0.08$mm。

3）热处理：调质处理28～32HRC。

4）未注倒角 $C1$。

5）材料45钢。

（2）丝杠机械加工工艺过程卡（表4-40）

表4-40　丝杠机械加工工艺过程卡

工序号	工序名称	工 序 内 容	工艺装备
1	下料	棒料 $\phi45$mm×850mm	锯床
2	粗车	用自定心卡盘装夹工件一端，车另一端面见平即可，钻中心孔B2.5	CA6140
3	粗车	倒头，夹工件另一端，车端面，保证总长840mm，钻中心孔B2.5	CA6140
4	粗车	夹工件左端顶尖顶右端车外圆至尺寸 $\phi42\pm0.5$mm，车右端至尺寸 $\phi30\pm0.5$mm×85mm	CA6140
5	粗车	倒头，夹工件右端顶尖顶左端，车左端外圆至尺寸 $\phi30\pm0.5$mm×40mm	CA6140
6	热处理	调质处理28～32HRC	
7	车	夹工件左端，修研右端中心孔	CA6140
8	车	倒头，夹工件右端，修研左端中心孔	CA6140
9	半精车	一夹一顶装夹工件，辅以跟刀架，半精车外圆至尺寸 $\phi36.8$mm，车右端外圆 $\phi18^{+0.03}_{0}$mm 至图样尺寸长50mm，车 $\phi20^{+0.018}_{0}$mm 至尺寸 $\phi20.8$mm，长45mm，车距右端面5mm处的4mm×$\phi15$mm槽	CA6140
10	半精车	倒头，一夹一顶装夹工件，车左端 $\phi20^{+0.018}_{0}$mm 至尺寸 $\phi20.8$mm，长45mm	CA6140
11	划线	划 6 ± 0.015mm×20mm键槽线	
12	铣	以两 $\phi20.8$mm（工艺尺寸）定位装夹工件铣 6 ± 0.015mm×20mm键槽	X5030A 组合夹具
13	磨	以两中心孔定位装夹工件，磨外圆至图样尺寸 $\phi36\pm0.05$mm，磨两端 $\phi20^{+0.018}_{0}$mm 至图样尺寸	M1432A
14	精车	以两中心孔定位装夹工件，辅以跟刀架，粗，精车Tr36×6－7e梯形螺纹	CA6140
15	钳	修毛刺	
16	检验	按图样要求检查工件各部尺寸及精度	
17	入库	涂油入库	

（3）工艺分析

1）该丝杠属于中等精度长丝杠，尺寸精度、形状位置精度和表面粗糙度均要求不高，因此丝杠各部尺寸及梯形螺纹均可在普通设备上加工完成，当批量较小时，可用精车代替磨削工序完成，但应保证车削外圆及螺纹的同轴度。

2）调质处理安排在粗加工之后，半精加工之前进行，这样可以更好的保证加工质量。

3）两端 $\phi20^{+0.018}_{0}$ mm 轴线的同轴度公差可以两中心孔定位，将工件装夹在偏摆仪上，用百分表进行检查。

4）精车外径和螺纹时要采用跟刀架，防止工件变形。

5）梯形螺纹的检查可用梯形螺环规进行检查。

4.4　箱体类零件

4.4.1　C6150 车床主轴箱箱体

C6150 车床主轴箱箱体如图 4-55 所示。

图 4-56 所示是 C6150 车床主轴箱箱体展开图。

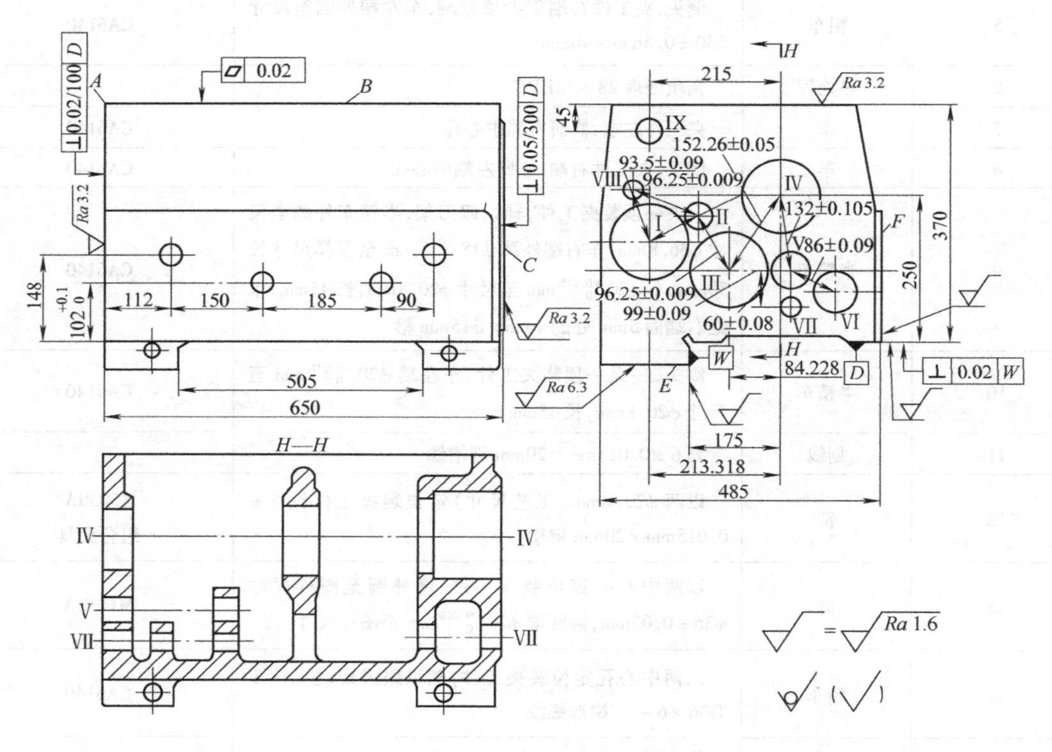

技 术 要 求

1. 非加工表面涂底漆，内壁涂防锈漆。
2. 未注明铸造圆角 $R3\sim R5$。
3. 未注明倒角 $C1$。
4. 铸件人工时效处理。
5. 材料 HT200。

图 4-55　C6150 车床主轴箱箱体

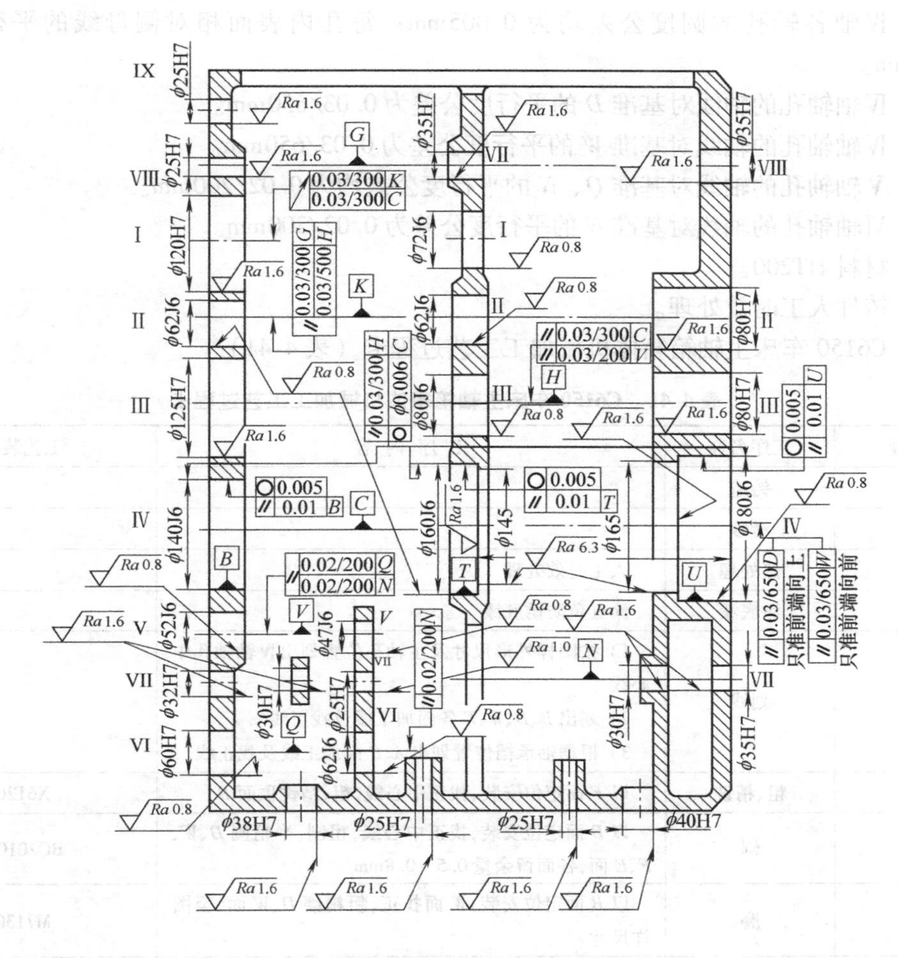

图4-56 C6150车床主轴箱箱体展开图

（1）零件图样分析

1）该零件为机床主轴箱，主要加工部位为平面和孔系，其结构复杂，精度要求又高，加工时应注意选择定位基准及夹紧力。

2）箱体上 *B* 面平面度公差为 0.02mm。

3）箱体上 *A* 面与 *D* 面的垂直度公差为 0.02/100mm。

4）箱体上 *C* 面与 *D* 面的垂直度公差为 0.05/300mm。

5）箱体上 *D* 面与 *W* 面的垂直度公差为 0.02mm。

6）Ⅰ轴轴孔的轴线对基准 *K*、*C* 的圆跳动公差分别为 0.03/300mm。

7）Ⅱ轴轴孔的轴线对基准 *G* 的平行度公差为 0.03/300mm；对基准 *H* 的平行度公差为 0.03/500mm。

8）Ⅲ轴轴孔的轴线对基准 *C* 的平行度公差为 0.03/300mm；对基准 *V* 的平行度公差为 0.03/200mm。

9）Ⅳ轴轴孔内表面对基准 *H* 的平行度公差为 0.03/300mm；Ⅳ轴各轴孔表面对基准 *C* 的同轴度公差为 ϕ0.006mm。

10）Ⅳ轴各轴孔的圆度公差均为0.005mm；每孔内表面相对侧母线的平行度公差为0.01mm。

11）Ⅳ轴轴孔的轴线对基准 D 的平行度公差为0.03/650mm。

12）Ⅳ轴轴孔的轴线对基准 W 的平行度公差为0.03/650mm。

13）Ⅴ轴轴孔的轴线对基准 Q、N 的平行度公差均为0.02/200mm。

14）Ⅵ轴轴孔的轴线对基准 N 的平行度公差为0.02/200mm。

15）材料HT200。

16）铸件人工时效处理。

（2）C6150车床主轴箱箱体机械加工工艺过程卡（表4-41）

表4-41　C6150车床主轴箱箱体机械加工工艺过程卡

工序号	工序名称	工序内容	工艺装备
1	铸造		
2	清砂		
3	热处理	人工时效处理	
4	涂底漆	涂红色防锈底漆	
5	划线	1）按图样外形尺寸及主轴孔位置划出Ⅳ轴轴孔中心线 2）划出 B、D、W、F 各面加工线及找正线 3）根据轴承档位置划出 A、C 面加工线及找正线	
6	粗、精铣	以 F 面定位安装，找正中心线，粗、精铣顶面 B	X6120
7	刨	以 B 面定位安装，找正中心线，粗刨，半精刨 D、W、F、E 面，各面留余量0.5～0.8mm	BQ2010A
8	磨	以 B 面定位安装，W 面找正，粗精磨 D、W 面，至图样尺寸	M7130
9	铣	以 D 面、W 面定位安装，粗精铣 A、C 面至图样尺寸	X6120
10	划线	以 D 面、W 面为基准，划线样板划出 A 面各孔加工线，及其他面上孔的加工线	划线样板
11	粗镗	以 D 面和 W 面定位装夹，按轴孔加工线找正，粗镗Ⅰ、Ⅱ、Ⅲ、Ⅳ各轴孔，留加工余量5～8mm	T617A
12	半精镗	以 D 面、W 面、C 面定位装夹，半精镗Ⅰ、Ⅱ、Ⅲ、Ⅳ各轴孔，留加工余量1.5～2mm，钻、扩、铰其余各孔	T617A
13	精镗	以 D 面、W 面、C 面定位装夹，精镗Ⅰ、Ⅱ、Ⅲ、Ⅳ各孔至图样尺寸	T617A
14	钻	以 D 面、W 面和 A 面定位装夹，钻、扩、铰 C 面各孔，并钻攻全部光孔和螺纹孔	T617A
15	磨	粗、精磨 F 面	M7130
16	钳	去毛刺	
17	检验	检验	
18	入库	入库	

（3）工艺分析

1）铸件必须进行时效处理，以消除应力。有条件时应在露天存放一年以上再加工。

2）为了保证加工精度应使定位基准统一，该零件主要定位基准，集中在 D 面和 W 面上。

3）镗孔时，在可能的条件下尽量采用“支承镗削”方法，以增加镗杆的刚性，提高加工精度。对直径较小的孔、应采用钻、扩、铰加工方法。

为保证在同一轴上各孔的同轴度，可采用在已加工孔上，安装导向套再加工其他孔的方法。

4）为提高孔的加工精度，应将粗镗、半精镗和精镗分开进行。

5）铸造时一般 ϕ50mm 以下孔不铸出。

6）孔的尺寸精度检验，使用内径千分尺或内径百分表进行测量。轴内孔之间距离的测量可以通过孔与孔之间壁厚进行间接测量。

7）同一轴线上各孔的同轴度，可采用检验心轴进行检验。

8）各轴孔的轴线之间的平行度，以及轴孔的轴线与基准面的平行度，均应通过检验心轴进行测量。

9）该例保证各孔正确位置是靠 T617A 手动控制坐标来完成的，为更好地保证加工质量，单件小批量生产也可采用组合夹具镗模进行加工、批量较大时，应采用专用镗模进行加工。

4.4.2　小型蜗轮减速器箱体

小型蜗轮减速器箱体如图 4-57 所示。

（1）零件图样分析

1）$\phi180^{+0.035}_{0}$mm 孔中心线对基准中心线 B 的垂直度公差为 0.06mm。

2）$\phi180^{+0.035}_{0}$mm 两孔同轴度公差为 ϕ0.06mm。

3）$\phi90^{+0.027}_{0}$mm 两孔同轴度公差为 ϕ0.05mm。

4）箱体内部做煤油渗漏检验。

5）铸件人工时效处理。

6）非加工表面涂防锈漆。

7）铸件不能有砂眼、疏松等缺陷。

8）材料 HT200。

（2）小型蜗轮减速器箱体机械加工工艺过程卡（表 4-42）

（3）工艺分析

1）在加工前，安排划线工艺是为了保证工件壁厚均匀，并及时发现铸件的缺陷，减少废品。

2）该工件体积小，壁薄，加工时应注意夹紧力的大小，防止变形。

工序 12 精镗前要求对工件压紧力进行适当的调整，也是确保加工精度的一种方法。

3）$\phi180^{+0.035}_{0}$mm 与 $\phi90^{+0.027}_{0}$mm 两孔的垂直度 0.06mm 要求，由机床分度来保证。

4）$\phi180^{+0.035}_{0}$mm 与 $\phi90^{+0.027}_{0}$mm 两孔孔距尺寸 100 ±0.12mm，可采用装心轴的方法检测。

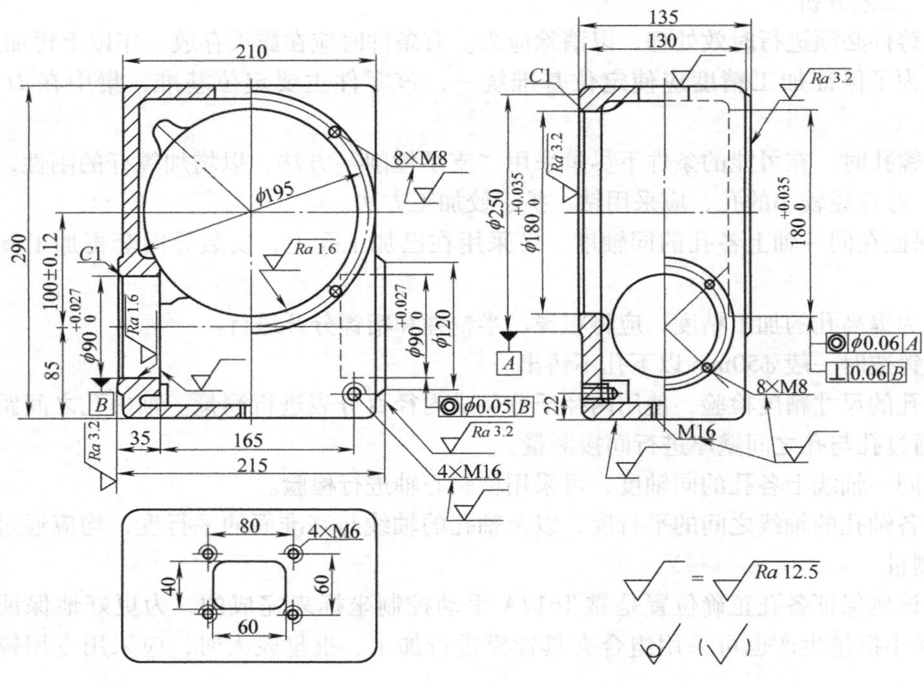

技 术 要 求

1. 铸件不得有砂眼、疏松等缺陷。
2. 非加工表面涂防锈漆。
3. 铸件人工时效处理。
4. 箱体做煤油渗漏试验。
5. 材料 HT200。

图 4-57 小型蜗轮减速器箱体

表 4-42 小型蜗轮减速器箱体机械加工工艺过程卡

工序号	工序名称	工 序 内 容	工艺装备
1	铸	铸造	
2	清砂	清砂	
3	热处理	人工时效处理	
4	涂装	涂红色防锈底漆	
5	划线	划 $\phi180^{+0.035}_{0}$ mm、$\phi90^{+0.027}_{0}$ mm 孔加工线，划上、下平面加工线	
6	铣	以顶面毛坯定位，按线找正，粗、精铣底面	X5030A
7	铣	以底面定位装夹工件，粗、精铣顶面，保证尺寸为 290mm	X5030A
8	铣	以底面定位，压紧顶面按线铣 $\phi90^{+0.027}_{0}$ mm 两孔侧面凸台，保证尺寸为 217mm	X6132
9	铣	以底面定位，压紧顶面按线找正，铣 $\phi180^{+0.035}_{0}$ mm 两孔侧面，保证尺寸 137mm	X6132

（续）

工序号	工序名称	工 序 内 容	工艺装备
10	镗	以底面定位，按 $\phi90^{+0.027}_{0}$mm 孔端面找正，压紧顶面，粗镗 $\phi90^{+0.027}_{0}$mm 孔至尺寸 $\phi88^{0}_{-0.5}$mm，粗刮平面保证总长尺寸 215mm 为 216mm，刮 $\phi90^{+0.027}_{0}$mm 内端面，保证尺寸 35.5mm	T617A
11	镗	将机床上工作台旋转 90°，加工 $\phi180^{+0.035}_{0}$mm 孔尺寸到 $\phi178^{0}_{-0.5}$mm，粗刮平面，保证总厚 136mm，保证与 $\phi90^{+0.027}_{0}$mm 孔距尺寸 100±0.12mm	T617A
12	精镗	将机床上工作台旋转回零位，调整工件压紧力（工件不动），精镗 $\phi90^{+0.027}_{0}$mm 至图样尺寸，精刮两端面至尺寸 215mm	T617A
13	精镗	将机床上工作台旋转 90°，精镗 $\phi180^{+0.035}_{0}$mm 孔至图样尺寸，精刮两侧面保证总厚 135mm，保证与 $\phi90^{+0.027}_{0}$mm 孔距尺寸 100±0.12mm	T617A
14	划线	划两处 8×M8、4×M16、M16、4×M6 各螺纹孔加工线	
15	钻	钻、攻各螺纹	Z3032
16	钳	修毛刺	
17	钳	煤油渗漏试验	
18	检验	按图样检查工件各部尺寸及精度	
19	入库	入库	

4.4.3 减速器

减速器箱盖如图 4-58 所示，减速器箱体如图 4-59 所示，减速器箱如图 4-60 所示。

（1）零件图样分析

1）$\phi150^{+0.04}_{0}$mm，两 $\phi90^{+0.035}_{0}$mm 三孔中心线的平行度公差值为 0.073mm。

2）$\phi150^{+0.04}_{0}$mm，两 $\phi90^{+0.035}_{0}$mm 三孔中心线，对基准面 D 的位置度公差为 0.3mm。

3）分割面（箱盖、箱体的结合面）的平面度公差为 0.03mm。

4）铸件人工时效处理。

5）零件材料 HT200。

6）箱体做煤油渗漏试验。

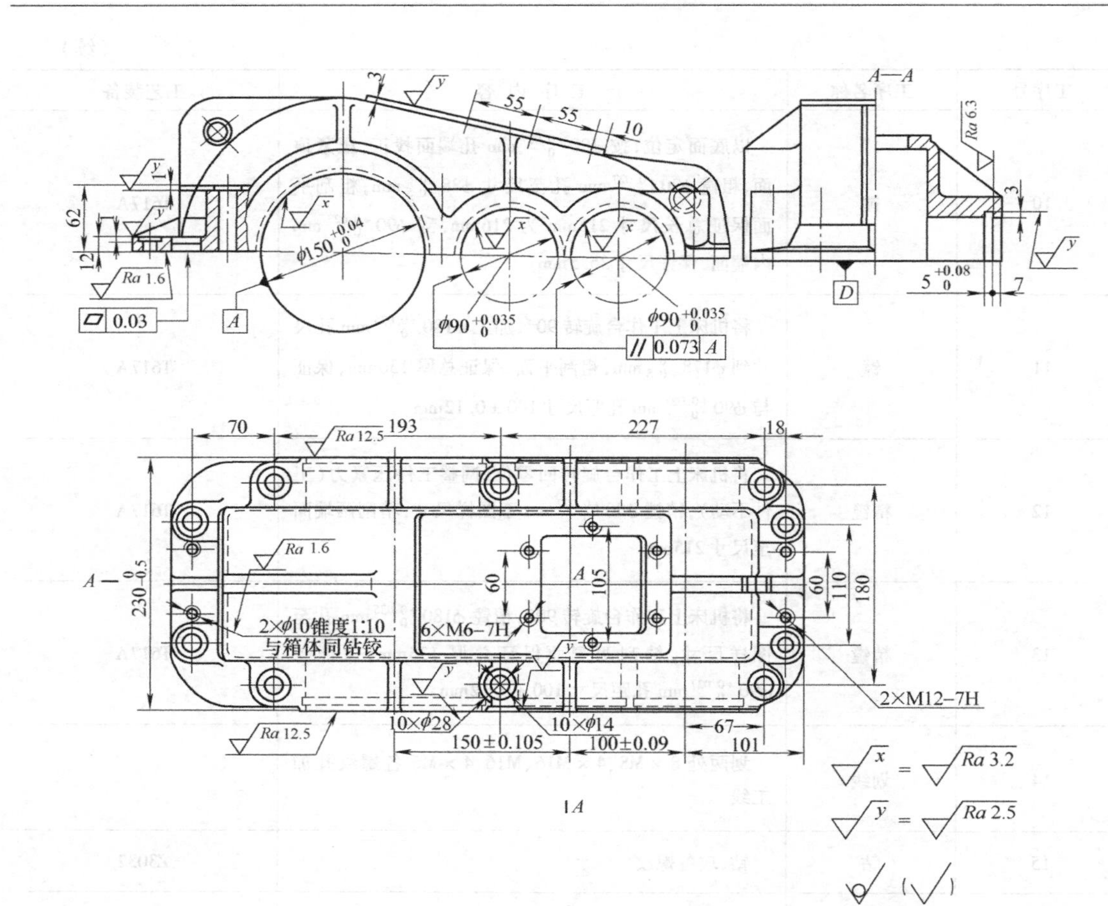

技 术 要 求

1. 非加工表面涂底漆。
2. 未注明铸造圆角 $R5$。
3. 尖角倒钝 $C0.5$。
4. 铸件人工时效处理。
5. 材料 HT200。

图 4-58　减速器箱盖

（2）减速器箱盖机械加工工艺过程卡（表 4-43）

（3）减速器箱体机械加工工艺过程卡（表 4-44）

（4）减速器箱机械加工工艺过程卡（表 4-45）

（5）工艺分析

1）减速器箱盖、箱体主要加工部分是分割面、轴承孔、通孔和螺孔，其中轴承孔要在箱盖、箱体合箱后再进行镗孔加工，以确保三个轴承孔中心线与分割面的位置，以及三孔中心线的平行度和中心距。

2）减速器整个箱体壁薄，容易变形，在加工前要进行人工时效处理，以消除铸件内应力，加工时要注意夹紧位置和夹紧力的大小，防止零件变形。

3）如果磨削加工分割面达不到平面度要求时，可采用箱盖与箱体对研的方法。最终安装使用时，一般加密封胶密封。

4）减速器箱盖和箱体不具有互换性，所以每装配一套必须钻铰定位销，做标记和编号。

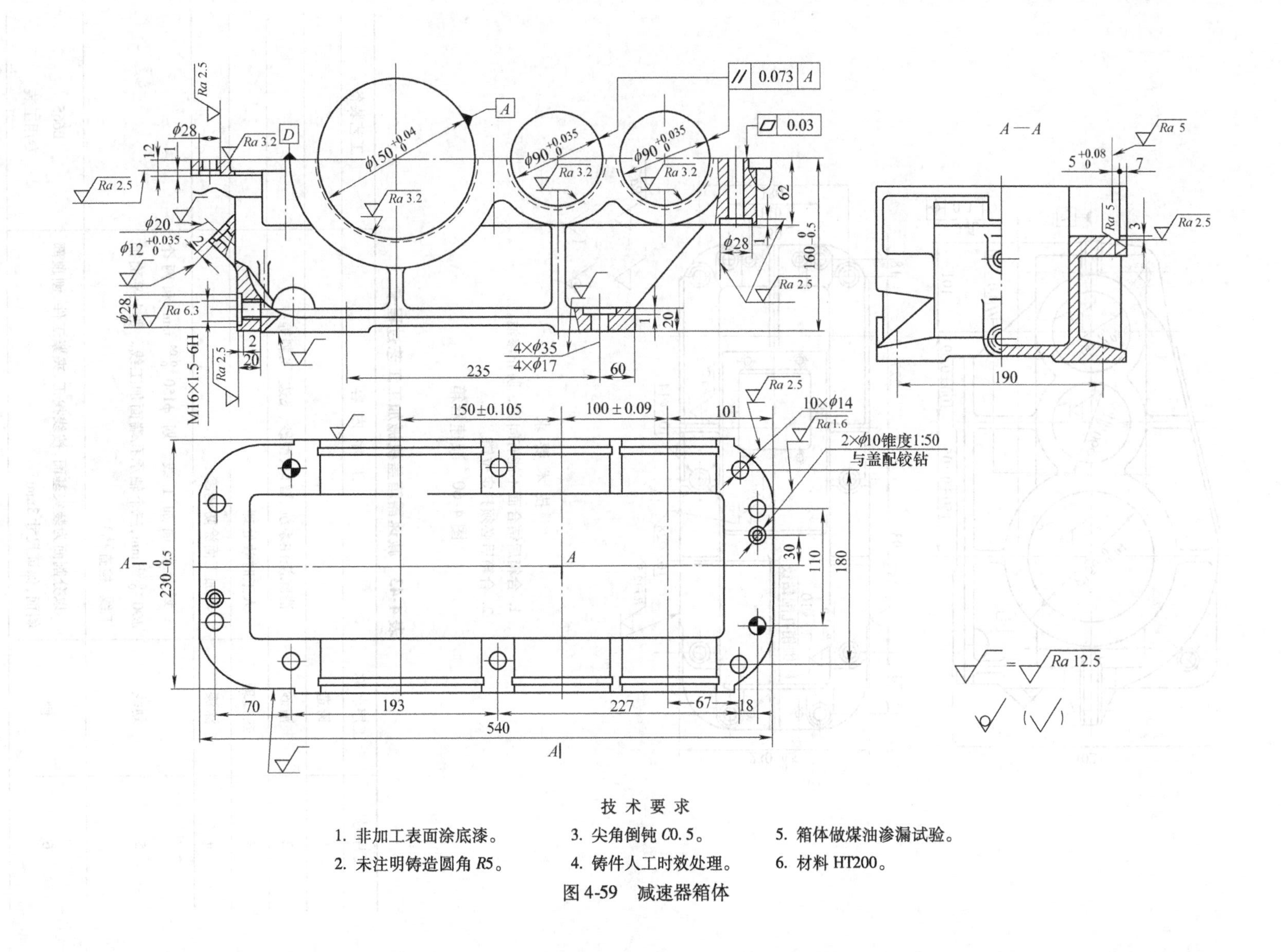
A—A
技 术 要 求
1. 非加工表面涂底漆。
2. 未注明铸造圆角 R5。
3. 尖角倒钝 C0.5。
4. 铸件人工时效处理。
5. 箱体做煤油渗漏试验。
6. 材料 HT200。

图 4-59　减速器箱体

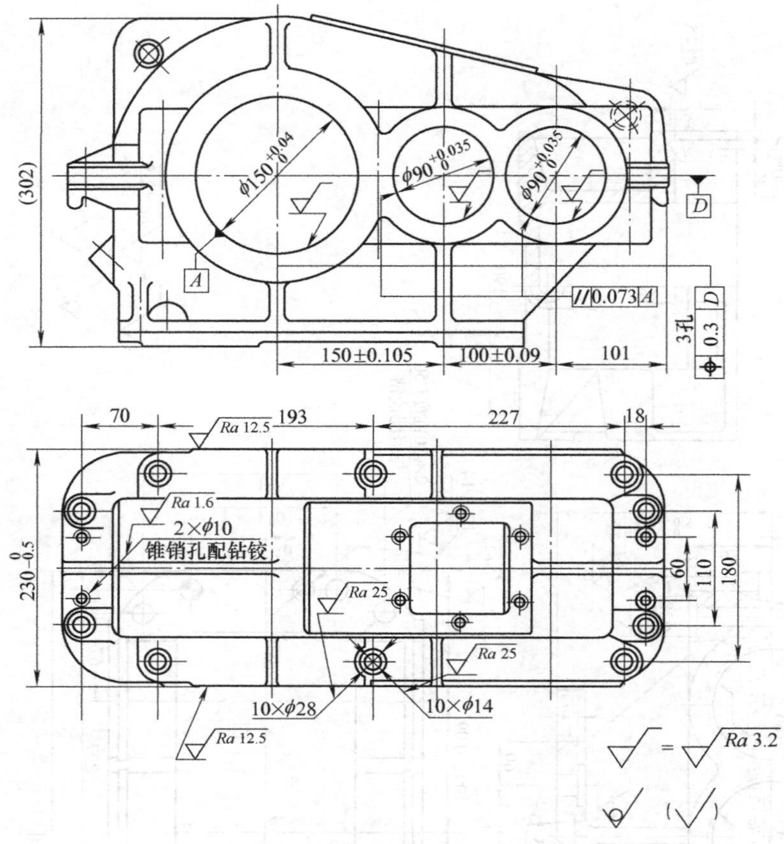

图4-60　减速器箱

表4-43　减速器箱盖机械加工工艺过程卡

工序号	工序名称	工 序 内 容	工艺装备
1	铸造		
2	清砂	清除浇注系统、冒口、型砂、飞边、飞刺等	
3	热处理	人工时效处理	
4	涂漆	非加工面涂防锈漆	
5	划线	划分割面加工线。划 $\phi150^{+0.04}_{0}$ mm 和两个 $\phi90^{+0.035}_{0}$mm，三个轴承孔端面加工线。划上平面加工线（检查孔）	
6	刨	以分割面为装夹基面，按线找正，夹紧工件，刨顶部斜面，保证尺寸3mm	B665 专用工装

（续）

工序号	工序名称	工 序 内 容	工艺装备
7	刨	以已加工顶斜面做定位基准，装夹工件（专用工装），刨分割面保证尺寸12mm。（注意周边尺寸均匀），留有磨削余量0.6～0.8mm	B665 专用工装
8	钻	以分割面及外形定位，钻10×ϕ14mm孔，锪10×ϕ28mm孔，钻攻2×M12-7H	Z3050 专用工装
9	钻	以分割面定位，钻攻顶斜面上6×M6-7H螺纹	Z3050 专用工装
10	磨	以顶斜面及一侧面定位，装夹工件，磨分割面至图样尺寸12mm	M7132 专用工装
11	检验	检查各部尺寸及精度	

表4-44 减速器箱体机械加工工艺过程卡

工序号	工序名称	工 序 内 容	工艺装备
1	铸造		
2	清砂	清除浇口、冒口、型砂、飞边、飞刺等	
3	热处理	人工时效处理	
4	涂漆	非加工面涂防锈漆	
5	划线	划分割面加工线。划三个轴承孔端面加工线，底面线，照顾壁厚均匀	
6	刨	以底面定位，按线找正，装夹工件，刨分割面留磨量0.5～0.8mm（注意尺寸12mm和62mm）	B665
7	刨	以分割面定位装夹工件刨底面，保证高度尺寸160.8$_{-0.5}^{0}$mm（工艺尺寸）	B665
8	钻	钻底面4×ϕ17mm孔，其中两个铰至ϕ17.5$_{0}^{+0.01}$mm（工艺用），锪4×ϕ35mm，深1mm	Z3050 专用钻模
9	钻	钻10×ϕ14mm孔，锪10×ϕ28mm，深1mm	Z3050 专用钻模
10	钻	钻、铰ϕ12$_{0}^{+0.035}$mm测油孔，锪ϕ20mm，深2mm	Z3032
11	钻	以两个ϕ17.5$_{0}^{+0.01}$mm孔及底面定位，装夹工件，钻M16×1.5底孔，攻M16×1.5，锪ϕ28mm，深2mm	Z3032 专用工装
12	磨	以底面定位，装夹工件，磨分割面，保证尺寸160$_{-0.5}^{0}$mm	M1732
13	钳	箱体底部用煤油做渗漏试验	
14	检验	检查各部尺寸及精度	

表 4-45 减速器箱机械加工工艺过程卡

工序号	工序名称	工 序 内 容	工艺装备
1	钳	将箱盖、箱体对准合箱,用 10 个 M12 螺栓、螺母紧固	
2	钻	钻、铰 2 × ϕ10mm,1∶10 锥度销孔,装入锥销	Z3050
3	钳	将箱盖、箱体做标记,编号	
4	铣	以底面定位,按底面一边找正,装夹工件,兼顾其他三面的加工尺寸,铣两端面,保证尺寸 $230_{-0.5}^{0}$mm	X6132
5	划线	以合箱后的分割面为基准,划 $\phi150_{0}^{+0.04}$mm 和两个 $\phi90_{0}^{+0.035}$mm 三轴承孔加工线	
6	镗	以底面定位,以加工过的端面找正,装夹工件,粗镗 $\phi150_{0}^{+0.04}$mm 和 2 × $\phi90_{0}^{+0.035}$mm 三轴承孔,留加工余量 1 ~ 1.2mm。保证中心距 150 ± 0.105mm 和 100 ± 0.09mm,保证分割面与轴承孔的位置度公差 0.3mm	T617A
7	镗	定位夹紧同工序 6,按分割面精确对刀(保分割面与轴承孔的位置度公差0.3mm),精镗三轴承孔至图样尺寸。保证中心距 150 ± 0.105mm 和 100 ± 0.09mm 精镗 6 处宽 $5_{0}^{+0.08}$mm,深 3mm,距端面 7mm 环槽	T617A
8	钳	拆箱、清理飞边,毛刺	
9	钳	合箱,装锥销、紧固	
10	检验	检查各部尺寸及精度	
11	入库	入库	

5）减速器若批量生产可采用专用镗模或专用镗床，以保证加工精度及提高生产效率。

6）三孔平行度的精度主要由设备精度来保证。工件一次装夹，主轴不移动，靠移动工作台来保证三孔中心距。

7）三孔平行度检查，可用三根心轴分别装入三个轴承孔中，测量三根心轴两端的距离差，即可得出平行度误差。

8）三孔轴心线的位置度也通过三根心轴进行测量。

9）箱盖、箱体的平面度检查，可将工件放在平台上，用百分表测量。

10）一般孔的位置，靠钻模和划线来保证。

4.4.4 曲轴箱

曲轴箱箱盖如图 4-61 所示，曲轴箱箱体如图 4-62 所示，曲轴箱如图 4-63 所示。

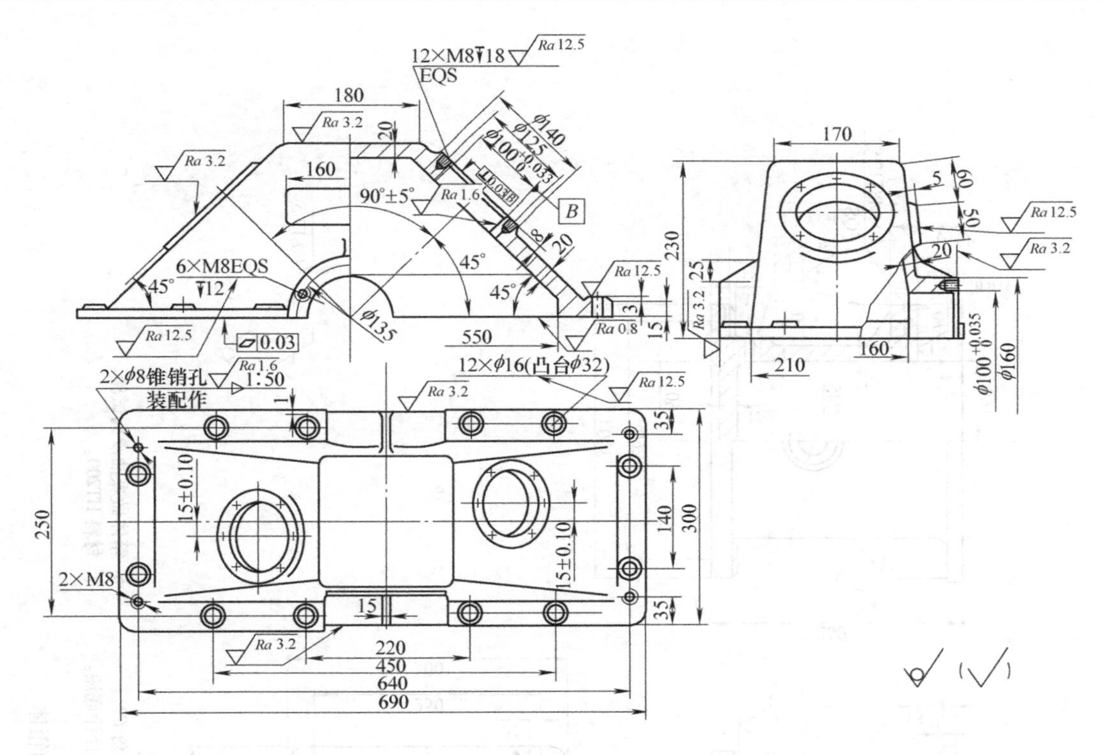

技 术 要 求

1. 铸造后时效处理。
2. 铸件不得有砂眼、缩松、夹渣等缺陷。
3. 未注明铸造圆角 $R3 \sim R5$。
4. 未注明倒角 $C2$。
5. 非加工表面涂底漆。
6. 材料 HT200。

图4-61　曲轴箱箱盖

（1）零件图样分析

1）箱盖、箱体分割面的平面度公差为0.03mm。

2）轴承孔由箱盖、箱体两部分组成，其尺寸 $\phi100^{+0.035}_{0}$mm 的分割面位置，对上、下两个半圆孔有对称度要求，其对称度公差为0.02mm。

3）两个轴承孔 $\phi100^{+0.035}_{0}$mm 的同轴度公差为 $\phi0.03$mm。

4）$\phi140$mm 端面对 $\phi100^{+0.035}_{0}$mm 孔轴线的垂直度公差为0.03mm。

5）箱盖上部 $2\times\phi100^{+0.035}_{0}$mm 孔端面对其轴线的垂直度公差为0.03mm。对 $\phi100^{+0.035}_{0}$mm 轴承孔轴线平行度公差为0.03mm。

6）铸件不得有砂眼、夹渣、缩松等缺陷。

7）未注明铸造圆角 $R3 \sim R5$。

8）未注明倒角 $C2$。

9）非加工表面涂防锈漆。

10）箱体底部做煤油渗漏试验。

11）材料 HT200。

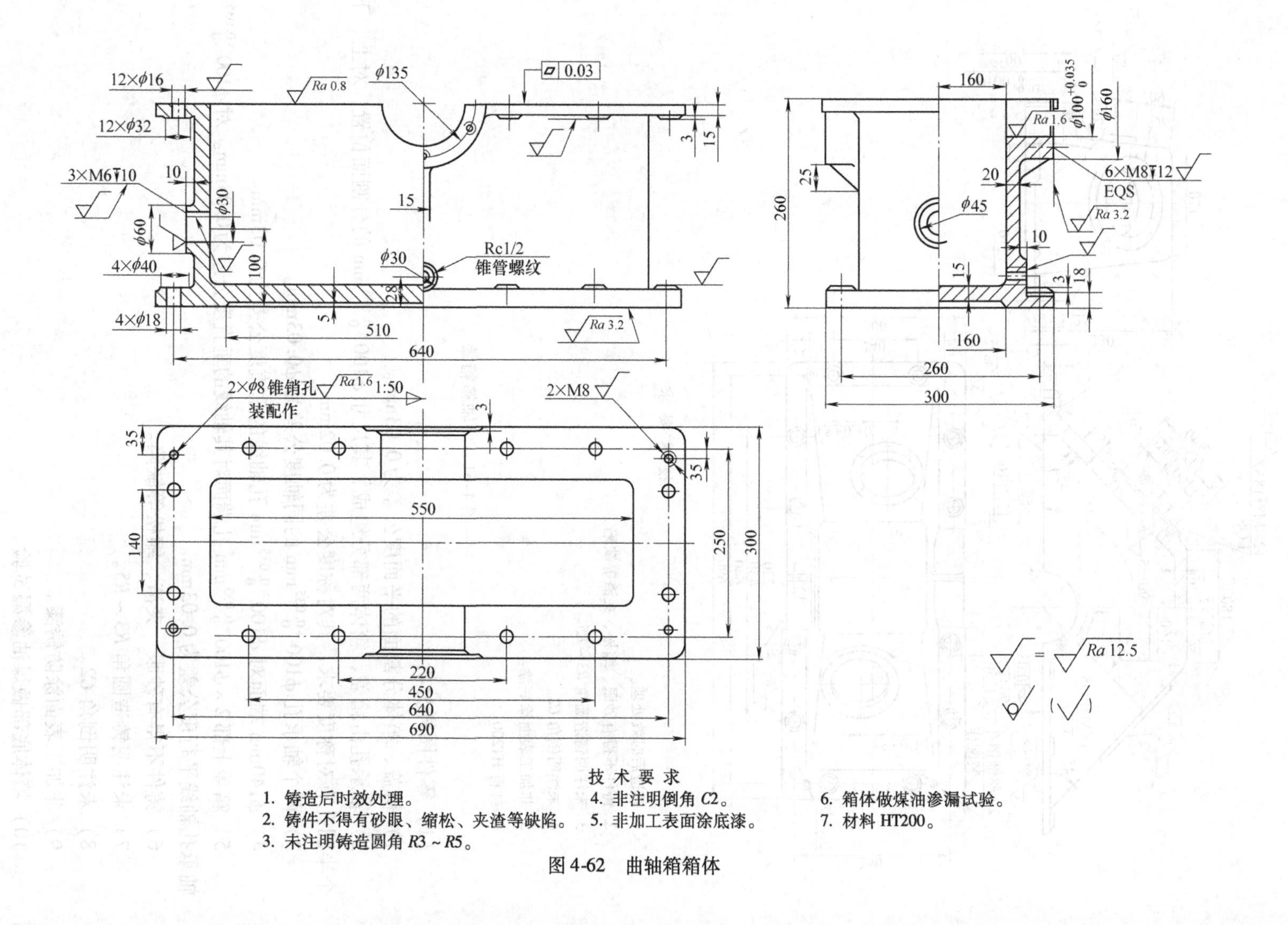
12×φ16
12×φ32
3×M6↧10
4×φ40
4×φ18
φ135
0.03
Ra 0.8
φ30
φ60
Rc1/2
锥管螺纹
Ra 3.2
2×φ8 锥销孔
装配作
Ra 1.6
1:50
2×M8
φ100
φ160
6×M8↧12
EQS
φ45
Ra 12.5
技 术 要 求
1. 铸造后时效处理。
2. 铸件不得有砂眼、缩松、夹渣等缺陷。
3. 未注明铸造圆角 R3 ~ R5。
4. 非注明倒角 C2。
5. 非加工表面涂底漆。
6. 箱体做煤油渗漏试验。
7. 材料 HT200。

图 4-62 曲轴箱箱体

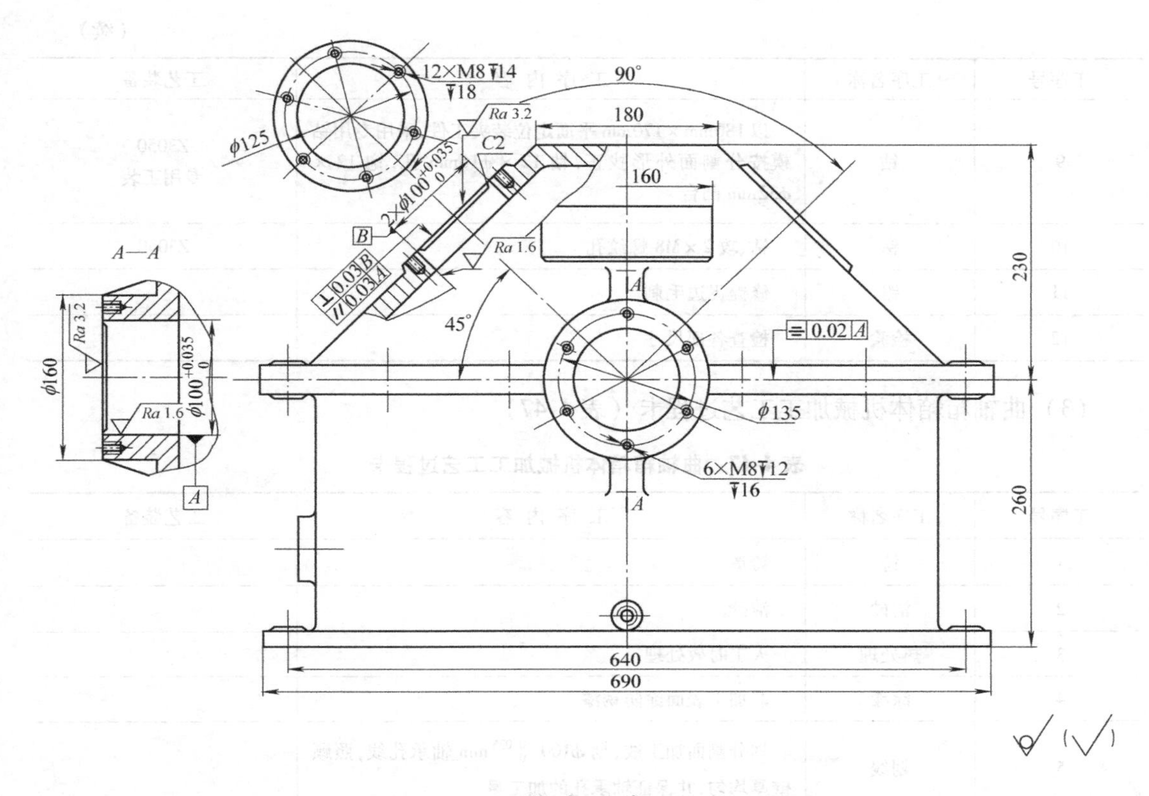

技 术 要 求

1. 箱盖、箱体轴承孔的中心线对分割面的对称度公差为0.02mm。
2. 两个 $\phi100^{+0.035}_{0}$mm 轴承孔的同轴度公差为 $\phi0.03$mm。

图4-63　曲轴箱

（2）曲轴箱箱盖机械加工工艺过程卡（表4-46）

表4-46　曲轴箱箱盖机械加工工艺过程卡

工序号	工序名称	工 序 内 容	工艺装备
1	铸	铸造	
2	清砂	清砂	
3	热处理	人工时效处理	
4	涂漆	非加工表面涂防锈漆	
5	划线	划分割面加工线，划 $\phi100^{+0.035}_{0}$mm 轴承孔线，按分割面凸缘上面找正，划尺寸230mm高度线，照顾相互间尺寸，保证加工余量	
6	铣	以分割面定位，按分割面加工线找正，装夹工件，铣上平面180mm×170mm至划线处	X5032
7	铣	以平面180mm×170mm定位装夹工件，并在凸缘上加辅助支撑点，铣分割面，留磨余量0.5～0.8mm	X5032
8	磨	以平面180mm×170mm定位装夹工件，并在凸缘上加辅助支撑点，磨分割面，至图样尺寸230mm	M7150A

（续）

工序号	工序名称	工 序 内 容	工艺装备
9	钻	以180mm×170mm平面定位装夹工件，采用专用钻模按分割面外形找正，钻12×ϕ16mm孔，锪12×ϕ32mm凸台	Z3050 专用工装
10	钻	钻、攻2×M8螺纹孔	Z3050
11	钳	修锉飞边毛刺	
12	检验	检查各部尺寸	

（3）曲轴箱箱体机械加工工艺过程卡（表4-47）

表4-47　曲轴箱箱体机械加工工艺过程卡

工序号	工序名称	工 序 内 容	工艺装备
1	铸	铸造	
2	清砂	清砂	
3	热处理	人工时效处理	
4	涂漆	非加工表面涂防锈漆	
5	划线	划分割面加工线，划$\phi100^{+0.035}_{0}$mm轴承孔线，照顾壁厚均匀，并保证轴承孔的加工量	
6	刨	以分割面定位，按分割面加工线找正，装夹工件，刨底面，留加工余量2mm	B1010A
7	刨	以底面定位，装夹工件，刨分割面，留磨余量0.4～0.5mm	B1010A
8	刨	以分割面定位，装夹工件，精刨底面至图样尺寸260mm（注意保留工序7留磨余量）	B1010A
9	钻	以分割面定位，装夹工件，用专用钻模，按底面外形找正钻4×ϕ18mm孔，锪4×ϕ40mm	Z3050 专用工装
10	钻	以底面定位，装夹工件，用专用钻模，按分割面外形找正，钻12×ϕ16mm孔，锪12×ϕ32mm	Z3050 专用工装
11	钻	钻、攻放油孔Rc½55°圆锥内螺纹，锪平面ϕ30mm，钻视油孔ϕ30mm，锪平面ϕ60mm，钻、攻3×M6螺纹孔	Z3050
12	磨	以底面定位，装夹工件，磨分割面至图样尺寸，保证尺寸260mm	M7132Z
13	钳	煤油渗漏试验	
14	检验	检查各部尺寸	

（4）曲轴箱机械加工工艺过程卡（表4-48）

表4-48　曲轴箱机械加工工艺过程卡

工序号	工序名称	工序内容	工艺装备
1	钳	将箱盖、箱体对准合箱，用12×M14螺栓、螺母紧固	
2	钻	钻铰2×ϕ8mm和1:50锥度销孔	Z3050
3	钳	将箱盖、箱体做标记、编号	
4	划线	划2×$\phi100^{+0.035}_{0}$mm轴承孔端面加工线。划2×$\phi100^{+0.035}_{0}$mm互成90°缸孔加工线	
5	镗	以底面定位装夹工件，按分割面高度中心线找正镗杆中心高。按线找正孔的位置，粗镗$\phi100^{+0.035}_{0}$mm轴承孔，留精镗余量0.5~0.6mm，粗刮两端面	T617A
6	精镗	定位装夹同工序5，精镗$\phi100^{+0.035}_{0}$mm轴承孔至图样尺寸，精刮两端面	T617A
7	镗	以底面及轴承孔（轴承孔装上心轴）定位，轴承孔一端面定向，装夹工件，镗一侧缸孔$\phi100^{+0.035}_{0}$mm至图样尺寸，刮削端面。用同样装夹方法，重新装夹工件，镗另一侧缸孔$\phi100^{+0.035}_{0}$mm至图样尺寸，刮削端面	T617A，专用工装或组合夹具
8	铣	以底面定位，装夹工件（专用工装或组合夹具），铣箱盖上斜面50mm×160mm	X6132，专用工装或组合夹具
9	钻	钻攻箱盖缸孔端面上各6×M8螺孔	Z3050 专用钻模
10	钻	钻、攻轴承孔端面上6×M8螺孔	Z3050 专用钻模
11	检查	检查缸孔端面与轴承孔轴心线的平行度，缸孔端面与缸孔轴心线的垂直度及各部尺寸及精度	专用检具
12	钳	拆箱去毛刺、清洗	
13	入库	入库	

（5）工艺分析

1）曲轴箱箱盖，箱体主要加工部分是分割面、轴承孔、缸孔、通孔和螺孔，其中轴承孔及箱盖上缸孔要在箱盖、箱体合箱后再进行镗孔及刮削端面的加工，以保证两轴承孔同轴度、端面与轴承孔中心线的垂直度、缸孔端面与轴承孔中心线的平行度要求。

2）曲轴箱在加工前，要进行人工时效处理，以消除铸件的内应力。加工时应注意夹紧位置、夹紧力大小及辅助支承的合理使用，防止零件的变形。

3）箱盖、箱体分割面上的12×ϕ16mm孔的加工，采用同一钻模，均按外形找正，这样可保证孔的位置精度要求。

4）曲轴箱箱盖和箱体不具互换性，所以每装配一套必须钻、铰定位销，做标记和编号。

5）轴承孔分割面对称度的检验，可用一平尺安装上百分表，分别测量箱盖、箱体两个半圆的半径值，其差值为对称度误差。

6）箱盖缸孔端面与轴承孔中心线的平行度检验。首先在轴承孔内安装测量心轴，用平尺上百分表以缸孔端面为基准，分别测量心轴两端最高点，其差值即为平行度误差。

4.5　其他类零件

4.5.1　法兰

法兰如图 4-64 所示。

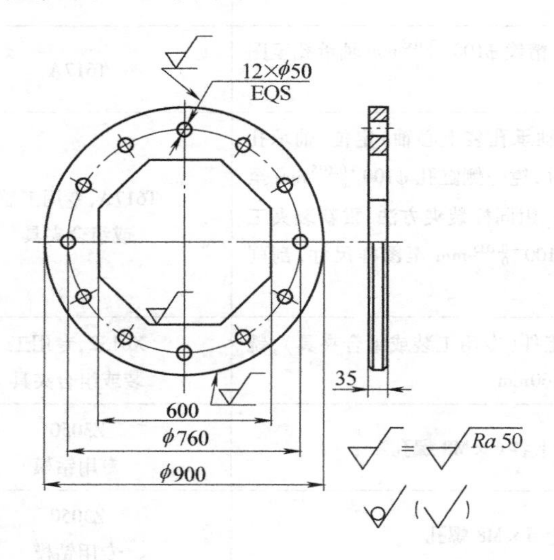

技 术 要 求

1. 未注明倒角 C2。
2. 材料 Q235—A。

图 4-64　法兰

（1）零件图样分析

1）此零件为焊接用法兰，最大特点是内部孔为八边形，不同于圆形孔焊接法兰。

2）法兰各尺寸均无公差要求，其上、下面无粗糙度要求，不需加工。

3）零件材料 Q235—A。

（2）法兰机械加工工艺过程卡（表 4-49）

表 4-49　法兰机械加工工艺过程卡

工序号	工序名称	工 序 内 容	工艺装备
1	下料	切割 35mm 厚板料，外圆尺寸 ϕ920mm，内八边形对边尺寸为 580mm	
2	划线	划内八边形边线及 12 × ϕ50mm 孔的中心线	

（续）

工序号	工序名称	工 序 内 容	工艺装备
3	铣	用平垫铁垫平工件，按线找正，压紧工件，采用 ϕ30mm 立铣刀，铣内八边形，每装夹一次铣成一边，保证对边尺寸 600mm（因工件探出工作台较多，这时可考虑增加辅助支承）	X5032
4	车	以一端面定位，按内八边形找正，压紧工件，车 ϕ900mm 至图样尺寸，倒角 $C2$	C5112A 花盘或专用工装
5	钻	以一端面定位，按工件外形及 ϕ50mm 孔的中心线找正，压紧工件，钻 12 × ϕ50mm 孔	ZA3050 专用工装
6	钳	去毛刺，修锉内八边形 135°内角处，因铣削所留圆弧使其清根	
7	检验	按图样要求检查各部尺寸	
8	入库	入库	

（3）工艺分析

1）内八边形 135°内角处铣削时不能清根，采用钳工修锉方法较合适。若不清根也不影响法兰的使用，可不要此道工序。

2）现代加工方法，对此种焊接法兰的加工，根据其精度，多数采用数控火焰切割机或等离子切割机进行加工，直接切割出外圆和内八方尺寸。

4.5.2 十字接头

十字接头如图 4-65 所示。

（1）零件图样分析

1）十字接头的内孔端部都有相同的 1:10 锥孔。用 1:10 锥度塞规检查锥孔时，其接触面不少于 85%。

2）十字接头的四个外螺纹均为细牙螺纹 M20 × 1.5。

3）十字接头 ϕ8mm 必须贯通。

（2）十字接头机械加工工艺过程卡（表 4-50）

表 4-50 十字接头机械加工工艺过程卡

工序号	工序名称	工 序 内 容	工艺装备
1	锻造	模锻成形（材料 Q235—A）	
2	车	单动卡盘装夹工件，按被加工一端外圆找正，车螺纹外圆尺寸至 $\phi 20_{-0.15}^{\ 0}$mm，车端面，保螺纹部分长 15mm，倒角 $C1$，车螺纹 M20 × 1.5，钻 ϕ8mm 孔深 40mm，车内锥孔 1:10 最大头 $\phi 9 \pm 0.015$mm	CA6140、 螺纹环规、 1:10 锥度塞规
3	车	倒头车对应一端，工序同工序 2	CA6140
4	车	车其他两端，工序同工序 2、3	CA6140
5	检验	按图样检查各部尺寸	
6	入库	涂油入库	

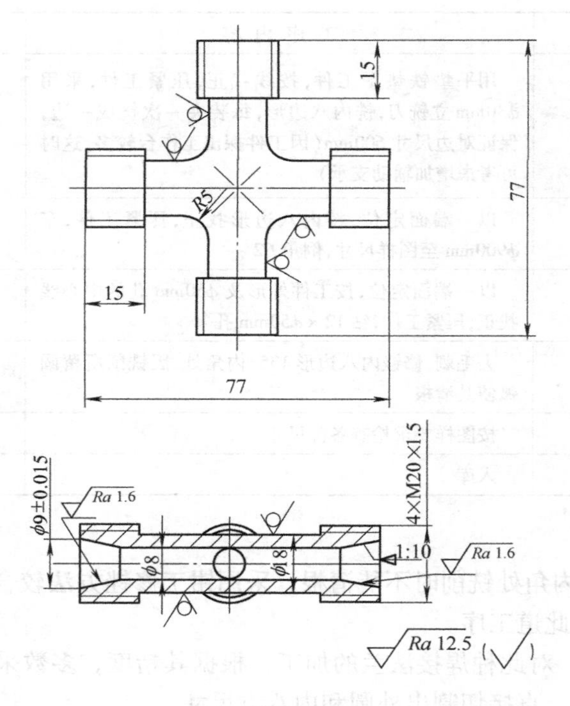

技术要求

1. 未注明锻造圆角为 R5。　3. 尖角倒钝 C1。

2. 1:10 锥度接触面不少于 85%。4. 材料 Q235—A。

图 4-65　十字接头

（3）工艺分析

1）十字接头是液压系统中常用的一种零件，接头部分接口的形式在各种管路连接中也经常采用，只是锥度或尺寸不相同，但加工方法基本相同。

2）在管路连接中，特别是液压系统中，常采用细牙螺纹或管螺纹连接。

3）十字接头在液压系统中，多数为锻件，能够承受高、中、低压三种压力。在低压管路中，多采用铸件，如 HT200、QT600、ZG200—400 等。这时工艺过程可改写为：铸造—清砂—时效处理—机加工。

4）在实际应用中，若数量较少，可以采用自由锻或方钢、圆钢等加工成形。但这样材料浪费较大且浪费工时。

4.5.3　拨叉

拨叉如图 4-66 所示。

（1）零件图样分析

1）拨叉右端两侧面，对基准孔轴线 *A* 的垂直度公差为 0.15mm。

2）拨叉右端 *R*20mm 为少半圆孔，其端面与孔中心相距 2mm。

3）零件材料 ZG310—570。

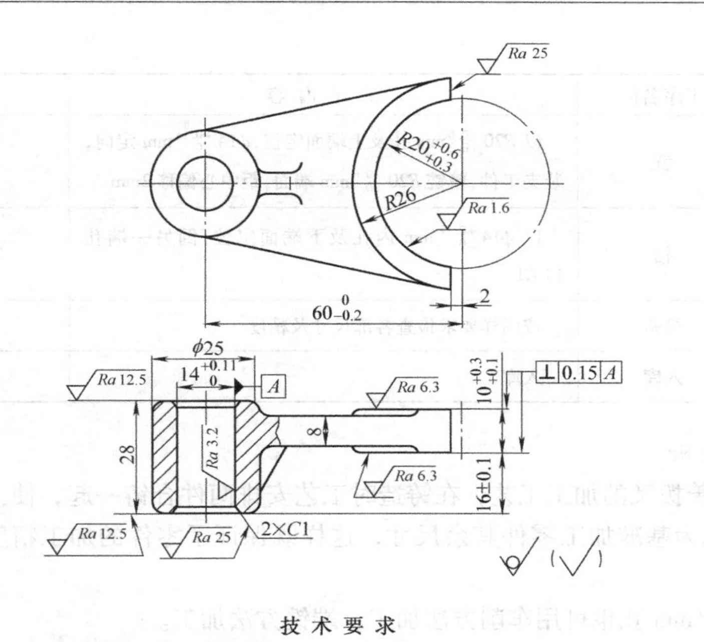

技 术 要 求

1. 未注明铸造圆角 $R3\sim R5$。
2. 铸造后滚抛毛刺。
3. 材料 ZG310—570。

图 4-66　拨叉

（2）拨叉机械加工工艺过程卡（表 4-51）

表 4-51　拨叉机械加工工艺过程卡

工序号	工序名称	工 序 内 容	工艺装备
1	铸	精密铸造，两件合铸(工艺需要)	
2	热处理	退火	
3	划线	划各端面线及三个孔的线	
4	车	以外形及下端面定位,按线找正,单动卡盘装夹(或专用工装)工件。车 $R20^{+0.6}_{+0.3}$mm(ϕ40mm)孔至图样尺寸,并车孔的两侧面,保证尺寸 $10^{+0.3}_{+0.1}$mm	CA6140 专用工装
5	铣	以 $R20^{+0.6}_{+0.3}$mm 内孔及上端面定位,装夹工件,铣 ϕ25mm 下端面,保证尺寸 16 ±0.1mm	X5030A 组合夹具
6	铣	以 $R20^{+0.6}_{+0.3}$mm 内孔及下端面定位,装夹工件,铣 ϕ25mm 另一端端面,保证尺寸 28mm	X5030A 组合夹具
7	钻	以 $R20^{+0.6}_{+0.3}$mm 内孔及上端面定位,装夹工件,钻、扩、铰 $\phi14^{+0.11}_{0}$mm 孔,孔口倒角 C1	Z5132A 组合夹具
8	划线	划 $R20^{+0.6}_{+0.3}$mm 孔中心线及切开线	
9	铣	以 $R20^{+0.6}_{+0.3}$mm 内孔及上端面定位,装夹工件,切工件成单件,切口 2mm	X6132 组合夹具

（续）

工序号	工序名称	工序内容	工艺装备
10	铣	以 $R20^{+0.6}_{+0.3}$mm 孔及上端面定位，$\phi14^{+0.11}_{0}$mm 定向，装夹工件，精铣 $R20^{+0.6}_{+0.3}$mm 端面，距中心偏移 2mm	X6132 组合夹具
11	钻	以 $\phi14^{+0.11}_{0}$mm 内孔及下端面定位，倒另一端孔口 C1	Z5132A 组合夹具
12	检验	按图样要求检查各部尺寸及精度	
13	入库	入库	

（3）工艺分析

1）为了改善拨叉的加工工艺，在铸造时工艺安排两件合铸一起，使工件叉处形成一个整圆，并以此孔为基准加工零件其余尺寸，这样既保证了零件的加工精度，又提高了生产效率。

2）$\phi14^{+0.11}_{0}$mm 孔也可用车削方法加工、端铣方法加工。

3）拨叉右端两侧面，对基准孔轴线 A 的垂直度检查，可将工件用 ϕ14mm 心轴安装在偏摆仪上，再用百分表测工件两侧面，这时转动心轴，百分表最大与最小差值为垂直度偏差值。

4.5.4 带轮

带轮如图 4-67 所示。

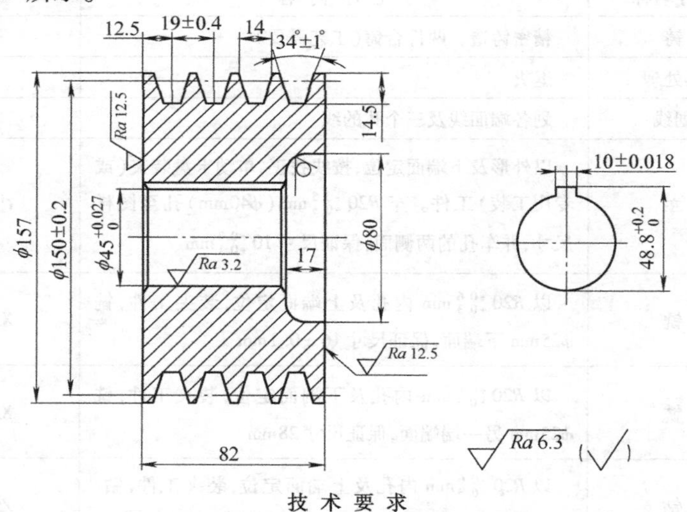

图 4-67 带轮

（1）零件图样分析

1）轮槽工作面不应有砂眼等缺陷。

2）各槽间距累积误差不超过0.8mm。

3）带轮槽夹角为34°±1°。

4）铸件人工时效处理。

5）未注倒角C1。

6）材料HT200。

（2）带轮机械加工工艺过程卡（表4-52）

表4-52 带轮机械加工工艺过程卡

工序号	工序名称	工序内容	工艺装备
1	铸	铸造	
2	清砂	清砂	
3	热处理	人工时效处理	
4	涂漆	非加工表面涂防锈漆	
5	粗车	夹工件右端外圆,粗车左端各部,切带槽,各部留加工余量2mm	CA6140 34°样板
6	粗车	倒头,夹工件左端外圆以已加工内孔找正,车右端面,切带槽,留加工余量2mm	CA6140 34°样板
7	精车	夹工件右端,车左端面,保证端面与槽中心距离12.5mm,精车内孔至图样尺寸$\phi45^{+0.027}_{0}$mm	CA6140
8	精车	倒头,夹工件左端,车右端面至图样尺寸82mm	CA6140
9	划线	划10±0.018mm键槽线	
10	插	以外圆及右端面定位装夹工件,插键槽10±0.018mm	B5020组合夹具
11	精车	以$\phi45^{+0.027}_{0}$mm及右端面定位装夹工件,精车带槽,保槽间距19±0.4mm,带槽夹角34°±1°	CA6140 专用心轴34°样板
12	检验	按图样检查工件各部尺寸及精度	
13	入库		

（3）工艺分析

1）带轮的工作表面与橡胶带接触，因此对带轮槽表面要求不能有砂眼等缺陷。

2）带槽的加工，采用成型车刀直接加工，车刀可按磨刀样板校正刃磨。

3）检验工件用样板与磨刀用样板，应是凸凹相配的一套。

4.5.5 轴承座

轴承座如图4-68所示。

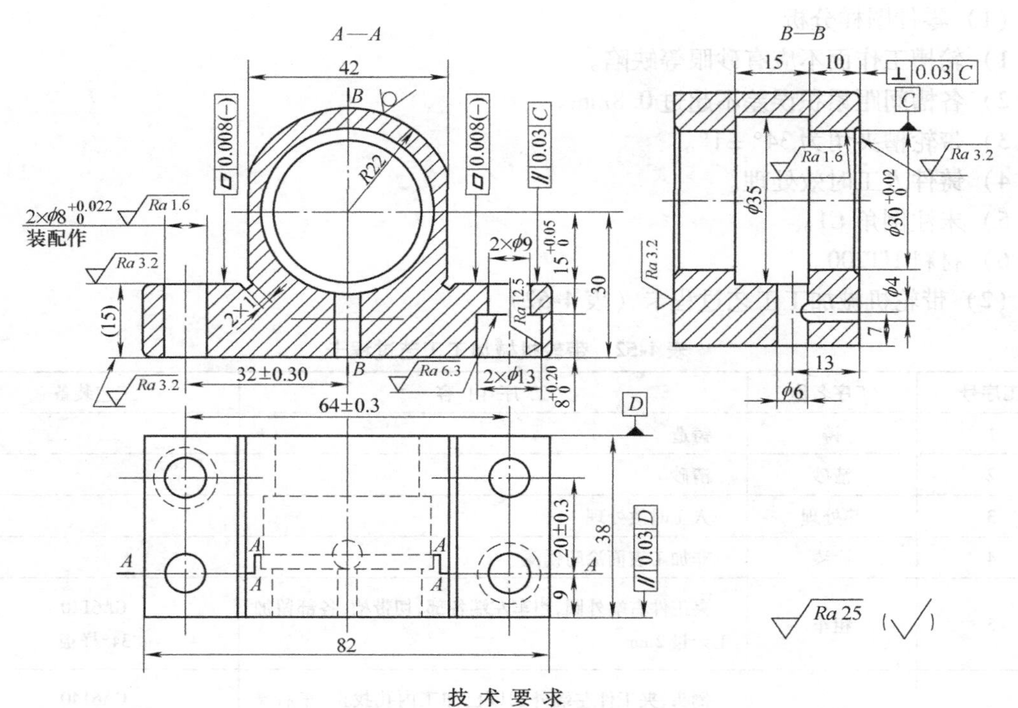

图 4-68 轴承座

（1）零件图样分析

1）侧视图右侧面对基准 C（$\phi30^{+0.021}_{0}$mm 轴线）的垂直度公差为 0.03mm。

2）俯视图两侧面平行度公差为 0.03mm。

3）主视图上面对基准 C（$\phi30^{+0.021}_{0}$mm 轴线）的平行度公差为 0.03mm。

4）主视图上面平面度公差为 0.008mm，只允许凹陷，不允许凸起。

5）铸造后毛坯要进行时效处理。

6）未注明倒角 C1。

7）材料 HT200。

（2）轴承座机械加工工艺过程卡（表 4-53）

表 4-53 轴承座机械加工工艺过程卡

工序号	工序名称	工 序 内 容	工艺装备
1	铸	铸造	
2	清砂	清砂	
3	热处理	时效处理	
4	划线	划外形及轴承孔加工线	
5	铣	夹轴承孔两侧毛坯，按线找正，铣轴承座底面，照顾尺寸 30mm	X5030A
6	刨	以已加工底面定位，在轴孔处压紧，刨主视图上面及轴承孔左、右侧面 42mm，刨 2mm × 1mm 槽，照顾底面厚度 15mm	B6050

（续）

工序号	工序名称	工 序 内 容	工艺装备
7	划线	划底面四边及轴承孔加工线	
8	铣	夹42mm两侧面，按底面找正，铣四侧面，保证尺寸38mm和82mm	X5030A
9	车	以底面及侧面定位，采用弯板式专用夹具装夹工件，车$\phi30^{+0.021}_{0}$mm、$\phi35$mm孔、倒角$C1$，保$\phi30^{+0.021}_{0}$mm中心至上平面距离$15^{+0.05}_{0}$mm	CA6140
10	钻	以主视图上平面及$\phi30^{+0.021}_{0}$mm孔定位，钻$\phi6$mm、$\phi4$mm各孔，钻$2\times\phi9$mm孔，锪$2\times\phi13$mm沉孔（深$8^{+0.2}_{0}$mm），钻$2\times\phi8$mm孔至$\phi7$mm（装配时再进行合钻、扩、铰）	Z3025钻模或组合夹具
11	钳	去毛刺	
12	检	检验各部尺寸及精度	
13	入库	入库	

（3）工艺分析

1）$\phi30^{+0.021}_{0}$mm轴承孔可以用车床加工、也可以用铣床镗孔。

2）轴承孔两侧面用刨床加工，以便加工2mm×1mm槽。

3）两个$\phi8^{+0.022}_{0}$mm定位销孔，先钻$2\times\phi7$mm工艺底孔，待装配时与装配件合钻后，扩、铰。

4）侧视图右侧面对基准C（$\phi30^{+0.021}_{0}$mm轴线）的垂直度检查，可将工件用$\phi30$mm心轴安装在偏摆仪上，再用百分表测工件右侧面，这时转动心轴，百分表最大与最小差值为垂直度偏差值。

5）主视图上面对基准C（$\phi30^{+0.021}_{0}$mm轴线）的平行度检查，可将轴承座$\phi30^{+0.021}_{0}$mm孔穿入心轴，并用两块等高垫铁将主视图上面垫起，这时用百分表分别测量心轴两端最高点，其差值即为平行度误差值。

6）俯视图两侧面平行度及主视图上面平面度的检查，可将工件将在平台上，用百分表测出。

4.5.6　方刀架

方刀架如图4-67所示。

（1）零件图样分析

1）$\phi15^{+0.019}_{0}$mm孔对基准B的位置度公差为$\phi0.05$mm。

2）图中左端面（方刀架底面）平面度公差为0.008mm。

3）图中左端面对基准B的垂直度公差为0.05mm。

4）C表面热处理40～45HRC。

5）材料45钢。

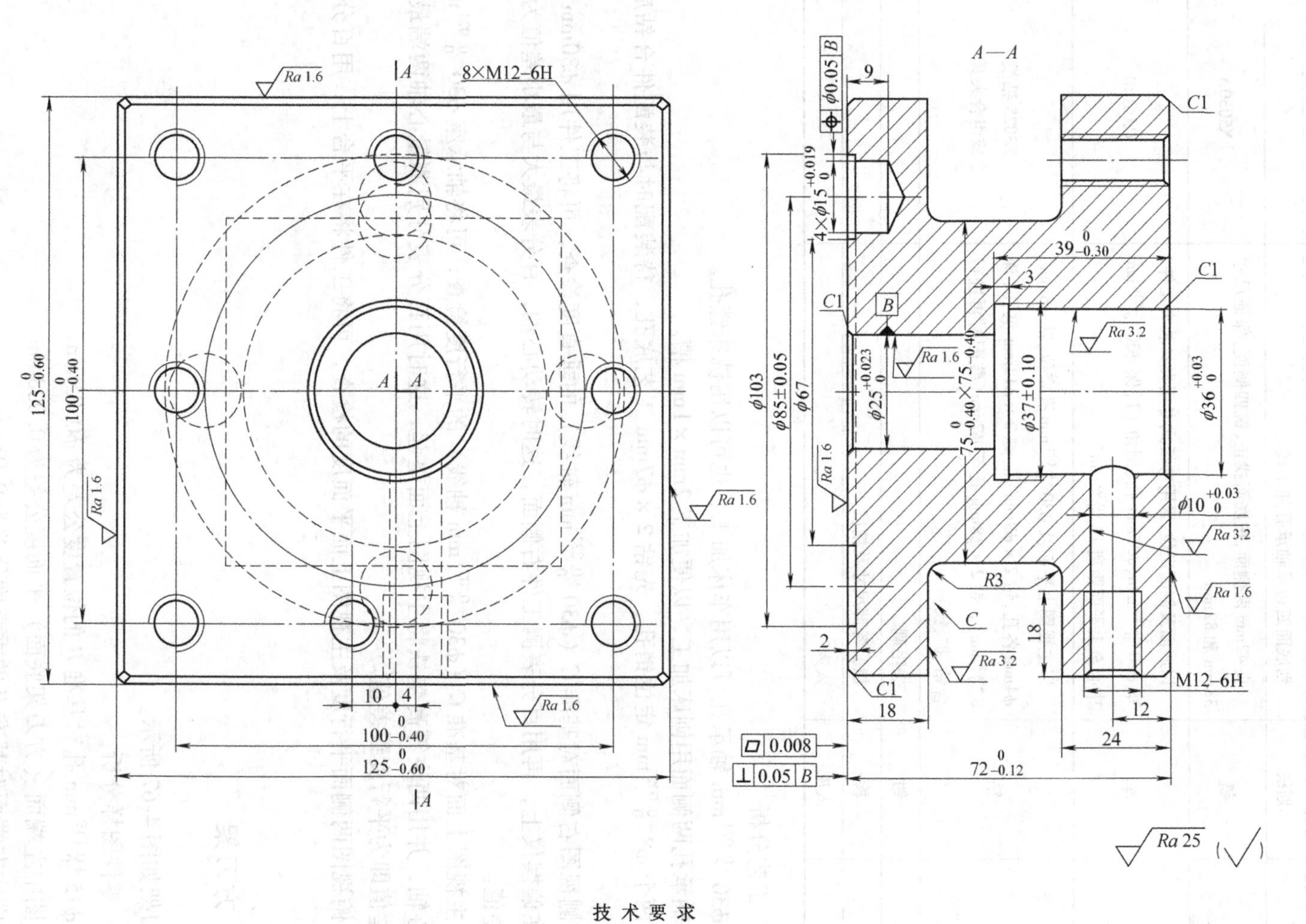

技 术 要 求

1. C 面淬火硬度 40 ~ 45HRC。　2. 未注倒角 C1。　3. 材料 45 钢。

图 4-69　方刀架

(2) 方刀架机械加工工艺过程卡(表4-54)

表4-54 方刀架机械加工工艺过程卡

工序号	工序名称	工 序 内 容	工艺装备
1	下料	棒料 ϕ120mm×135mm	锯床
2	锻造	自由锻,锻件尺寸135mm×135mm×82mm	
3	热处理	正火	
4	粗车	用单动卡盘装夹工件,粗车右端面,见平即可。钻 ϕ22mm 通孔,扩孔至 ϕ33mm,深 35mm,车孔至 $\phi36^{+0.03}_{0}$mm,深 $39.5_{-0.3}^{0}$mm,车槽 ϕ37 ± 0.1mm × 3mm,倒角 $C1.5$	CA6140
5	粗车	倒头,用已加工平面定位,单动卡盘装夹工件,车左端面,保证厚度尺寸为 $73_{-0.12}^{0}$mm(留1mm余量)	CA6140
6	铣	以 $\phi36^{+0.03}_{0}$mm 孔及右端面定位,装夹工件,铣125mm×125mm至尺寸126mm×126mm(留加工余量1mm)	X6132 组合夹具
7	铣	以 $\phi36^{+0.03}_{0}$mm 孔及右端面定位,装夹工件,铣四侧面槽,保证距右端面24.5mm,距左端面19mm(留加工余量大平面0.5mm,槽面0.5mm),保证 $75_{-0.4}^{0}$mm × $75_{-0.4}^{0}$mm 及 $R3$mm	X6132 组合夹具
8	铣	以 $\phi36^{+0.03}_{0}$mm 孔及右端面定位重新装夹工件,精铣 C 面,保证尺寸距左端面18.5mm	X6132 组合夹具
9	铣	以 $\phi36^{+0.03}_{0}$mm 孔及右端面定位,装夹工件,倒八条边角 $C1$	X6132 组合夹具
10	热处理	C 表面淬火40~45HRC	
11	车	以 $\phi36^{+0.03}_{0}$mm 孔及右端面定位,装夹工件,车 $\phi25^{+0.023}_{0}$mm 至图样尺寸,车环槽尺寸至 ϕ103mm × ϕ67mm×2.5mm(因端面有0.5mm余量),倒角 $C1$	CA6140 组合夹具
12	磨	以 $\phi25^{+0.023}_{0}$mm 孔及左端面定位,装夹工件,磨右端面保证尺寸 $39_{-0.3}^{0}$mm	M7120 组合夹具
13	磨	以右端面定位,装夹工件,磨左端面,保证尺寸 $72_{-0.2}^{0}$mm 和尺寸18mm	M7120
14	磨	以 $\phi25^{+0.023}_{0}$mm 孔及左端面定位,装夹工件,粗、精磨四侧面,保证 $125_{-0.6}^{0}$mm × $125_{-0.6}^{0}$mm,并要对 B 基准对称,四面要相互垂直	M7120 组合夹具
15	钻	以 $\phi36^{+0.03}_{0}$mm 孔及右端面定位,一侧面定向,装夹工件,钻8×M12-6H螺纹底孔 ϕ10.2mm,攻螺纹M12	ZA5025,组合夹具或专用钻模
16	钻	以 $\phi25^{+0.023}_{0}$mm 孔及左端面定位,一侧面定向,装夹工件,钻、扩、铰 $4\times\phi15^{+0.019}_{0}$mm 孔	ZA5025,组合夹具或专用钻模

（续）

工序号	工序名称	工序内容	工艺装备
17	钻	以$\phi36^{+0.03}_{0}$mm孔及右端面定位，一侧面定向，装夹工件，钻$\phi10+0.03$mm底孔$\phi9$mm，扩、铰至$\phi10^{+0.03}_{0}$mm，其入口深18mm处扩至$\phi10.2$mm，攻螺纹M12-6H	ZA5025，组合夹具或专用工装
18	检验	按图样要求检查各部尺寸及精度	
19	入库	涂油入库	

（3）工艺分析

1）该零件为车床用方刀架，中间周槽用于装夹车刀，其C面直接与车刀杆接触，所以要求有一定的硬度，因此表面淬火40～45HRC。

2）该零件左端面与车床小滑板面结合，并可以转动，$\phi15^{+0.019}_{0}$mm孔用于刀架定位时使用，以保证刀架与主轴的位置，其精度直接影响机床的精度。

3）该零件在加工中，多次装夹均以$\phi36^{+0.03}_{0}$mm孔及右端面定位，保证了加工基准的统一，从而保证了工件的加工精度。

4×$\phi15^{+0.019}_{0}$mm孔可采用铣床加工，其精度可以得到更好的保证。

4）工序中安排了四个侧面和左、右两端面均进行磨削，其目的是保证定位时的精度。

4.5.7 活塞环

活塞环如图4-70所示。

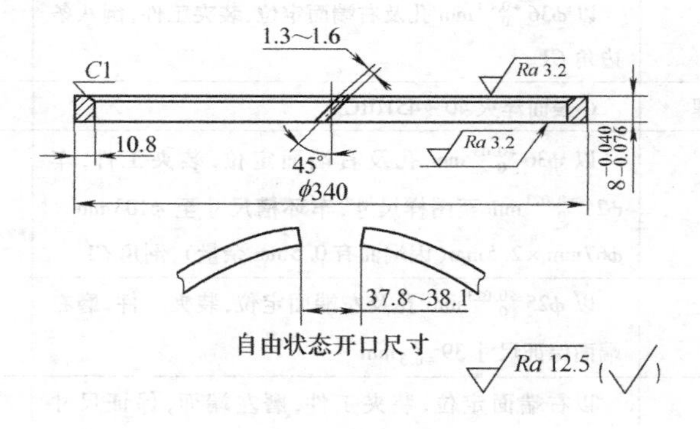

技 术 要 求

1. 热处理硬度91～107HRB。
2. 环的端面翘曲度小于0.07mm。
3. 上、下端面平行度公差为0.05mm。
4. 弹力允差±20%以内，弹力197N。
5. 漏光检查时，环的外圆柱面与量具间隙不大于0.05mm，整个圆周上漏光不能多于2处，单处弧长不超过25°弧长，两处弧长之和不大于45°弧长，且距开口处不少于30°。
6. 退磁处理。
7. 环的金相组织是分布均匀的细片状珠光体，不允许有游离的渗碳体存在。
8. 材料HT200。

图4-70 活塞环

（1）零件图样分析

1）活塞环属于环类零件，其直径与壁厚相差较大，在加工中易发生翘曲变形。环的端面翘曲度应小于0.07mm。

2）活塞环上、下平面平行度公差为0.05mm。

3）弹力允差±20%以内，弹力197N。

4）漏光检查时，环的外圆柱面与量具间隙不大于0.05mm，整个圆周上漏光不能多于2处，单处弧长不能超过25°弧长，两处弧长之和不能超过45°弧长，并且漏光处距开口处不能小于30°。

5）在磁性工作台上加工之后，须进行退磁处理。

6）环的金相组织应为分布均匀的细片状珠光体。不允许有游离的渗碳体存在。

7）热处理硬度为91～107HRB。

8）材料为HT200。

（2）活塞环机械加工工艺过程卡（表4-55）

表4-55 活塞环机械加工工艺过程卡

工序号	工序名称	工序内容	工艺装备
1	铸造	铸成一个长圆筒，其尺寸为 ϕ308mm × ϕ350mm × 500mm	
2	清砂	清砂	
3	热处理	时效处理	
4	检验	硬度及金相组织检查	
5	车	夹一端外圆，按毛坯找正，车端面，见平即可，车外圆至尺寸 ϕ346mm，车内圆至尺寸 ϕ314mm	CW6163
6	车	倒头装夹，按已加工外圆找正，粗、精车外圆及内圆至图样尺寸。外圆尺寸为 ϕ340mm，内圆尺寸为 ϕ318.4mm，切下厚度尺寸为 $9^{+0.2}_{0}$ mm（两端面各留0.6mm磨削余量）	CW6163
7	磨	粗磨活塞环两端面，单边留量0.2mm。退磁	M7475
8	车	车一端内圆倒角 $C1.2$（专用工装、端面压紧）	CW6163 专用工装
9	铣	铣45°开口，宽1.3mm～1.6mm（专用工装，端面压紧）	X6132 专用工装
10	热处理	热定型开口，尺寸37.8～38.1mm，硬度91～107HRB（专用工装）	专用工装
11	检验	检查开口尺寸37.8～38.1mm，弹力197N，硬度91～107HRB	
12	磨	精磨两端面至图样尺寸 $8^{-0.040}_{-0.076}$ mm。退磁	M7475
13	钳	修锉毛刺	
14	检验	按图样要求检查各部尺寸及精度	
15	入库	入库	

（3）工艺分析

1）该工艺安排是将毛坯铸造成长圆筒形状，粗车切下后再进行单件加工。若单件铸造毛坯单件加工，其工艺安排，只是粗加工前的工序与筒状毛坯不同，其他工序基本相同。

2）活塞环类零件在磨床上磨削加工时，多采用磁力吸盘装夹工件，因此在加工后，必须进行退磁处理。

3）为了保证活塞环的弹力，加工中对活塞环在自由状态下开口有一定要求，因开口铣削后不能满足图样要求，所以需要增加一道热定型工序，热定型时需在专用工装上进行，其活塞环的开口处用一个键撑开，端面压紧，键的宽度要经过多次试验得出合理的宽度数据之后，再成批进行热定型。

4）对45°开口的加工是采用专用工装装夹工件，但每批首件应划线对刀，以保证加工质量。

5）活塞环的翘曲度是将工件放在平台上采用0.06mm塞尺进行检查，当塞尺未能通过翘曲的缝隙时为合格。

6）漏光度的检查，采用专用检具或在合格的缸体内用光照进行检查。

7）上、下端面平行度的检查，可将活塞环放在平台上，用百分表测量上端面各部；其读数最大值与最小值之差为平行度误差值。